V&R

Isabel Klett

Alexander Thomas / Boris U. Schlizio (Hg.)

Leben und arbeiten in den Niederlanden

Was Sie über Land und Leute wissen sollten

Mit 4 Abbildungen und 17 Tabellen

Vandenhoeck & Ruprecht

Bibliografische Information der Deutschen Nationalbibliothek

Die Deutsche Nationalbibliothek verzeichnet diese Publikation in der Deutschen Nationalbibliografie; detaillierte bibliografische Daten sind im Internet über <http://dnb.d-nb.de> abrufbar.

ISBN 978-3-525-49106-5

Printed in Germany.
Gesamtherstellung: ⊕ Hubert & Co, Göttingen

Gedruckt auf alterungsbeständigem Papier.

Inhalt

Axel Gerberding
Vorwort 7

Alexander Thomas und Boris U. Schlizio
Einleitung 10

Gerd Busse
Arbeitsmarkt und Berufsbildung in den Niederlanden 21

Alexander Thomas und Boris U. Schlizio
Deutsch-niederländische Kulturstandards: Interkulturelles Verstehen in den deutsch-niederländischen Beziehungen ... 40

Jan Pieter van Oudenhoven und Carine Matser
Wie denken Niederländer und Deutsche übereinander? 79

Dik Linthout
Von »Kannitverstan« zu »Kanverstan« 100

Heidi Denzel de Tirado und Britta Bendieck
Das niederländische Bildungssystem: Ein System im ständigen Wandel 117

Kees van Paridon
Deutschland und die Niederlande: Enge Wirtschaftsbeziehungen, aber es könnte noch enger und dadurch besser werden 135

Axel Hagedorn
Unterschiede zwischen dem deutschen und dem niederländischen Rechtssystem 160

Ton Nijhuis
Die politische Kultur in den Niederlanden im Vergleich zu Deutschland 182

Bernd Müller
Schluss mit lustig – Migration und Integration in den Niederlanden 200

Huib Ernste
Grenzüberschreitung als »Unternehmen« 222

Katrin Arntz
Medien in den Niederlanden – vielfältige Wege durch einen undurchsichtigen Dschungel 241

Robert Marzell, Wilfried Kullmann, Joachim Kaufmann und Dominic Erfkamp
Praktische Hilfen und sachkundige Helferinnen und Helfer beim Arbeiten in den Niederlanden – EURopean Employment Services (EURES) 267

Gerd Busse
Niederländische Literatur 290

Die Autorinnen und Autoren 299

Vorwort

Reisende in ferne Länder erwarten gemeinhin eine andere, unbekannte Welt – und bereiten sich entsprechend auf das Neue vor. Ganz anders geht man häufig an einen Besuch beim nahen niederländischen Nachbarn heran, unterstellt Gemeinsamkeit, wo Nuancierung angezeigt wäre. So sind Missverständnisse bisweilen vorprogrammiert. Dabei stehen die Niederlande und Deutschland seit Jahrzehnten auch für gelebte europäische Normalität und haben in vielen Fällen eine gemeinsame Vorreiterrolle bei der europäischen Integration gespielt. Der Weg zum Euro führte über eine Währungsunion, die zwischen Deutschland und den Niederlanden deutlich früher als im »Resteuropa« mit der Vereinbarung fester Wechselkurse hergestellt war. Hervorzuheben sind zudem die niederländisch-deutschen Initiativen beim »Schengen-Abkommen«, bei der Europäischen Zentralbank und – last but not least – beim Stabilitäts- und Wachstumspakt, so sehr letzterer heute auch leichtfertig in Frage gestellt wird. Mit der Osterweiterung der EU und der damit einhergehenden weiteren Verlagerung niederländischer Interessen von einer »atlantischen« Orientierung Richtung Zentraleuropa steigen zugleich die Chancen einer Bekräftigung der positiven Errungenschaften niederländisch-deutscher Zusammenarbeit.

Nähert man sich den Niederlanden, ist es durchaus hilfreich, sich mit Sprache, Geschichte und Kultur intensiv auseinanderzusetzen. Aufschlussreich ist zudem ein Blick auf niederländische Befindlichkeiten gegenüber Deutschland. Diese lassen sich plakativ in zwei Aussagen komprimieren: »Wenn Deutschland hustet, bekommen die Niederlande die Grippe« und: »Alle Deutschen sind unerträglich, mit Ausnahme derjenigen, die ich kenne.« Der erste Satz weist auf das hohe Maß der – insbesondere – wirtschaftlichen Verbundenheit oder Abhängigkeit hin. Deutschland ist der mit Abstand größte Importeur niederländischer Waren. Der Dienstleistungsbereich ist stark auf Deutschland fokussiert, und als Investoren liegen die Niederländer nach USA und Frankreich in Deutschland weit vorn.

Die Wahrung der eigenen Interessen und ein nicht zu unterschätzender »Calimero-Komplex«[1] bedingen, dass man wirtschaftliche, soziale und politische Entwicklungen im Nachbarland sehr genau beobachtet, kritisch begleitet und kommentiert. Wenn kritische Kommentare dabei bisweilen ein wenig selbstgefällig daherkommen, liegt dies zum kleineren Teil am calvinistischen Erbe und am geschichtsbedingten Gefühl moralischer Überlegenheit, zum größeren Teil hingegen an einem unerschütterlichen Selbstbewusstsein gegenüber der eigenen Leistungs- und Anpassungsfähigkeit, zu gegebener Zeit als »Poldermodell« apostrophiert.

Der zweite Satz stellt auf die nach wie vor verbreiteten Vorurteile ab, wenngleich diese in den letzten Jahren merkbar abgebaut werden konnten. Der »gewöhnliche Deutsche« ist arrogant, humorlos, unfreundlich und zeichnet sich vor allem durch kräftigen Konsum von Bier und Bratwurst aus. Diese Klischees werden noch immer in Witzen und Karikaturen – zum Teil augenzwinkernd – bedient. Manch deutscher Tourist in den Niederlanden mag diesen Eindruck bestärken, aggressive antideutsche Reaktionen halten sich indessen durchaus in Grenzen. Hinderlich für den weiteren Abbau von Vorurteilen, besonders bei der jüngeren Generation, ist die Tatsache, dass die deutsche Sprache in den schulischen Lehrplänen stark zurückgenommen wurde. Auch kommt der Nachkriegsentwicklung Europas und insbesondere Deutschlands im Geschichtsunterricht ein eher geringer Stellenwert zu. An den curricularen Strukturen wird gearbeitet, der Vorlauf ist indes-

1 Asymmetrisches Kräfteverhältnis.

sen lang. Beschäftigung mit der niederländischen Sprache ist mithin nicht nur ein Gebot der Höflichkeit.

Die Einschätzung Deutschlands und die Zusammenarbeit im wirtschaftlichen Umfeld ist geprägt durch Pragmatismus und weitgehend problemfrei, wobei durchaus auf ein höheres Maß an Förmlichkeit beziehungsweise Inflexibilität und Hierarchiedenken, aber auch auf Zuverlässigkeit, Pünktlichkeit und Ergebnisorientierung beim deutschen Gegenüber hingewiesen wird. Die Studie des bekannten sozialen Forschungsinstitutes Clingendael in den Niederlanden hat die Beliebtheit deutscher Geschäftspartner bei verschiedenen Kriterien mit Partnern aus anderen europäischen Ländern verglichen und kommt zu bemerkenswerten Ergebnissen: Hinsichtlich Vertrauenswürdigkeit, Organisation und Effizienz liegen deutsche Partner gegenüber den Konkurrenten in Führung. Schlechte Noten werden bei den Qualitäten »Charme bei Verhandlungen« und »Kreativität« zuerkannt.

Der vorliegende Band enthält eine empfehlenswerte Textsammlung, in der die Besonderheiten im Verbindenden und im Verschiedenen aufgezeigt werden, denen sich Deutsche in den Niederlanden gegenübersehen. Ziel ist damit auch, sich als »erträglicher« und damit geschätzter und erfolgreicher Nachbar in den Niederlanden zu bewegen. Oder, um den Philosophen Hegel zu bemühen: »Man erkennt nur, was man kennt.«

Axel Gerberding
(Geschäftsführer der Deutsch-Niederländischen
Handelskammer in Den Haag)

Alexander Thomas und Boris U. Schlizio

Einleitung

Im Zuge der Internationalisierung und Globalisierung in Wirtschaft, Politik, Rechtswesen, Wissenschaft und Kultur und anderen gesellschaftlichen Bereichen auf Bundes-, Landes- und kommunaler Ebene haben nicht nur die transkontinentalen Verbindungen zugenommen, sondern auch die zwischen den Mitgliedsstaaten der europäischen Union. Mit der in der europäischen Union einheitlich und rechtskräftig vereinbarten Niederlassungsfreiheit ist für immer mehr Menschen ihr Arbeitsplatz nicht mehr nur im Heimatland, sondern europaweit zu suchen und zu finden. Besonders beliebt sind dabei berufliche Tätigkeiten natürlich in den Ländern, die dem eigenen Land sehr ähnlich sind, und zwar im Bezug auf die Umgangssprache, auf Sitten und Gebräuche respektive kulturelle Traditionen. So betrachten Deutsche nicht nur aus den nördlichen Bundesländern die Niederlande gerade aufgrund dieser kulturellen Nähe und Ähnlichkeit als ein Land, in dem sie leben und arbeiten möchten. Für die Niederländer gilt das in gewissem Maße auch umgekehrt. Die Zahl der aus beruflichen oder privaten Gründen in den Niederlanden lebenden Deutschen, einschließlich der »grenznahen« Pendler, wird auf 57.000 geschätzt – umgekehrt beträgt die Zahl der Niederländer, die in Deutschland leben, 114.000 Personen.

Da viele Niederländer Deutsch sprechen oder zumindest verstehen, Niederländisch dem norddeutschen Dialekt sehr ähnlich ist und die Niederländer dazu neigen, im Berufsleben wie selbstverständlich Englisch zu sprechen, sehen viele Deutsche bei einer Arbeitsaufnahme in den Niederlanden seitens der sprachlichen Verständigung keine Probleme auf sie zukommen, zumindest keine, die sich nicht von allein oder relativ schnell lösen ließen. Die im Vergleich zu Deutschen zudem recht unkonventionelle Art des zwischenmenschlichen Umgangs der Niederländer, besonders auch im Arbeitsalltag, verleitet deutsche Mitarbeiter nicht selten zu der Annahme, in den Niederlanden sei alles nicht nur so wie in Deutschland, sondern viel leichter und ungezwungener. Selbst wenn Anpassungs- und Eingewöhnungsbesorgnisse vorhanden waren, verschwinden sie unter den positiv verlaufenden Anfangserfahrungen relativ schnell, tatsächlich aber oft zu schnell. Schon bald stellt sich nämlich heraus, dass es neben der Erfahrung von Nähe, Ähnlichkeit und Vertrautheit unerwartete, erstaunliche, abweichende und sogar völlig unverständliche Reaktionen und Verhaltensweisen seitens der niederländischen Partner gibt. Enttäuschungen und entsprechende Abwehrreaktionen sind die Folge, weil ein solches Verhalten nicht erwartet wurde, und deshalb besonders problematisch erscheint. Das »so nah und doch so fern« wird nun zum schwer lösbaren Problem.

Das vorliegende Buch soll jedem Deutschen, der beabsichtigt, beruflich in den Niederlanden tätig zu werden, dort zu leben und gut mit Niederländern zusammenzuarbeiten, die dazu erforderlichen Hintergrundinformationen vermitteln. Werte, Normen, Sitten, Gebräuche bis hin zu Verhaltensweisen des zwischenmenschlichen Zusammenlebens sind kulturspezifisch geprägt. Auch in Deutschland und in den Niederlanden sind bei aller Ähnlichkeit kulturspezifische Orientierungssysteme wirksam, wodurch kulturell bedingt kritische Interaktionssituationen wie die Folgenden durchaus auftreten können, wenngleich natürlich nicht immer auftreten müssen:

Der Blocksatz: Philipp König wechselt von einer Topkanzlei aus Deutschland zu einem sehr angesehenen Rechtsanwaltsbüro in den Niederlanden. Als anerkannter Rechtsanwalt soll er sich vor allem um deutsch-niederländische Kontakte kümmern. Nach wenigen Tagen bittet er seine Sekretärin, Marijke de Witt, einen Schriftsatz zu verfassen und zum Oberlandesgericht Hamburg zu schicken. Dafür bevorzugt er einen bestimmten Blocksatz und Zeilenabstand. Marijke de Witt beginnt jedoch, mit ihm zu diskutieren. Sie argumentiert, dass dies eine niederländische Kanzlei sei und man es schon immer anders gemacht habe. Philipp König ist solche Einwände von seinen deutschen Sekretärinnen nicht gewohnt, er lässt sich aber auf eine Diskussion ein und glaubt so, Frau de Witt überzeugt zu haben. Am nächsten Tag legt sie ihm dennoch den Text in der niederländischen Variante vor. Auf sein Nachfragen erklärt sie, auch ihre Kollegin im Sekretariat habe ihr zugestimmt, dass dies die übliche Variante sei.

Private Dinge: Der Deutsche Dieter Bach arbeitet neuerdings im Gebiet der Randstad in der Nähe von Amsterdam für eine große niederländische Firma, die Ware ins Ausland exportiert. Ihm fällt auf, dass seine niederländischen Kollegen und Kolleginnen in der Firma ihm sehr schnell und völlig unaufgefordert persönliche Dinge vom Wochenende, aus ihren Familien oder dem Freundeskreis erzählen. Dieter Bach würde sein Privatleben nicht so in die Firma tragen, vor allem, wenn er die Mitarbeiter noch nicht so gut kennt. Es stört ihn auch, dass er oft selbst auf private Dinge angesprochen wird und seine Kollegen ihn dann scheinbar ausfragen. Dieter Bach wundert sich, warum sie so viele Details aus seinem Privatleben wissen wollen.

Die erste kulturell bedingt kritische Interaktionssituation hat zweifelsohne mit den unterschiedlichen Hierarchieverhältnissen am Arbeitsplatz zu tun. Die zweite kritische Interaktionssituation weist darauf hin, dass im niederländischen Arbeitskontext ein höheres Maß an Beziehungsorientierung und persönlicher Nähe und Verbundenheit gepflegt wird als in Deutschland. In beiden Fällen jedenfalls erlebt der Deutsche ein erwartungswidriges Verhalten, was im ersten Beispiel dazu führen kann, dass der deutsche Vorgesetzte einen sehr negativen Eindruck von seiner niederländischen Sekretärin bekommt, was das Arbeitsverhältnis belastet, und im zweiten Fall seine niederländischen Kollegen im Sozialverhalten als distanzlos bewertet, weil sie sich aufgrund seiner anfänglichen Interpretation des Verhaltens anscheinend ungefragt in seine Privatangelegenheiten einmischen, die sie seiner Meinung nach doch gar nichts angehen. Auch in diesem Fall kann das Arbeitsverhältnis aufgrund unterschiedlicher kulturell bedingter Verhaltensnormen nachhaltig gestört sein. Für beide Partner, für den Niederländer wie für den Deutschen, ist das Verhalten des anderen verwunderlich, weil es nicht den aus den eigenkulturellen Erfahrungen stammenden Erwartungen und Gewohnheiten entspricht. Ohne spezifische Informationen und ein adäquates Verständnis für das kulturelle Orientierungssystem des niederländischen Partners kann ein Deutscher nur auf sein eigenkulturelles

Orientierungssystem zurückgreifen, dessen Besonderheiten ihm aber nicht bewusst sind. Das, was man in jüngster Zeit mit interkultureller Handlungskompetenz als einer zentralen Schlüsselqualifikation zum adäquaten Umgang mit fremdkulturellen Partnern bezeichnet, setzt einerseits ein hohes Maß an Kenntnis und Sensibilität für das eigenkulturelle Orientierungssystem voraus und erfordert andererseits ein fundiertes Wissen und ein darauf aufbauendes Verständnis für das kulturelle Orientierungssystem des Fremden, respektive niederländischen Partners. Hinzukommen muss dann noch im alltäglichen Verhalten sowohl am Arbeitsplatz als auch im privaten Bereich die Fähigkeit, beide durchaus unterschiedlichen Orientierungssysteme so aufeinander abzustimmen, dass die Begegnung, Kommunikation und Kooperation möglichst stressfrei und von Verständnis und kultureller Wertschätzung geprägt verläuft.

Damit die Zusammenarbeit zwischen deutschen Fach- und Führungskräften, die in den Niederlanden leben und arbeiten, mit ihren niederländischen Partnern möglichst reibungslos, für beide Seiten effizient und mit einem hohen Maß an Zufriedenheit verbunden verläuft, werden dem Leser in diesem Buch die dazu erforderlichen Informationen vermittelt. Die Autoren der Einzelbeiträge sind Spezialisten für die deutsch-niederländische Zusammenarbeit. Es sind Niederländer und Deutsche, die im jeweils anderen Land leben und arbeiten, selbst über jahrelange interkulturelle Erfahrungen verfügen und sich mit den präsentierten Themen wissenschaftlich auseinandergesetzt haben. Die Einzelbeiträge sind nach dem altbewährten Prinzip vom Allgemeinen zum Besonderen angeordnet.

In den ersten Kapiteln werden Informationen über den Arbeitsmarkt und die Berufsbildung in den Niederlanden gegeben und deutsch-niederländische Kulturstandards, die das Interaktionsverhalten beeinflussen, Fremdbilder, Selbstbilder und Stereotype in der gegenseitigen Einschätzung von Niederländern und Deutschen sowie die Bedeutung des Erlernens der niederländischen Sprache angesprochen. In den weiteren Kapiteln werden Informationen zu Aspekten zur Verfügung gestellt, die für die Zusammenarbeit von

Deutschen und Niederländern von zentraler Bedeutung sind und die zu einem besseren gegenseitigen Verständnis führen können: nämlich das niederländische Bildungssystem, die deutsch-niederländischen Wirtschaftsbeziehungen, das deutsche und niederländische Rechtssystem, die politische Kultur und die Migrations- und Integrationsthematik in den Niederlanden. Die beiden letzten Kapitel beschäftigen sich einerseits mit den Medien in den Niederlanden und andererseits werden praktische Hilfen und Ratschläge für die Arbeitsaufnahme in den Niederlanden präsentiert. Hier findet der Leser viele wichtige Hinweise darauf, wie und wo er Informationen herbekommt, die er zur Bewältigung seines Arbeits- und Lebensalltags benötigt. Im Anschluss wird ein Einblick in die niederländische Gegenwartsliteratur gegeben. Im Folgenden ein kurzer Überblick über die zentralen Inhalte der einzelnen Kapitel:

Gerd Busse: »Arbeitsmarkt und Berufsbildung in den Niederlanden«
Im Zusammenhang mit den Besonderheiten des niederländischen Arbeitsmarktes werden Aspekte der Stellensuche, des Bewerbungsverfahrens, der rechtlichen Rahmenbedingungen für die Arbeitsaufnahme, für Erwerb und Verbesserung der niederländischen Sprache sowie generelle Aspekte des Arbeitens in den Niederlanden behandelt. Weiterhin enthält der Beitrag Informationen über das niederländische Berufsbildungssystem und hier insbesondere über die berufliche Aus- und Weiterbildung sowie das niederländische Hochschulwesen, über Ausbildungs- und Studiengebühren und das Leistungsbeurteilungssystem (Notengebung).

Alexander Thomas und Boris U. Schlizio: »Deutsch-niederländische Kulturstandards: Interkulturelles Verstehen in den deutsch-niederländischen Beziehungen«
In der Zusammenarbeit zwischen Deutschen und Niederländern werden unterschiedliche kulturelle Merkmale, verdichtet in kulturspezifischen Orientierungssystemen und deren Kulturstandards, handlungswirksam. So entstehen immer wieder unerwartete Verhaltensreaktionen, die eine gegenseitige Verständigung und Zusammenarbeit stören. Auf der Basis einer systematischen wis-

senschaftlichen Analyse konnten für die Zusammenarbeit zwischen Deutschen und ihren niederländischen Partnern im Wirtschaftsbereich und im Alltagsleben folgende zentralen Kulturstandards benannt und ihre Handlungswirksamkeit beschrieben werden: Calimero (Asymmetrisches Kräfteverhältnis), Flache Hierarchie, Konsenskultur, Beziehungsorientierung, Pragmatismus, Informalität und Calvinistische Bescheidenheit. Weiterhin werden in diesem Abschnitt Informationen zum Deutschlandbild der Niederländer und deren historische Entwicklung sowie zur kulturgeschichtlichen Entwicklung der Niederlande gegeben, soweit dies zum Verständnis der Kulturstandards erforderlich ist. Diese Informationen erleichtern und verbessern die Zusammenarbeit zwischen Deutschen und Niederländern besonders im Zusammenhang mit dem Trainingsmaterial für deutsche Manager, Fach- und Führungskräfte von Boris U. Schlizio und Alexander Thomas (in Vorb.) »Beruflich in den Niederlanden«.

Jan Pieter van Oudenhoven und Carine Matser: »Wie denken Niederländer und Deutsche übereinander?«
Menschen, die sich einer spezifischen Nationalität zugehörig fühlen, also Deutsche und Niederländer, haben Vorstellungen davon entwickelt, wie Menschen anderer Nationen beschaffen sind respektive welche Eigenschaften und Merkmale sie besitzen. Dies sind Fremdbilder, die ihre Wahrnehmung, ihr Denken, Urteilen, ihre Emotionen und ihr Verhalten in Bezug auf die Mitglieder der jeweiligen nationalen Gruppe bestimmen. Darüber hinaus haben sie ein Bild von sich selbst – welche Eigenschaften und Merkmale ihre eigene Nationalität auszeichnet. Diese Selbstbilder beeinflussen ebenfalls das Denken, Empfinden und Verhalten in Bezug auf die Mitglieder der Zielkultur. Der Beitrag gibt einen differenzierten, wissenschaftlich fundierten Überblick über die Entwicklungen der Fremdbilder, insbesondere der Niederländer gegenüber Deutschen, aber auch der Deutschen gegenüber den Niederländern im binationalen Vergleich und in Bezug auf andere europäische und außereuropäische Nationen. Die dabei zu beobachtenden Entwicklungen und Schwankungen des Bildes, das die Niederländer

von den Deutschen im Verlauf der Zeit nach dem Zweiten Weltkrieg aufgebaut haben, werden ausführlich beschrieben und einer Ursachenanalyse unterzogen. Der Beitrag enthält somit wichtige Hintergrundinformationen zum besseren Verständnis der allgemeinen nationalkulturspezifischen Einstellungen der Niederländer gegenüber Deutschen.

Dik Linthout: »Von ›Kannitverstan‹ zu ›Kanverstan‹«
In diesem Beitrag wird eine Einführung in die Besonderheiten der niederländischen Sprache gegeben; die Beziehungen zwischen dem Deutschen und dem Niederländischen werden thematisiert und Antworten gegeben auf die Frage »Wie lernen Deutschsprachige einfach und schnell Niederländisch?«, verbunden mit wichtigen Hinweisen auf Unterschiede in der Aussprache zwischen dem Niederländischen und dem Deutschen. Dies ist ein Beitrag, der den Deutschen die Angst vor dem Erlernen der niederländischen Sprache nehmen kann.

Heidi Denzel de Tirado und Britta Bendieck: »Das niederländische Bildungssystem: Ein System im ständigen Wandel«
Wer sich in den Niederlanden weiterbilden möchte oder mit schulpflichtigen Kindern in den Niederlanden lebt, erhält in diesem Beitrag Informationen über den Aufbau des niederländischen Bildungssystems und die speziellen Unterschiede zum deutschen Bildungssystem. Weiterhin wird dargelegt, welche Schulen für Kinder in spezifischen Altersstufen geeignet sind, wie man sich auf ein Studium vorbereiten kann und welche Probleme beim Schulwechsel in den Niederlanden zu beachten sind.

Kees van Paridon: »Deutschland und die Niederlande: Enge Wirtschaftsbeziehungen, aber es könnte noch enger und dadurch besser werden«
Deutschland und die Niederlande sind aus wirtschaftlicher Sicht nicht nur unter den gegenwärtigen Bedingungen füreinander bedeutsam, sondern auch in früheren Zeiten bedeutsam gewesen. Deutsche leben und arbeiten in den Niederlanden, Niederländer leben und arbeiten in Deutschland. Es gibt über die Grenze hin-

weg einen regen Austausch von Pendlern aus beiden Ländern. Dieser Beitrag analysiert die wirtschaftlichen Entwicklungen zwischen Deutschland und den Niederlanden und das jeweils besondere Profil. Behandelt werden auch spezifische Merkmale und Strukturen des Arbeitsmarktes beider Länder, wobei gerade die Wirtschaftsentwicklung der Niederlande und Deutschland im Vergleich nach 1945 und im Zusammenhang mit der europäischen Union von Bedeutung ist. Es werden Informationen präsentiert zur grenzüberschreitenden Migration von deutschen Arbeitnehmern in die Niederlande und die dabei entstehenden Probleme und Lösungsmöglichkeiten.

Axel Hagedorn: »Unterschiede zwischen dem deutschen und dem niederländischen Rechtssystem«
Obwohl man in den Niederlanden viel mehr als in Deutschland bemüht ist, Konflikte zivilrechtlich und möglichst außerhalb der öffentlichen Gerichtsbarkeit zu lösen, ist es wichtig für Deutsche, die in den Niederlanden leben und arbeiten, Grundkenntnisse über das niederländische Arbeitsrecht, Mietrecht und die Zivilgerichtsbarkeit zu besitzen. In diesem Beitrag werden juristische Fragen vom Kündigungsschutz und von Kündigungsfristen über Probezeiten, Abfindungen, Arbeitsunfähigkeit und Aspekte des Arbeitsrechts bis hin zum Gerichtsaufbau, zum Zivilverfahren, zum Klageverfahren und verkürzten Klageverfahren (Kort geding), zur Zivilgerichtsbarkeit und zum Gesellschaftsrecht angesprochen.

Ton Nijhuis: »Die politische Kultur in den Niederlanden im Vergleich zu Deutschland«
Informationen über das Verhältnis von Staat und Gesellschaft und deren historische Entwicklung in den Niederlanden im Vergleich zu Deutschland, die Bedeutung der Konsensdemokratie im politischen Streit in den Niederlanden sowie die Prägung der niederländischen politischen Kultur durch ein Höchstmaß an praktizierter Toleranz und Duldung sind die zentralen Aspekte dieses Beitrags. So ist es möglich, ein Verständnis für das Funktionieren des niederländischen Gemeinwesens zu gewinnen.

Bernd Müller: »Schluss mit lustig – Migration und Integration in den Niederlanden«
Jede Nation in Europa, und so auch die Niederlande, besonders auch als ehemalige Kolonialmacht, hat ihre besonderen Erfahrungen mit Migranten und deren Integrationsprobleme in die Gesellschaft. Lange Zeit galten die Niederlande als das Land in der Europäischen Union, in dem die Einwanderungs- und Integrationsproblematik beispielhaft gelöst sind, was sich inzwischen jedoch als Trugschluss herausgestellt hat. Die Zuwanderung und die Integrationsbemühungen unterschiedlicher ethnischer Gruppen – zum Beispiel die Muslime mit türkischem und marokkanischem Hintergrund im Vergleich zu den Muslimen aus Indonesien – werden beschrieben, unterschiedliche Integrationsmodelle und deren praktische Auswirkungen vorgestellt sowie spezifische niederländische Probleme im Zusammenhang mit Migration und Integration aufgezeigt.

Huib Ernste: »Grenzüberschreitung als ›Unternehmen‹«
Besonders nach dem Wegfall der innereuropäischen Grenzen könnte für Deutsche die Arbeitsaufnahme in den Niederlanden als ein Ereignis erscheinen, das nicht mehr Probleme mit sich bringt als ein Umzug innerhalb Deutschlands. In diesem Beitrag wird nun die Übersiedlung in die Niederlande als »Grenzüberschreitung« betrachtet. Es werden die dabei entstehenden Probleme in der Auseinandersetzung mit der individuellen Transnationalität sowie unterschiedliche Aspekte des Sich-Einfügens in das für sie neue Rollengefüge in der niederländischen Gesellschaft, sowohl am Arbeitsplatz als auch im Zusammenleben mit den Niederländern, thematisiert.

Katrin Arntz: »Medien in den Niederlanden – vielfältige Wege durch einen undurchsichtigen Dschungel«
Wer in einem fremden Land leben und arbeiten will, ist zumindest in der Anfangszeit darauf angewiesen, schnell und zuverlässig die zur Bewältigung der Arbeits- und Lebenssituation relevanten Informationen zu bekommen. In einer stark medienorientierten

Gesellschaft spielen hierbei die Massenmedien, aber auch die elektronischen Medien eine entscheidende Rolle. Gerade der Neuankömmling benötigt praxisnahe Informationen darüber, wo er die für ihn wichtigen Informationen bekommt. Der vorliegende Artikel liefert dazu Hintergrundinformationen, und zwar über die Zeitungslandschaft in den Niederlanden, die Rundfunk- und Fernsehlandschaft einschließlich spezieller Programme für deutsche Arbeitnehmer, die in den Niederlanden arbeiten. Er gibt einen Überblick über die historischen Entwicklungen der niederländischen Medienlandschaft insgesamt und speziell im Vergleich zur journalistischen Kultur in Deutschland. Im Anhang stellt die Autorin zudem das Informationsportal *NiederlandeNet* vor, indem weitere Hilfen zu dem Thema zu finden sind.

Robert Marzell, Wilfried Kullmann, Joachim Kaufmann und Dominic Erfkamp: »Praktische Hilfen und sachkundige Helferinnen und Helfer beim Arbeiten in den Niederlanden: EURopean Employment Services (EURES)«
Dieser Beitrag beschäftigt sich im ersten Teil mit unterschiedlichen Arten von Arbeitsmobilität in den Niederlanden und den damit verbundenen Problemen, gibt dann einen Überblick über deutschsprachige praxisnahe Informationen zum Arbeiten in den Niederlanden mit einer Fülle von Hinweisen zu Informationsdatenbanken, wo man sich über Land und Leute in den Niederlanden, Überleben und Arbeiten in den Niederlanden, Stellensuche, Wohnen in Deutschland und Arbeiten in den Niederlanden, Sozialversicherungs- und Krankenversicherungssystem in den Niederlanden et cetera sachkundig machen kann. In einem weiteren Abschnitt werden Institutionen beschrieben – wie das Bundesverwaltungsamt, die Zentralstelle für Arbeitsvermittlung, die Arbeit des Europaservices von EURES – und nützliche Kontaktadressen präsentiert.

Gerd Busse: »Niederländische Literatur«
Über die Niederlande gibt es eine Fülle an Literatur und darunter auch Literatur, die grundsätzlich für Deutsche, die sich beruflich

oder aus privaten Gründen in den Niederlanden niederlassen wollen, geeignet ist. Eine Auswahl, die für die Zielgruppe des vorliegenden Werkes relevant ist, gibt dieser Beitrag, in dem gut lesbare und informative Werke in Form prägnanter Rezensionen aus der niederländischen Gegenwartsliteratur so vorgestellt werden, dass der Leser nicht nur einen Überblick bekommt, sondern auch das für ihn Passende auswählen kann.

Schließlich wird an dieser Stelle all denen gedankt, die am Zustandekommen des Buches maßgeblich beteiligt waren. Das sind neben den Autorinnen und Autoren der Einzelbeiträge vor allem Herrn Dieter Schlizio und Frau Ulrike de Ponte für sprachliche Beratungen, Frau Isabel Klett für die Erstellung einer gelungenen Illustration zur Thematik und den besseren Hälften der Autorinnen und Autoren für die moralische Unterstützung und Geduld.

Die Herausgeber hoffen, dass die in diesem Buch vorhandenen Informationen jedem Deutschen das Leben und Arbeiten in den Niederlanden erleichtern und dass zugleich möglichst viele ihrer Erwartungen erfüllt und die gesetzten Ziele erreicht werden können. Sie wünschen somit *heel veel succes en geluk* (viel Erfolg und Glück), wie es auf Niederländisch heißt.

Gerd Busse

Arbeitsmarkt und Berufsbildung in den Niederlanden

Zur Einführung

Arbeiten in den Niederlanden – das ist nicht erst seit gestern ein Thema für deutsche Arbeitnehmer. Bereits im 17. Jahrhundert verdingten sich ganze Scharen junger deutscher Männer als Matrosen, Soldaten oder Lagerknechte bei der Vereinigten Ostindischen Compagnie, der damals mächtigsten internationalen Handelsgesellschaft der Welt (van Gelder, 1997); bis weit ins 19. Jahrhundert hinein zog es Deutsche als Torfstecher in die Moorgebiete der östlichen Provinz Drenthe oder als Erntehelfer auf die riesigen Kornfelder im Nordosten der Niederlande. Beliebt war bei deutschen Frauen bis gegen Ende des Zweiten Weltkriegs auch die Arbeit als Dienstmädchen in niederländischen Haushalten – nachzulesen etwa in dem Roman »Else Böhler, Duits dienstmeisje« (1935) des niederländischen Schriftstellers Simon Vestdijk.

Die europäische Integration hat wesentlich dazu beigetragen, dass es für deutsche Arbeitnehmer einfacher wurde, sich auf den niederländischen Arbeitsmarkt zu begeben. Grundsätzlich gilt das Prinzip der »Freizügigkeit«, das heißt, EU-Bürger können sich in allen EU-Staaten eine Arbeit suchen und sich dort niederlassen; auch im Bereich des Sozial- und Steuerrechts hat es so viele Anpassungen gegeben, dass eine Arbeitsaufnahme in den Niederlanden für einen deutschen Staatsbürger keine unüberwindliche Hürde mehr darstellt.

Zwar gibt es immer noch keine verlässlichen statistischen Angaben über die genaue Zahl der Deutschen, die in den Niederlanden arbeiten, doch Arbeitsmarktexperten wie der Direktor des Nimweger Kenniscentrum Beroepsonderwijs Arbeidsmarkt, Jos Frietman, gehen davon aus, dass die deutsch-niederländische Arbeitsmobilität[1] in den vergangenen zehn Jahren deutlich zugenommen hat. »Dies ist sicherlich eine Folge des Europäischen Binnenmarktes, der es für Unternehmen – und damit auch für Arbeitnehmer – einfacher gemacht hat, sich über die Grenze zu begeben. Und es hat natürlich auch mit dem starken Konjunkturgefälle zwischen Deutschland und den Niederlanden zu tun: Der niederländische Arbeitsmarkt bietet Deutschen eine interessante Perspektive, die sie im eigenen Land derzeit nicht finden.«

Wenngleich der wirtschaftliche Boom – und damit auch die Arbeitskräftenachfrage – seit einigen Jahren vorbei ist, haben deutsche Fachkräfte in vielen Branchen, insbesondere in der Gastronomie, der Logistik, Teilen des Gesundheitswesens, im Bildungsbereich und im Baugewerbe, immer noch gute Chancen, in den Niederlanden ein Unterkommen zu finden. Im Folgenden sollen deshalb der niederländische Arbeitsmarkt sowie die Voraussetzungen für eine erfolgreiche Arbeitssuche und die Arbeitsaufnahme in den Niederlanden näher beleuchtet werden. Da Arbeitsmarktfragen oft mit Fragen nach Qualifikationen und Bildungsstandards korrespondieren, wird im Anschluss daran ein kurzer Abriss des niederländischen Bildungssystems gegeben.

Der niederländische Arbeitsmarkt

In den Niederlanden zeichnet sich der Arbeitsmarkt durch eine hohe Flexibilität aus. Verschiedene Beschäftigungsmodelle stehen gleichberechtigt nebeneinander: Zeitarbeit, Telearbeit, Vollzeit- und Teilzeitarbeit. So ist es in den Niederlanden nicht ungewöhnlich, mit Kollegen zusammenzuarbeiten, die über eine Zeitarbeits-

1 Zu Art und Umfang der grenzüberschreitenden Arbeitsmobilität siehe auch Busse u. Frietman 1998.

firma – eine sogenannte *Uitzendorganisatie* – in das Unternehmen gekommen sind und dort nun eine Teilzeitstelle von 14, 23 oder 31 Stunden bekleiden, die sie zum Teil vor Ort und zum Teil an ihrem Telearbeitsplatz zu Hause ausfüllen. Die Flexibilisierung des Arbeitsmarktes war einer der entscheidenden Faktoren, mit denen es dem Land gelungen ist, die schwere Wirtschaftskrise Anfang der 1980er Jahre zu überwinden und zum Beschäftigungsboom Mitte bis Ende der 1990er Jahre beizutragen. Der zweite Erfolgsfaktor der niederländischen Arbeitsmarktpolitik war die Lohnzurückhaltung, auf die sich Gewerkschaften und Arbeitgeber 1982 im »Abkommen von Wassenaar« einigen konnten – die Geburtsstunde des viel gerühmten »Poldermodells«.

Mit der Gründung deutsch-niederländischer Arbeitsgemeinschaften auf regionaler Ebene, den sogenannten Euregios, waren in den vergangenen Jahrzehnten hohe Erwartungen verbunden: Über die Entwicklung eines gemeinsamen Wirtschaftsraums und Arbeitsmarkts hoffte man, die zumeist strukturschwachen Grenzregionen zu neuer Blüte zu führen. Zwar erwies sich der Weg dorthin steiniger als erwartet, dennoch ist die Bilanz sehenswert. Mit Unterstützung des Europäischen Interreg- und EURES-Programms (siehe den ausführlichen Beitrag in diesem Band von Marzell et al.) entstand in den Euregios eine breite Informations- und Beratungsinfrastruktur für Arbeitnehmer, Arbeitsuchende, Studenten, Praktikanten und Arbeitgeber zu Fragen der Arbeit und Ausbildung im Nachbarland. Sucht man also konkrete Zugangswege zum niederländischen Arbeitsmarkt, lohnt sich deshalb auf jeden Fall ein Blick auf das Webangebot der Euregios (beginnen kann man beispielsweise mit der Seite der Euregio-Rhein-Waal[2]; dort finden sich dann Links zu den übrigen Euregios entlang der Grenze).

2 http://www.euregio.org

Stellensuche

Wer in den Niederlanden nach einer Arbeit oder einem Praktikumsplatz sucht, dem stehen eine Vielzahl von Möglichkeiten zur Verfügung, so etwa

- der Europaservice der Bundesagentur für Arbeit[3], der eine Fülle von Informationen zu den Niederlanden und dem niederländischen Arbeitsmarkt bereithält und, über eine Hotline, auch für individuelle Fragen zur Verfügung steht;
- die Samstagsausgaben der großen niederländischen Tageszeitungen – hier vor allem »de Volkskrant« und das »NRC Handelsblad« – mit dem überregionalen Stellenmarkt. Für Hochschulabsolventen empfiehlt sich auch der Stellenmarkt der ebenfalls samstags erscheinenden Wochenzeitung »Intermediair«[4];
- Jobbörsen im Internet: Eine ganze Reihe solcher Stellenbörsen findet sich auf einer Seite[5] des Arbeitsministeriums in Nordrhein-Westfalen, die viele weitere nützliche Informationen über die Arbeitssuche und das Arbeiten in den Niederlanden bereithält. Auch ein Blick auf die Homepage der Deutsch-Niederländischen Handelskammer[6] könnte sich lohnen. Auf ihrer Seite[7] veröffentlicht die Kammer Stellenangebote niederländischer Unternehmen, die speziell deutsche Fachkräfte suchen. Für die Suche nach Praktikumsstellen in den Niederlanden empfiehlt sich besonders die Praktikumsdatenbank der Euregio Rhein-Waal[8];

---

3 http://www.europaserviceba.de
4 http://www.intermediair.nl
5 http://www.grenzpendler.nrw.de
6 http://www.dnhk.org
7 http://www.hollandjobs.de
8 http://www.euregio.org/stage

- die digitale Stellendatenbank der niederländischen Arbeitsverwaltung[9] (*Centrum voor Werk en Inkomen*, CWI), die auch Arbeitssuchenden aus Deutschland offen steht;
- niederländische Zeitarbeitsfirmen: Für niederländische Arbeitgeber ist es völlig normal, sich bei Personalbedarf an eines der sogenannten *Uitzendbureaus* zu wenden, die in den Niederlanden eine lange Tradition haben, oftmals stark auf bestimmte Branchen oder Berufsfelder spezialisiert sind und ihren Kunden aus der Wirtschaft neben der reinen Zeitarbeitsvermittlung Dienstleistungen rund um die betriebliche Personalrekrutierung (Bedarfsermittlung, Stellenausschreibungen, Bewerberauswahl und Personalentwicklungsplanung) anbieten. Es findet sich eine große Auswahl solcher *Uitzendbureaus* im Internet (nach Regionen[10], branchengerichtet[11]);
- Initiativbewerbungen: In den Niederlanden ist es durchaus üblich, sich auf eigene Initiative bei Unternehmen um eine Stelle oder einen Praktikumsplatz zu bewerben. Unternehmen lassen sich gezielt über das niederländische Branchenverzeichnis[12] suchen. Möglicherweise interessant kann auch die Bewerbung bei deutschen Unternehmen sein, die Töchter oder Beteiligungen in den Niederlanden haben. Eine Liste solcher Unternehmen erhält man über die Deutsch-Niederländische Handelskammer.[13]

Ein Problem, nicht nur für Arbeitssuchende, die die Sprache noch nicht beherrschen, sind allerdings die Berufsbezeichnungen und Tätigkeitsbeschreibungen, die nicht immer eine Entsprechung im Deutschen haben und oft Raum für Fantasie lassen. Wer würde beispielsweise auf die Idee kommen, dass ein *dierenhouder* (Tierhalter) bei uns ein »Tierwirt« ist oder ein *Uitvoerder B & U* den Berufsabschluss für eine »Mittlere Führungskraft beim Bau von

9 http://www.werk.nl
10 http://uitzendbureau.pagina.nl
11 http://uitzendbureaus.startkabel.nl
12 http://www.goudengids.nl
13 http://www.dnhk.org

Wohnungen und gewerblichen Bauten«, das heißt einen Polier bezeichnet? Wo genau liegt der Unterschied zwischen einem *onderzoeker* (Forscher) und einem *wetenschappelijk medewerker* (Wissenschaftlicher Mitarbeiter), und was um alles in der Welt ist ein *beleidsmedewerker*, also wörtlich übersetzt ein »politischer Mitarbeiter«, in einer Behörde oder Organisation?

In den Grenzregionen hat man mittlerweile erkannt, dass diese Intransparenz im Hinblick auf Bildungsabschlüsse und Qualifikationsprofile ein Hindernis bei der Entwicklung eines gemeinsamen, »euregionalen« Wirtschaftsraums darstellt, da es die grenzüberschreitende Arbeitsmobilität einschränkt. Deshalb unternimmt man insbesondere vonseiten der Euregios und der dort tätigen EURES-Partnerschaften seit einigen Jahren verstärkt Anstrengungen, dieses Hindernis durch entsprechende Informations- und Beratungsangebote abzubauen.

Bewerbungsverfahren

In den Niederlanden verläuft ein Bewerbungsverfahren weniger formell als bei uns – was aber nicht bedeutet, dass etwa das Bewerbungsschreiben Tippfehler enthalten oder man beim Bewerbungsgespräch ruhig etwas zu spät kommen darf. Ein wichtiger Unterschied liegt bei der Sprache: So ist es möglich, seine Bewerbung auf Englisch zu schreiben, wenn man (noch) kein Niederländisch beherrscht. Gelegentlich geht auch Deutsch, doch Vorsicht: Viele Niederländer haben in der Schule bereits kein Deutsch mehr gelernt. Im Zweifelsfall empfiehlt es sich also, vorher bei der Personalabteilung des Unternehmens anzurufen und zu fragen, ob eine Bewerbung auf Deutsch akzeptiert wird.

Insgesamt darf der – maximal einseitige – Bewerbungsbrief etwas ungezwungener gehalten sein, als es bei uns üblich ist, und Auskunft über Motive für die Bewerbung bei diesem Unternehmen, Erwartungen an die Arbeit sowie private Hobbys enthalten. Für den Lebenslauf wird eine maximale Länge von zwei Seiten empfohlen. Auf ein Bewerbungsfoto kann ebenso verzichtet werden wie auf Zeugniskopien. Dies ist in den Niederlanden eher unüblich. Wichtig ist dagegen, eine Telefonnummer anzugeben, unter der man zu erreichen ist, da viele niederländische Arbeitgeber das erste Gespräch mit einem Bewerber gern telefonisch führen.

Auch das eigentliche Vorstellungsgespräch verläuft in der Regel weniger steif und formell als bei uns. Es geht eher darum, sich auf einer persönlichen Ebene kennenzulernen und herauszufinden, ob man zum Team passt und entwicklungsfähig ist, als um Zeugnisse und Notendurchschnitte. Dennoch sind Zeugnisse natürlich nicht unwichtig und werden sicherlich irgendwann im Verlauf der Prozedur zur Sprache kommen. Von daher ist es von Vorteil, wenn man sich vorab um eine Evaluierung bzw. Anerkennung seines Ausbildungs- oder Hochschulzeugnisses bemüht hat. Die hierfür zuständigen Stellen sind das COLO bzw. NUFFIC, die gemeinsam die *Internationale Diplomawaardering* betreiben. Auf der Website[14] wird das Verfahren erläutert.

War man mit der Bewerbung erfolgreich, erhält man einen, häufig befristeten, Arbeitsvertrag, der die Arbeitszeit, das Gehalt, eventuelle Prämienzahlungen, den Urlaub sowie die – maximal zweimonatige – Probezeit regelt. Auch zusätzliche freiwillige Sozialleistungen des Arbeitgebers sollten hier festgehalten sein. Das Gehaltsniveau ist in den Niederlanden zwar etwas niedriger als in Deutschland, doch nach Abzug der Steuern und Sozialabgaben bleibt insgesamt mehr übrig als bei uns.

Rechtliche Rahmenbedingungen für die Arbeitsaufnahme

Deutsche unterliegen als EU-Bürger keinerlei Beschränkungen beim Zugang zum niederländischen Arbeitsmarkt, erhalten also automatisch eine Arbeitserlaubnis. Verlegt man auch seinen

14 http://www.idw.nl/index2.html

Wohnsitz in die Niederlande, muss man sich innerhalb einer Woche bei der *Vreemdelingenpolitie*, also der Ausländerpolizei, melden und sich im Melderegister (*Bevolkingsregister*) seines Wohnortes eintragen lassen. Um in den Niederlanden arbeiten zu können, braucht man eine »SOFI«-Nummer, eine Kombination aus Sozialversicherungs- und Steuernummer, die der Arbeitgeber beim zuständigen *Belastingdienst*, dem Finanzamt, beantragt.

Alle Einwohner der Niederlande, also auch ausländische Arbeitnehmer, sind über eine der großen Volksversicherungen pflichtversichert, die die Risiken bei Krankheit, Arbeitslosigkeit und -unfähigkeit beziehungsweise im Alter abdeckt. Die Beiträge hierzu werden wie bei uns direkt vom Arbeitgeber eingezogen. Die gesetzliche Krankenversicherung gilt nur bis zu einer bestimmten Einkommensgrenze; wer darüber liegt, muss sich privat versichern. Bei der Altersvorsorge gilt das sogenannte Cappuccino-Modell, bei dem die gesetzliche Rentenversicherung durch eine betriebliche Rentenversicherung aufgestockt und mit dem Sahnehäubchen einer privaten Altersvorsorge abgerundet wird. Überhaupt gilt, dass die sozialen Sicherungssysteme in den Niederlanden nur das absolut Notwendige abdecken, sodass eine zusätzliche private Vorsorge unbedingt notwendig ist.

Detaillierte Informationen zu Fragen der niederländischen Sozialversicherung finden sich in der Schrift »Arbeiten in den Niederlanden« (2005), die kostenlos bei den Euregios erhältlich ist.[15]

Die Sprache

In den Niederlanden ist es nicht zwangsläufig notwendig, die Sprache zu beherrschen, um sich auf eine Stelle bewerben zu können. Viele Niederländer sprechen Englisch und – insbesondere im Grenzgebiet – Deutsch, so dass es für Bewerber um eine Stelle

15 Zum Beispiel bei der Euregio Rhein-Waal, Emmericher Str. 24, 47533 Kleve, Tel.: 02821–7930-0

nicht unbedingt ein Problem ist, wenn man kein Niederländisch beherrscht. Dennoch wird erwartet, dass sich der Mitarbeiter aus dem Nachbarland die Landessprache so schnell wie möglich zu eigen macht. In Deutschland bieten viele Volkshochschulen und Sprachschulen Niederländischkurse an. Wer die Sprache im Land selbst lernen möchte, kann sich beim Goethe-Institut in Amsterdam für einen Kurs »Niederländisch für Deutsche« einschreiben[16] oder nach Anbietern im Grenzgebiet suchen[17].

Arbeiten in den Niederlanden

Es wurde bereits gesagt: Die Arbeit ist in den Niederlanden sehr viel flexibler organisiert als in Deutschland. Unterschiedliche Arbeits- und Arbeitszeitmodelle stehen, oft in ein und derselben Abteilung, nebeneinander: Vollzeit, Teilzeit – befristet oder unbefristet –, Arbeit auf Abruf, Zeitarbeit, Telearbeit oder Entsendungen von Arbeitnehmern an Partnerunternehmen. Dies hat natürlich erhebliche Auswirkungen auf die Arbeitsabläufe: In einem niederländischen Betrieb geht es um einiges hektischer zu als bei uns, doch die Arbeit ist insgesamt abwechslungsreicher, da man in den Niederlanden weniger in Kategorien von Zuständigkeiten und Hierarchien denkt, sondern sich eher als Teil eines Teams für das Ganze verantwortlich fühlt.

Auch wenn der Arbeitsdruck spürbar höher ist als bei uns: Die wöchentliche Arbeitszeit (bei einer vollen Stelle) liegt für einen niederländischen Arbeitnehmer mit 36 bis 38 Stunden mittlerweile deutlich unter der in Deutschland. Allerdings gibt es seit einiger Zeit Bestrebungen, wieder zu längeren Arbeitszeiten zu kommen – so wie sich im Übrigen auch die Stimmen mehren, die eine Verlängerung der Lebensarbeitszeit fordern. Der gesetzliche Mindesturlaub beträgt 24 Tage, doch viele Arbeitgeber gewähren freiwillig

16 http://www.goethe.de/ins/nl/ams/lrn/nie/deindex.htm
17 http://www.eures.euregio.de

zusätzliche Urlaubstage. Auch das Urlaubsgeld ist gesetzlich geregelt: Es muss mindestens acht Prozent des Jahresgehalts ausmachen.

Das Erste, was einem deutschen Arbeitnehmer in einem niederländischen Betrieb (meist angenehm) auffällt, ist die Tatsache, dass man lockerer miteinander umgeht, als man es in Deutschland gewohnt war. »In den – vielfach flachen – Organisationsstrukturen sind die Chefs eine Art *primus inter pares* und sozusagen ihre eigenen besten Mitarbeiter. [...] Anordnungen haben in den Niederlanden nun einmal eine ziemlich schwache Wirkung, und auch der Respekt vor Hierarchien ist nicht sonderlich stark ausgeprägt. Reale und formale Hierarchien brauchen dabei auch nicht unbedingt deckungsgleich zu sein: abhängig vom beabsichtigten Ziel und um die Umsetzung von Beschlüssen zu beschleunigen, geht man schnell einmal zu einem ›Prokura-Management‹ über, bei dem die Entscheidungsgewalt an Mitarbeiter delegiert wird, die auf ihrem Gebiet Spezialisten sind, hierarchisch jedoch tiefer stehen.« So der Autor Dik Linthout (2004, S. 171) in seinem sehr lesenswerten Buch über die Niederlande.

Ähnlich beschreibt es auch Ute Schürings (2003, S. 38) in ihrem informativen Werk über Mentalitätsunterschiede zwischen Niederländern und Deutschen: »Niederländische Chefs schenken ihren Gästen auch schon mal selbst den Kaffee ein, anstatt dafür die Sekretärin zu bemühen. Es ist nicht üblich, sich etwas auf den eigenen Status einzubilden. Auch an der Universität ist der Kontakt eher locker, Dozenten stehen nicht auf dem Podest. [...] Der Dozent kann dafür problemlos zugeben, wenn er etwas nicht weiß, er wird dadurch nicht an Ansehen einbüßen.« So ist es denn auch nur folgerichtig, dass Formalitäten und Titel eher wenig zählen. »Doktor« darf sich in den Niederlanden öffentlich nur ein Arzt nennen, und, so der Rat Ute Schürings (2003, S. 38): »Man sollte [...] nicht mit Hilfe seines Titels versuchen, vorrangig behandelt zu werden. Wer sich wichtig machen will, muß sich erst recht hinten in der Schlange anstellen.«

Sehr viel mehr Wert legt man dagegen auf die soziale Kompetenz der Mitarbeiter. »›Der Mensch zählt mehr als die Funktion‹ , hört man oft. ›In Deutschland wird man zunächst beurteilt nach der fachlichen Kompetenz und dem Unternehmen, wo man zuvor gearbeitet hat – dann erst nach Persönlichkeit. In den Niederlanden ist es umgekehrt‹ «, zitiert Ute Schürings (2003, S. 39) einen deutschen Arbeitnehmer, der seit über 30 Jahren in den Niederlanden tätig ist, und fährt dann fort: »In Deutschland ist der Respekt vor Leistung und Fachkompetenz sehr viel ausgeprägter. Eine Aussage wie ›Der Mann ist zwar ein Schweinehund, aber er weiß, wovon er spricht!‹ ist in den Niederlanden schwer nachvollziehbar.«

Für einen Deutschen zunächst etwas gewöhnungsbedürftig ist auch die sogenannte *overleg- en vergadercultuur*, also die Beratungs- und Sitzungskultur in niederländischen Unternehmen (und nicht nur dort). »Die Niederlande sind ein Land, in dem Entscheidungen fortwährend neu überdacht und hinterfragt werden. [...] Die Erfahrung hat gezeigt, daß [...] einmal gefaßte Beschlüsse bis zum Augenblick ihrer tatsächlichen Umsetzung – und selbst noch danach – umgestoßen werden können. Deshalb bleiben die Gegner am Ball und machen auf ausländische Beobachter, die die niederländische Methode nicht kennen, häufig den nörgelnd-klagenden Eindruck des schlechten Verlierers, der seine Niederlage nicht akzeptieren kann. In Deutschland gilt dagegen die Mehrheitsregel: an einmal getroffene Entscheidungen wird nicht mehr gerüttelt, und sie werden auch von der oppositionellen Minderheit loyal umgesetzt« (Linthout, 2004, S. 170 f.).

Wer mehr über die niederländische Arbeits- und Betriebskultur erfahren möchte, der sei – neben den beiden genannten Werken von Dik Linthout (2004) und Ute Schürings (2003) – auf die CD-ROM »Bedrijfscultuur in Duitsland/Betriebskultur in den Niederlanden« (2003) verwiesen, die kostenlos bei der Euregio Rhein-Waal (Adresse siehe oben) erhältlich ist. Ist man bereits des Niederländischen mächtig, sollte man nicht versäumen, einmal einen Blick in den Roman »Het Bureau« (Das Büro) von J. J. Voskuil zu werfen. Hier findet sich eine minutiöse – und sehr unterhaltsame – Beschreibung des Arbeitsalltags in einem niederländischen Büro.

Alexander Thomas und Boris U. Schlizio zeigen im hier vorliegenden Band, wie die Kulturunterschiede kategorisiert werden können. Mithilfe einer empirischen Studie haben sie sieben *deutsch-niederländische Kulturstandards* entwickelt.

Das niederländische Berufsbildungssystem

Eines der bislang ungelösten Probleme bei der Entwicklung grenzüberschreitender Arbeitsmärkte ist die oben bereits angesprochene mangelnde Transparenz zwischen den nationalen Berufsbildungssystemen. Dies gilt auch für die Niederlande und Deutschland. Zwar können die meisten (sogenannten »nicht regulierten«) Berufe in den Niederlanden ausgeübt werden, ohne dass sie zuvor von einer offiziellen Instanz anerkannt werden müssen, dennoch kann es für deutsche Arbeitssuchende in den Niederlanden von Vorteil sein, den eigenen Berufsabschluss über die bereits erwähnte *Internationale Diplomawaardering*[18] begutachten zu lassen. Denn obwohl niederländische Arbeitgeber im Allgemeinen eine positive Meinung über die deutsche Berufsbildung haben – insbesondere die im dualen System von Betrieb und Schule –, wissen sie häufig nicht, über welche Qualifikationen ein Bewerber mit einem deutschen Berufsabschlusszeugnis verfügt. Auch ist eine offizielle Begutachtung oft sinnvoll, wenn man an einer beruflichen Weiterbildung teilnehmen möchte.

Um im Gespräch mit dem potenziellen niederländischen Arbeitgeber den Wert seiner eigenen beruflichen Qualifikationen überzeugend darstellen zu können, ist es andererseits wichtig, wenigstens in groben Zügen mit dem niederländischen Bildungssystem vertraut zu sein. Aus diesem Grund soll im Folgenden ein kurzer Überblick über das Bildungswesen in den Niederlanden gegeben werden; eine umfassendere Darstellung findet sich im Europäischen Bildungsportal Eurydice.[19]

---

18 http://www.idw.nl/index2.html

19 http://www.eurydice.org

Grundzüge des niederländischen Bildungssystems

In den Niederlanden besteht Schulpflicht vom 5. bis zum 15. Lebensjahr; Vorschule und Primarstufe sind zu einem Schultyp, der *basisschool* (Grundschule), zusammengefasst, die im Ganztagsunterricht betrieben wird. Da die meisten Kinder bereits an ihrem 4. Geburtstag eingeschult werden, besteht diese Schulform aus acht Klassen. Im 12. Lebensjahr wird über die weitere schulische Entwicklung entschieden. Entweder besuchen die Kinder dann das vierjährige VMBO (*Voorbereidend Middelbaar Beroepsonderwijs*), das auf eine Berufsausbildung im dualen System oder an beruflichen Vollzeitschulen vorbereitet (*Middelbaar Beroepsonderwijs*, MBO), das fünfjährige HAVO (*Hoger Algemeen Voortgezet Onderwijs*), das zum Studium an einer Fachhochschule berechtigt, oder das sechsjährige VWO (*Voorbereidend Wetenschappelijk Onderwijs*), das mit der Allgemeinen Hochschulreife abschließt und zum Universitätsstudium führt. Abbildung 1 zeigt eine schematische Darstellung des Systems.

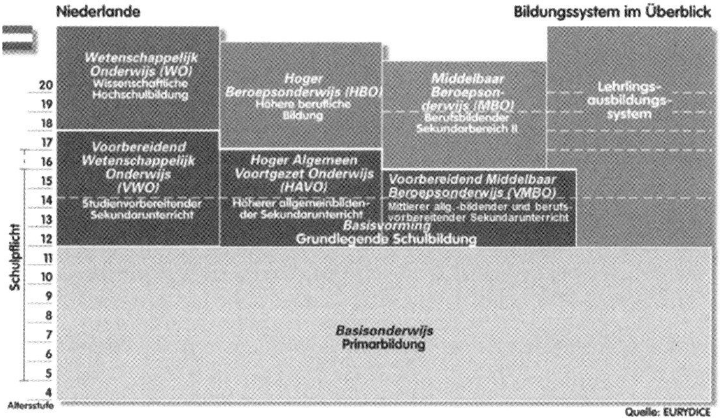

Abbildung 1: Das niederländische Bildungssystem

Das Notensystem

Das niederländische Notensystem (für Schulen und Hochschulen) reicht von 1 (Ungenügend) bis 10 (Sehr gut). Die Note 6 entspricht etwa unserem »Ausreichend«, alles darunter ist »Mangelhaft« bzw. »Ungenügend«.

Das System der beruflichen Aus- und Weiterbildung

Lange Zeit galt das niederländische Bildungssystem als äußerst starr und undurchlässig. Dies änderte sich erst mit der Einführung des sogenannten Mammutgesetzes im Jahre 1968, das für mehr Durchlässigkeit zwischen den einzelnen Schulformen sorgte, insbesondere zwischen dem Bereich der allgemeinen und der beruflichen Bildung. Eine weitere Zäsur gab es in der beruflichen Bildung mit dem Inkrafttreten des *Wet Educatie en Beroepsonderwijs* (Gesetz zur Erwachsenen- und Berufsbildung), abgekürzt *WEB*, zum 1. Januar 1996. Über dieses Gesetz sollte eine bessere Qualität des Bildungsangebots und insbesondere eine stärkere Verbindung zwischen der – stark schulisch geprägten – beruflichen Bildung in den Niederlanden und dem Arbeitsmarkt erzielt werden.

Der Bereich der beruflichen Erstausbildung bietet Jugendlichen im Alter von 16 Jahren und nach dem Besuch des *Voorbereidend Middelbaar Beroepsonderwijs* (VMBO, vergleichbar unserer Haupt- und Realschule) die Wahl zwischen derzeit knapp 300 Berufsausbildungen im sogenannten *Middelbaar Beroepsonderwijs* (MBO), dem berufsbildenden Sekundarbereich. Dabei kann ein Beruf (eine *kwalificatie*) sowohl in einem vollzeitschulischen Ausbildungsgang mit betrieblichen Praktika – über den »berufsausbildenden Lehrweg« (*beroepsopleidende leerweg*) – als auch in einem nach Art unserer dualen Ausbildung organisierten »berufsbegleitenden Lehrweg« (*beroepsbegeleidende leerweg*) erlernt werden. Der letztere Ausbildungszweig hieß bis vor Kurzem noch *leerlingstelsel* (Lehrlingsausbildungssystem), galt bei Jugendlichen wie auch bei ihren Eltern als wenig attraktiv und wurde daher vergleichsweise selten gewählt, wenn es um die Entscheidung über eine Berufsausbildung ging. Daran hat sich bis heute wenig geändert.

Das, was bei uns das System der beruflichen Erstausbildungen im berufsbildenden Sekundarbereich ist, bezeichnet man in den Niederlanden als *landelijke kwalificatiestructuur* (nationale Qualifikationsstruktur). Doch anders als in Deutschland ist die nationale Qualifikationsstruktur stark modular, also nach dem Baukastenprinzip, aufgebaut. Diese Modularisierung bietet eine höhere Durchlässigkeit – und damit bessere Bildungsperspektiven für die Auszubildenden –, birgt zugleich jedoch die Gefahr, dass Berufsbilder verschwimmen. Dass man den Weg der Modularisierung einschlug, hat vor allem mit unterschiedlichen historischen Entwicklungen des Bildungssystems zu tun: Während in Deutschland noch immer das »Berufskonzept« im Vordergrund steht – man ist (und bleibt), was man einmal gelernt hat, also »Maurer« oder »Zimmermann« –, definiert man sich in den Niederlanden eher über seine derzeitige berufliche Tätigkeit (man ist, was man tut, also etwa *onderhoudsmedewerker metselaar-timmerman*, d.h. »Instandhaltungsmitarbeiter Maurer-Zimmermann«). Die Ausbildung dauert drei bis vier Jahre und schließt mit einem *diploma* ab.

Die berufliche Weiterbildung hat innerhalb des niederländischen Bildungssystems traditionell keinen besonderen Stellenwert. Im Zuge der wachsenden Arbeitslosigkeit seit dem Ende der 1970er Jahre und den technologischen Veränderungsprozessen der 1980er Jahre hat die Bedeutung der beruflichen Weiterbildung jedoch stark zugenommen, und zwar sowohl die betriebliche Weiterbildung (am Arbeitsplatz und außerhalb) als auch die Weiterbildung durch private Bildungsträger. Die Einbindung – privater wie gemeinnütziger – Bildungsträger in die berufliche Weiterbildung erfolgt über zwei Instrumente: mithilfe von Tarifverträgen in den Branchen sowie auf der Basis betrieblicher Vereinbarungen.

Das niederländische Hochschulwesen

Das niederländische Hochschulwesen umfasst den berufsbildenden Tertiärunterricht (*Hoger Beroepsonderwijs*, HBO) an *hogescholen* (Fachhochschulen) sowie den wissenschaftlichen Unterricht (*Wetenschappelijk Onderwijs*, WO) an Universitäten. Seit 1980 gab es immer wieder Bestrebungen zur Harmonisierung dieser beiden Bereiche; 1993 trat ein Gesetz (*Wet Hoger onderwijs en wetenschappelijk onderzoek*) in Kraft, das die Rahmenbedingungen für den gesamten Tertiärbereich neu absteckte.

Die seit 1986 bestehenden niederländischen Fachhochschulen bieten eine wesentlich größere Auswahl an Studienfächern als die deutschen Fachhochschulen. So umfasst das Angebot auch Studiengänge, die denen an deutschen Kunst- und Musikhochschulen oder sogar, wie bei der Lehrerausbildung, Universitätsstudiengängen entsprechen. Zudem werden hier Ausbildungen, etwa im Bereich des Gesundheitswesens, angeboten, die in Deutschland dem Sekundarbereich zugeordnet sind. Die Regelstudienzeit an den Fachhochschulen beträgt vier Jahre, liegt jedoch tatsächlich ein bis zwei Jahre höher. Nach Abschluss des Studiums erhalten die Studenten der agrar- oder ingenieurwissenschaftlichen Fächer den Ingenieurtitel (»ing.«), bei allen anderen Fächern den Bachelor-Grad (»bc.«).

Das Universitätsstudium entspricht in etwa dem in Deutschland, ist jedoch insgesamt verschulter. 1982 kam es mit dem Gesetz zur Zwei-Phasen-Struktur (*Wet Twee Fasen Structuur*) zu einer grundlegenden Reform des wissenschaftlichen Studiums. Die erste Phase umfasst vier bis sechs Studienjahre und schließt mit dem *doctoraal-examen* ab. Hat man ein ingenieur- oder agrarwissenschaftliches Fach studiert, erwirbt man den Grad eines Ingenieurs (»ir.«), bei Jura den eines *meester in de rechten* (»mr.«) und in allen übrigen Fächern den des *doctorandus* (»drs.«). Diese Grade entsprechen in etwa unserem »Diplom« oder »Magister«. Die zweite Phase des Studiums bietet eine weiterführende wissenschaftliche Ausbildung mit dem Ziel der Promotion (*doctor* – »dr.«).

Mit der Einführung der neuen Bachelor/Master-Struktur in den Niederlanden dürfen nun folgende akademische Titel geführt werden: der Grad *kandidaat* oder wahlweise »Bachelor« bei bestandenem Bachelor-Examen, die Grade *doctorandus* (drs.), *ingenieur* (ir.) und *meester in de rechten* (mr.) oder wahlweise der »Master« bei bestandenem Master-Examen.

Deutsche Hochschulabsolventen werden in den Niederlanden mit der Anerkennung ihres Studiums auf wenig Probleme stoßen. Zwischen der deutschen und der niederländischen Regierung gibt es nämlich seit 1983 ein bilaterales Abkommen über Gleichwertigkeiten im Hochschulbereich.

Nähere Informationen über das niederländische Hochschulwesen finden sich online[20]. Sehr empfehlenswert ist auch die (deutschsprachige) Broschüre »Klikken op Nederland« von Robert Marzell (2006a), die über die Euregio Rhein-Waal[21] bestellt werden kann.

Ausbildungs- und Studiengebühren

In den Niederlanden tragen Auszubildende und Studenten über Ausbildungs- und Studiengebühren zur Finanzierung der Ausbildung bzw. des Studiums bei. Gleichzeitig haben sie jedoch Anspruch auf eine Ausbildungs- oder Studienbeihilfe (*studiefinanciering*) durch den Staat. Eine Fülle von Informationen für Deutsche zur Finanzierung eines Studiums in den Niederlanden findet sich in einer Broschüre von Robert Marzell (2006b), die kostenlos über die Euregio Rhein-Waal zu beziehen ist.

20 http://www.anabin.de sowie http://www.eurydice.org

21 Euregio Rhein-Waal, Emmericher Str. 24, 47533 Kleve, Tel.: 02821–7930-0.

Schlussbemerkung

Obwohl sich die wirtschaftlichen Aussichten der Niederlande in den vergangenen Jahren – nicht zuletzt auch im Sog der Rezession beim wichtigsten Handelspartner des Landes, der Bundesrepublik Deutschland – spürbar verdüstert haben, bieten sich dort gerade für Deutsche immer noch interessante Arbeits- und Karrieremöglichkeiten. Erleichtert wird der Zugang zum niederländischen Arbeitsmarkt dabei insbesondere durch zwei Faktoren: die Tatsache, dass die Kenntnis der Landessprache in aller Regel nicht zu den unabdingbaren Voraussetzungen für die Einstellung von Arbeitnehmern zählt, sowie die Möglichkeiten, die die niederländischen Zeitarbeitfirmen bieten, um einen Einstieg in das Berufsfeld seiner Wahl zu finden.

Hinzu kommt, dass Deutsche die Arbeitsbedingungen in den Niederlanden durchaus zu schätzen wissen. Denn fragt man deutsche Mitarbeiter in niederländischen Betrieben nach ihren beruflichen Zukunftsplänen, so können sich viele von ihnen kaum noch vorstellen, jemals wieder in einem deutschen Betrieb mit seinen vergleichsweise formellen Umgangsformen und der starren Hierarchie zwischen Vorgesetzten und Untergebenen zu arbeiten.

Literatur

Busse, G., Frietman, J. (1998). Grenzüberschreitende Arbeitsmobilität in der Euregio Rhein-Waal und der Euregio Rhein-Maas-Nord. IMIS-Beiträge, Themenheft »Mobilität und Kooperation auf grenzüberschreitenden Arbeitsmärkten: Deutschland-Niederlande«, Heft 9, S. 37–61.

EURES (Hg.) (2005). Arbeiten in den Niederlanden. Assen u. a.

Van Gelder, R. (1997). Het Oost-Indisch avontuur. Duitsers in dienst van de VOC (1600–1800). Nijmegen.

Linthout, D. (2004). Frau Antje und Herr Mustermann. Niederlande für Deutsche (3. Aufl.). Berlin.

Marzell, R. (2006a). Klikken op Nederland 2006. Internetführer zum Studium in den Niederlanden. Hrsg. von der Euregio Rhein-Waal und der euregio rhein-maas-nord. Kleve u. Mönchengladbach.

Marzell, R. (2006b). Studienfinanzierung in den Niederlanden für Deutsche 2006. Hrsg. von der Euregio Rhein-Waal und der Euregio Rhein-Maas-Nord. Kleve u. Mönchengladbach.

Schürings, U. (2003). Zwischen Pommes und Praline. Mentalitätsunterschiede, Verhandlungs- und Gesprächskultur in den Niederlanden, Belgien, Luxemburg und Nordrhein-Westfalen. Münster, S. 15–60.

Vestdijk, S. (1935/1975). Else Böhler, Duits dienstmeisje. Amsterdam.

Voskuil, J. J. (1996–2000). Het Bureau. Bd. 1–7. Amsterdam.

Alexander Thomas und Boris U. Schlizio

Deutsch-niederländische Kulturstandards: Interkulturelles Verstehen in den deutsch-niederländischen Beziehungen

Vorbemerkung

»Frau Antje bringt Käse aus Holland«. Dieser gesungene Werbeslogan, der seit 1961 im deutschen Fernsehen zu hören war, hat Generationen von Deutschen als Ohrwurm begleitet. »Das passt zusammen – das schmeckt zusammen: deutsches Bier und echter Käse aus Holland«. Mit diesem an Klischees anspielenden Werbespruch warb die niederländische Käsefirma in den Folgejahren um Kunden in Deutschland. Aus der Sicht vieler Deutscher waren die Niederlande schon damals ein sehr attraktives und mit positiven Vorstellungen assoziiertes Land. Es galt als liberal und weltoffen; die Bewohner galten als lebensfroh.

Heute in der momentan sehr schwierigen Arbeitsmarktsituation in Deutschland zieht es immer mehr Personen aus beruflichen Gründen ins Nachbarland. Zudem gibt es viele Deutsche, die ohnehin schon aufgrund der guten Handelskontakte ihrer Firmen in den Niederlanden tätig sind. Insgesamt leben schätzungsweise über 57.000 Deutsche im westlichen Nachbarland, wovon ca. 27.000 berufstätig sind. Hinzu kommen 16.000 Grenzgänger, also Personen mit Wohnsitz in Deutschland und einem Arbeitsplatz in den Niederlanden (vgl. Beitrag van Paridon in diesem Band). Die Deutschen bilden zudem die größte Gruppe der Touristen in den Niederlanden (vgl. Linthout, 2004). Wenn sich Deutsche beruflich in die Niederlande begeben, geschieht dies oft ohne jede Vorbereitung – in der Überzeugung, bereits nach einem ersten Kontakt sehr gut über das Land informiert zu sein. Gerade durch den ersten Eindruck, dass Deutsche optisch den Niederländern ähnlich sehen, wird oft übersehen, dass es zahlreiche Unterschiede gibt. Wenn eine Person beispielsweise beruflich nach China oder Japan reisen muss, geht sie schon in ihrer Erwartung von großen kulturellen Unterschieden zu Deutschland aus. In Bezug auf die Niederlande werden keine kulturellen Unterschiede erwartet, und genau das ist höchst problematisch.

Wie bei allen nationalen Vergleichen ist das Verhältnis zwischen Deutschland und den Niederlanden durch Stereotype, Klischees und Vorurteile geprägt. Wichtig ist in diesem Zusammenhang das Bild der Deutschen, das in den Niederlanden existiert. So gelten Deutsche häufig immer noch als streng und perfektionistisch (Linthout, 2004). Auch wenn sich das Verhältnis zwischen Niederländern und Deutschen zunehmend ändert (Volkskrant, 2005; vgl. van Oudenhoven in diesem Band), sind die Nachwirkungen des Zweiten Weltkriegs nach wie vor spürbar, vor allem bei älteren Niederländern. Problematisch ist zudem die Tatsache, dass die eher kleinen Niederlande sich einem wesentlich größeren und wirtschaftlich sehr mächtigen Nachbarn ausgesetzt sehen. Sie fühlen sich womöglich unterlegen, und das ruft eventuell negative Emotionen und Ablehnung hervor.

Ähnliches berichten deutsche Manager beispielsweise aus den USA, die dort anfangs viele Gemeinsamkeit erwarteten. Ihnen wurden die Unterschiede erst allmählich bewusst, als Konflikte auftauchten. So lassen sich große Misserfolge, die deutsche Unternehmen in den USA hatten, auch auf falsches Auftreten der Repräsentanten zurückführen (vgl. Thomas, 2003).

Nach Bernd Müller (1998, S. 8) kann gerade in den Niederlanden die scheinbare kulturelle Ähnlichkeit sehr irreführend sein. Blickt der Deutsche ein wenig unter die Oberfläche, »zeigen sich gesellschaftliche und kulturelle Eigenheiten, die ohne Hintergrundwissen kaum mehr nachvollziehbar sind«. Treffen Deutsche und Niederländer aufeinander, kommt es häufig zu Missverständnissen, da beide Partner jeweils aus ihrem eigenkulturellen Verständnis heraus denken und handeln (vgl. Linthout, 2004, 2006; Schürings, 2004). So kann ein deutscher Chef schon die Tatsache, dass er normalerweise von seinem niederländischen Hausmeister sehr schnell *geduzt* und mit Vornamen angesprochen wird, als Respektlosigkeit interpretieren. Dies ist von dem niederländischen Angestellten nicht nachvollziehbar, da er sein Verhalten als völlig normal empfindet.

Solche Unterschiede können in *Kulturstandards* begründet liegen. Diese regulieren weite Bereiche der Wahrnehmung, des Denkens, Wertens und Handelns und sind somit für die Steuerung der Wahrnehmungs-, Beurteilungs- und Handlungsprozesse zwischen Personen bedeutsam. Kulturstandards, die in der einen Kultur zentral sind, können in einer anderen Kultur völlig fehlen oder von geringer Bedeutung sein.

Dieser Artikel beschäftigt sich mit deutsch-niederländischen Kulturstandards, die beide Autoren mithilfe einer empirischen Studie in den Niederlanden im Jahre 2005 erarbeitet haben.

Missverständliche Situation

Zur Veranschaulichung kultureller Unterschiede im Denken und Verhalten von Deutschen und Niederländern wird zunächst eine authentisch erlebte und oft in ähnlicher Weise vorkommende Interaktionssituation zwischen einem Deutschen und einer Niederländerin beschrieben.

Die Situation: Das Fax

Der promovierte deutsche Betriebswirt Holger Knef arbeitet als Unternehmensberater in den Niederlanden. Er hilft mit, für größere Firmen Konzepte für die neue Produktion zu erarbeiten. Eines Tages muss er dringend ein Fax nach Deutschland zu einem Kunden senden. Er weiß, dass die Berliner Firma in spätestens einer Stunde schließt. So geht er schnell zu der Sekretärin, Brechtje van Helvoort, mit der Bemerkung »Guten Tag, Brechtje, fax das bitte schnell nach Berlin. Die Nummer steht auf dem Brief. Danke.« Als er das Büro verlassen will, ruft Brechtje van Helvoort ihn jedoch zurück. Ihr gefalle sein Tonfall nicht und er sei unfreundlich. Zudem sei er nicht der Einzige, der Aufgaben zu erledigen habe. Sie müsse noch andere Dinge fertigstellen. Holger Knef aber will zurück an seinen Arbeitsplatz, um zu arbeiten. Er hat jetzt keine Lust und Zeit, mit Brechtje van Helvoort zu diskutieren, und ist ärgerlich.

Gedanken von Brechtje van Helvoort: »Was fällt ihm ein? Ich lasse mich von diesem Deutschen nicht wieder herumkommandieren. Ich bin nicht seine Dienerin. Immer sagt er mir, was ich zu tun habe. Das ist respektlos und überheblich. Auch in Deutschland sollte sich das langsam herumgesprochen haben. Mit seinem Doktortitel fühlt er sich besonders wichtig. Das ist lächerlich! Er wird schon merken, was er damit bei mir erreicht. Ich sehe wirklich gar nicht ein, warum ausgerechnet seine Sache plötzlich ganz schnell erledigt werden muss.«

Gedanken von Holger Knef: »Was fällt ihr ein? Diese Sekretärin hat keinen Respekt. Das habe ich in meinem deutschen Büro so noch nicht erlebt. Es gehört klar zu ihrem Aufgabenbereich als Sekretärin, für mich als Unternehmensberater solche administrativen Aufgaben zu erledigen. Wenn etwas eilt, müssen alle ohne Ausnahme mitziehen. Sie spielt hier Machtspiele, aber das werde ich nicht durchgehen lassen. Das wird sie schon merken. Ich habe mich korrekt verhalten, *Bitte* und *Danke* gesagt – das sollte ja wohl reichen. Sieht sie nicht, dass vor allem die Arbeit erledigt werden muss?«

Deutungen der Situation

Ein unter Umständen lang andauernder und schwer zu lösender Konflikt zwischen den beiden ist vorprogrammiert. Dabei hat es sich wahrscheinlich nur um ein Missverständnis gehandelt.

Auch in den Niederlanden darf man als Chef seiner Sekretärin Aufträge erteilen, aber die Anweisungen müssen anders formuliert werden. Ein *Bitte* mit nachfolgender Anweisung, wie sie in Deutschland meist verwendet wird, reicht nicht aus und gilt für einen niederländischen Angestellten in der Regel bereits wie ein Befehl. Auch wenn ihm klar ist, dass es zum Aufgabenbereich gehört, etwas zu erledigen, möchte der Angestellte immer das Gefühl haben noch »Nein« sagen zu können.

Holger Knef hätte mit seiner Sekretärin wesentlich vorsichtiger umgehen sollen. Er hätte sein Anliegen als Frage formulieren und dann eine Antwort abwarten müssen. Auch in den Niederlanden weiß jeder letztendlich, wer der Chef ist, aber dabei will man *in zijn eigen waarde gelaten worden* (wörtlich: in seinem eigenen Wert gelassen werden). Direkte Anweisungen haben in diesem System keinen Platz. So handhaben das die Niederländer auch untereinander. Der Unterschied zwischen Frage oder Bitte mag für Deutsche als unwichtige Kleinigkeit erscheinen. Dies ist jedoch für niederländische Angestellte nicht der Fall. Hält man sich nicht an dieses ungeschriebene Gesetz, ist von Anfang an das Verhältnis gestört und man erzeugt Widerspruch wie in der vorliegenden Situation. Holger Knef wirkt auf Brechtje van Helvoort arrogant, was er selbst nicht so empfindet. Er meint sich korrekt verhalten zu haben, so wie er es immer gewohnt war.

Hinzu kommt, dass Niederländer gerade auf Anweisungen von Deutschen schnell allergisch reagieren. Für Niederländer ist es äußerst wichtig, nicht das Gefühl zu haben, von Deutschen dominiert zu werden. Die deutsche Sprache ist dabei von großer Bedeutung. Niederländer empfinden sie als sehr hart, zackig und belehrend. In den Niederlanden wird auch im beruflichen Kontext auf einen freundlich warmherzigen Umgangston großen Wert gelegt. Für niederländische Angestellte liegt prinzipiell die Toleranzgrenze wesentlich niedriger als für deutsche, wenn sie den Eindruck haben, nicht genügend in die Prozessabläufe mit einbezogen worden zu sein. Es gibt zwar hierarchische Strukturen in niederländischen Firmen, diese dürfen aber im zwischenmenschlichen Umgang nicht sichtbar werden. Die Egalität aller Personen steht im Vordergrund.

Gleichzeitig missverstehen deutsche Angestellte in den Niederlanden anfangs häufig die Bitten ihres niederländischen Chefs. So denken sie fälschlicherweise, eine Sache sei nicht wichtig, da sie davon ausgehen, dass der Chef ansonsten klare Anweisungen geben würde. Das führt häufig zu Verwirrungen.

Auch als Chef muss man in den Niederlanden immer an die Einsichtsfähigkeit der Mitarbeiter appellieren. Unabhängig von der Position wollen Niederländer auch bei Tätigkeiten geringerer Bedeutung mitdenken, Beweggründe mitgeteilt bekommen und von der Richtigkeit ihrer Handlungen überzeugt sein. Ein unbedingter Gehorsam ist ihnen eher fremd, egal wie wichtig der andere sein mag. Niederländische Mitarbeiter sind Vorgesetzten gegenüber sehr selbstbewusst und äußern deutlich, was ihnen nicht passt. Wenn sie von einer Aufgabe nicht überzeugt sind, kommt es durchaus vor, dass sie diese nicht ausführen.

Kulturell bedingte unterschiedliche Orientierungen sind hier offensichtlich wirksam. Sie bestimmen die Wahrnehmung, das Denken und Urteilen, die Emotionen und das Verhalten der beteiligten Deutschen und Niederländern in unterschiedlicher Weise.

Kultur als Orientierungssystem und Kulturstandards als Bauteile

Aus der Fülle von Kulturdefinitionen liegt den in diesem Artikel beschriebenen Aspekten interkultureller Begegnung zwischen Deutschen und Niederländer folgende Kulturdefinition zugrunde:

»Kultur ist ein universelles Phänomen. Alle Menschen leben in einer spezifischen Kultur und entwickeln sie weiter. Kultur strukturiert ein für die Bevölkerung spezifisches Handlungsfeld, das von geschaffenen und genutzten Objekten bis hin zu Institutionen, Ideen und Werten reicht. Kultur manifestiert sich immer in einem für eine Nation, Gesellschaft, Organisation oder Gruppe sehr typischen Orientierungssystem. Dieses Orientierungssystem wird aus spezifischen Symbolen (z.B. Sprache, Gestik, Mimik, Kleidung, Begrüßungsritualen) gebildet und in der jeweiligen Gesellschaft, Organisation oder Gruppe tradiert, das heißt an die nachfolgende Generation weitergegeben. Das Orientierungssystem definiert für alle Mitglieder ihre Zugehörigkeit zur Gesellschaft oder Gruppe und ermöglicht ihnen ihre ganz eigene Umweltbewältigung. Kultur beeinflusst das Wahrnehmen, Denken, Werten und Handeln aller Mitglieder der jeweiligen Gesellschaft« (Thomas, 2003, S. 22).

Nach dieser Definition ist es ein zentrales Bedürfnis jedes Menschen, sich in seiner Umwelt zurechtzufinden. Der Mensch eignet sich Handwerkzeuge an, die ihm Orientierung und ein effektives Handeln in der Umwelt ermöglichen. Normen, Werte, Verhaltensregeln, verankert in gesellschaftlich tragenden Bereichen auch Gesetz, Sitte, Brauchtum und Religion bilden ein Grundgerüst für die kulturspezifischen Orientierungssysteme. Die Werte und Normen werden im Prozess der individuellen Sozialisation erworben und von einem Großteil der Gruppe geteilt.

So weiß ein niederländischer Chef, dass er seine Bürotür offen stehen lassen muss, um den Mitarbeitern zu signalisieren, dass er sich als ein Teil des Teams fühlt und immer ansprechbar ist. Niederländische Angestellte würden einen Vorgesetzten hinter einer ständig geschlossenen Tür als sehr arrogant empfinden (vgl. Linthout, 2004). In Deutschland hingegen könnte es zu Verwunderung bei den Mitarbeitern führen, wenn eine Führungskraft immer bei offener Tür arbeiten würde; sie könnten ein solches Verhalten unter Umständen nicht deuten und meinten gar, er habe nichts zu tun.

Der Prozess der Sinnstiftung im Rahmen eines Orientierungssystems ist in der Regel nicht bewusstseinspflichtig und vollzieht sich automatisch. Der Einzelne verlässt sich zu Recht darauf, dass seine persönliche Sicht der Welt von seinen Mitmenschen verstanden und größtenteils geteilt wird. So weist beispielsweise Sylvia Schroll-Machl (2002) darauf hin, dass in Deutschland normalerweise »Berufliches« und »Privates« streng getrennt werden. Kollegen werden zunächst als *Arbeits*kollegen betrachtet und nicht als potenzielle Freunde. Eine Freundschaft kann sich daraus entwikkeln, dies ist aber nicht zwangsläufig der Fall. So wird auch wenig über sehr private Angelegenheiten am Arbeitsplatz gesprochen. Gleichzeitig gilt in Deutschland der Grundsatz, auch die Kollegen zunächst nicht zu direkt auf ihr Privatleben anzusprechen. Der Kontakt wird normalerweise nur dann außerhalb der Arbeit fortgeführt, wenn der Kollege zum Freund wird. Nach Ernst E. Boesch (1980) wird im Verlauf des Hineinwachsens des Individuums in seine Gesellschaft ein für alle Mitglieder der kulturellen Gruppe verbindlicher Handlungsspielraum determiniert. Durch die Übernahme gesellschaftlicher Maßstäbe in die individuellen Zielsetzungen und Handlungsvollzüge muss nicht jeder Handlungsschritt einzeln bewertet werden (vgl. Wiendieck, 1994, S. 79). Kritisch kann es werden, wenn man mit Menschen zusammentrifft, die ein anderes Orientierungssystem entwickelt haben und deren Symbolsystem, Handlungs- und Reaktionsweisen man nicht kennt und versteht. In den Niederlanden sprechen die Kollegen untereinander auch am Arbeitsplatz häufig über sehr private Dinge. Verstärkt durch die Tatsache, dass man sich sofort duzt und mit Vornamen angesprochen wird, entsteht für Deutsche, die anfangen, in den Niederlanden zu arbeiten, häufig der Eindruck, es wäre schon eine tiefere Freundschaft entstanden. Das Verhalten der niederländischen Kollegen hat aber zunächst nicht den Aufforderungscharakter, sich verstärkt um die Freundschaft, auch unabhängig von der Arbeit, zu bemühen. Der Kollege ist bei der Arbeit äußerst freundlich, nicht mehr und nicht weniger.

Da eine Orientierung an den Regeln der Gastkultur zunächst noch nicht stattfindet, vor allem da diese anfangs noch nicht bekannt sind, führt der Rückschluss auf die eigene Kultur häufig zu Fehlperzeptionen und falschen Interpretationen. Ein Deutscher deutet ein Verhalten, das ein Niederländer an den Tag legt, so wie er es in Deutschland gewohnt ist. Der Niederländer zieht aus exakt dem gleichen Verhalten jedoch die gegenläufigen Schlüsse.

Dies muss nicht zwangsläufig zu einer problematischen Begegnungssituation führen. Möglicherweise wird aber das erwartungswidrige Verhalten lediglich toleriert, ertragen, ignoriert oder bagatellisiert. Dabei ist es möglich, dass fremdes Verhalten so verzerrt wahrgenommen und interpretiert wird, dass es scheinbar den Erwartungen entspricht. Dann besteht wiederum die Gefahr, dass es zu Reaktionen kommt, die immer wieder neue Missverständnisse zur Folge haben, den Partnern aber nicht bewusst sind. In dem Beispiel, das beschreibt, dass am Arbeitsplatz schnell über Private

Dinge gesprochen wird, könnte es unter Umständen sehr lange dauern, bis der Deutsche realisiert, dass es sich nicht um eine Freundschaftsbekundung handelt, die über das berufliche Interesse hinausgeht. Die Enttäuschung ist dann umso größer.

Missverständnisse, erwartungswidrige Verhaltensreaktionen mit nachfolgendem Orientierungsverlust, Verärgerung und Gefühle der Bedrohung und Hilflosigkeit lassen sich vermeiden respektive reduzieren, wenn ein Deutscher sich schon vor seinem Niederlandeaufenthalt mit kulturellen Unterschieden zwischen den Ländern beschäftigt und eine Fähigkeit zur isomorphen Attribution aufbaut. Das bedeutet, Verhaltensinterpretationen verfügbar zu haben, die der fremden Kultur entsprechen. Kenntnisse über die Handlungswirksamkeit von Kulturstandards sind hierbei sehr hilfreich.

Kulturstandards

Wir definieren Kultur in diesem Beitrag als Orientierungssystem. Kulturstandards sind dessen handlungswirksame Merkmale, metaphorisch bezeichnet also die »Bausteine« der Kultur. Kulturstandards werden immer für eine spezifische Kultur (hier die niederländische) aus dem Blickwinkel einer bestimmten anderen Kultur (hier der deutschen) erhoben. Daraus ergibt sich, dass generierte Kulturstandards für Deutsche, die in den Niederlanden arbeiten wollen, dort nicht zum Beispiel für Norweger von Belang sein müssen. Während Kulturstandards in einem Land zentral sind, können sie in einem anderen völlig fehlen oder von geringer Bedeutung sein.

Zur Analyse der deutsch-niederländischen Kulturstandards wurden von den Autoren in den Niederlanden Interviews mit dort tätigen deutschen Fach- und Führungskräften durchgeführt, die über Begegnungssituationen mit Niederländern berichten, die sie als konflikthaft oder verwirrend erlebt hatten. Solche sogenannten kulturell bedingten kritischen Interaktionssituationen wurden deutschen und niederländischen Experten zur Analyse vorgelegt. Sie beurteilten, ob es sich lediglich um unspezifische individuelle Erlebnisse handelte oder ob das Verhalten durch Merkmale des niederländischen kulturspezifischen Orientierungssystems erklärbar war. So konnten mithilfe mehrerer Kategorisierungsschritte sieben niederländische Kulturstandards entwickelt werden, die in diesem Kontext handlungswirksam sind.

Es sei betont, dass sich die niederländischen Kulturstandards nicht auf die niederländische Kultur als Ganzes beziehen. Kommt es aber zu einer kritischen Interaktionssituation zwischen einem Deutschen und einem Niederländer, besteht eine erhöhte Wahrscheinlichkeit, dass das Verhalten durch einen der nachfolgend beschriebenen Aspekte und seine kulturhistorische Verankerung interpretierbar und dadurch besser verstehbar wird. Natürlich ist zu bemerken, dass auch in den Niederlanden zahlreiche individuelle, regionale und branchenabhängige Unterschiede auftauchen können, auf die man jederzeit gefasst sein sollte. So herrscht auch in den Niederlanden im Bank- und Finanzbereich eine formellere Arbeitsatmosphäre als beispielsweise in der Werbebranche. Die Kulturstandards beschreiben vor allem die niederländische Kultur im Gebiet der Randstad im Westen des Landes. Die Region umfasst die Städte Amsterdam, Den Haag, Rotterdam und Utrecht. Hier leben 50 Prozent der niederländischen Bevölkerung, sie gilt als ist das wirtschaftliche Zentrum des Landes und es wird das meiste Geld dort verdient (vgl. Schürings, 2004, S. 28; Vossestein, 2004). Somit ist sie in beruflicher Hinsicht für Deutsche interessant.

Es sei zudem bemerkt, dass sich die Kulturstandards in vielen Situationen überlappen und es zahlreiche Schnittmengen gibt. Bei der kulturhistorischen Verankerung gibt es somit Hinweise, die als Begründung für mehrere Kulturstandards Gültigkeit haben.

1. Kulturstandard: Calimero (asymmetrisches Kräfteverhältnis)

Die Beziehung zu Deutschland ist ein wichtiger Bestandteil der niederländischen Kultur. Es wird sehr darauf geachtet, dass der Einfluss des östlichen Nachbarn im eigenen Land nicht zu groß wird. Alles, was in Deutschland passiert, wird äußerst aufmerksam verfolgt, mehr als aus deutscher Sicht das Geschehen in den Niederlanden. 16 Millionen Niederländern stehen 82 Millionen Deutsche gegenüber (Minbuza, 2006). Dik Linthout (2004) und andere (Haus der Niederlande, 2006; Volkskrant, 2005) sprechen vom *Calimero-Effekt.* Der Begriff wurde von der gleichnamigen Zeichentrickfigur abgeleitet, die 1963 entstanden ist. Ein kleines Küken zieht oft gegen größere Tiere den Kürzeren und reagiert mit dem Ausspruch »Zij zijn groot en ik ben klein, en da's niet eerlijk.« (»Sie sind groß und ich bin klein, und das ist nicht gerecht.«) Damit wird auf humorvolle Art und Weise das ungleiche Kräfteverhältnis beschrieben. Auch im zwischenmenschlichen Bereich achten Niederländer sehr darauf, nicht von Deutschen bevormundet zu werden. Dik Linthout (2004, S. 128) bestätigt, dass von Niederländern in Bezug auf Deutsche gerne auf Klischees zurückgegriffen wird, die mit der militärischen preußischen Vergangenheit und dem Zweiten Weltkrieg zusammenhängen. Dazu gehören die Adjektive »… arrogant, chauvinistisch, nationalistisch, jasagerisch, perfektionistisch und übertrieben pflichtbewusst …«. Durch den Zweiten Weltkrieg und die Besatzung ihres Landes entwickelte ein Großteil der Bevölkerung in der Nachfolgezeit eine regelrechte Abneigung Deutschen gegenüber. Seit einigen Jahren wird das Verhältnis jedoch kontinuierlich besser (van Oudenhoven und Matser in diesem Band; Volkskrant, 2005).

Vor allem bei älteren Niederländern, aber auch bei jungen Menschen, kann es vorkommen, dass sie ihre Bedenken gegen Deutsche klar äußern und auf die Rolle Deutschlands im Zweiten Weltkrieg verweisen. Der Schrecken dieser Zeit ist in der Gesellschaft noch sehr präsent. Der Gedenktag für die Toten (Dodenherdenking) am 4. Mai und der Tag der Befreiung (Bevrijdingsdag) am 5. Mai spielen nach wie vor eine große Rolle. Anne Frank wurde zur *Symbolfigur* der niederländischen Opferrolle (Müller, 1998). Es ist aber zu erkennen, dass der Einfluss dieses Zeitraumes bei jüngeren Niederländern geringer wird (van Oudenhoven und Matser in diesem Band; Linthout, 2006, 2004; Schürings, 2004).

2. Kulturstandard: Flache Hierarchie

Die Beziehungen zwischen einer Führungskraft und den Mitarbeitern sind in den Niederlanden eher horizontal und weniger vertikal strukturiert als in Deutschland. Es ist sehr wichtig, die niederländischen Angestellten in den Entscheidungsprozess mit einzubeziehen. Ansonsten sehen die selbstbewussten Niederländer keinen Anlass, Aufträge auszuführen. Versucht ein Chef in den Niederlanden, Befehle einfach durchzusetzen, ist ein Boykott üblich. Im Anschluss daran werden dann Beschwerden gegen die Führungsperson in der nächsten Firmenbesprechung vorgetragen, wobei mit der Unterstützung und Solidarität der anderen Kollegen gerechnet werden kann.

Am Arbeitsplatz ist der Umgang zwischen dem Chef und seinen Angestellten prinzipiell sehr informell und locker. Dies zeigt sich daran, dass schnell geduzt wird und *Jij* (Du) anstatt von *U* (Sie) verwendet wird. Ein Chef wird eher als Teil des Teams mit anderen Tätigkeitsbereichen angesehen. Er soll vor allem den Überblick behalten, über ausgeprägte Schlüsselqualifikationen verfügen und das Team koordinieren. Für Niederländer ist spezielles fachliches Wissen, schon gar nicht alleinige Fachkompetenz, nicht unbedingt Sache des Chefs und wird bei ihm auch nicht von den Angestellten vorausgesetzt. Bei wichtigen Verhandlungen ist es durchaus üblich, die Verantwortung komplett einem Vertreter der jeweiligen Fachabteilung zu übertragen. Die Befugnisse der Angestellten sind in den Niederlanden meist umfassender als in Deutschland. Deutsche wundern sich oft, dass bei einem Treffen die für die Firma verantwortliche Führungsperson nicht selbst erscheint. In den

Niederlanden erfolgt die Kontaktaufnahme häufig allein durch die Ausführenden, und dem Chef wird im Anschluss berichtet. Auch den in den Niederlanden beruflich tätigen Deutschen werden oft ungewöhnlich schnell große Kompetenzbereiche zugesprochen.

3. Kulturstandard: Konsenskultur

In der niederländischen Gesellschaft werden Entscheidungen im Konsens, also gemeinsam getroffen. Es wird so lange verhandelt, bis ein für alle tragfähiger Entschluss getroffen wird. Die Konsenskultur ist kein spezifischer Faktor innerhalb der hierarchischen Strukturen, sondern gilt sowohl vertikal als auch horizontal, also auch zwischen Arbeitskollegen auf gleicher Stufe. Ein Mitarbeiter, der schon zuvor das Ergebnis vorwegnimmt und damit die Meinung der anderen als unbedeutend erscheinen lässt, widerspricht diesem Prinzip.

Wichtig ist es, regelmäßig *in overleg te gaan* (sich mit dem anderen zu beraten). Entscheidungen werden als ein sich in der gesamten Gruppe entwickelnder Prozess aufgefasst. Von Anfang an wollen Niederländer an allen Entscheidungsschritten mitbeteiligt werden und nicht vor vollendete Tatsachen gestellt werden. In den Besprechungen wird darauf geachtet, im *overleg* immer einen Konsens zu finden. Allerdings ist es durchaus üblich, dass Niederländer mehrmals *overleggen*, bevor sie sich endgültig für einen definitiven Weg entscheiden und diesen auch verfolgen.

Bei Besprechungen hat jeder Beteiligte ein volles Mitspracherecht, unabhängig von der Position, vom Stand oder der Gruppengröße, die er eventuell vertritt. Auch ein Praktikant oder eine Hilfskraft können jederzeit in einer Sitzung ihre Meinung äußern. Es gilt der streng eingehaltene Grundsatz, deren Vorschläge genauso ernst zu nehmen wie die Mitsprache von hoch qualifizierten Unternehmensberatern. Und von ihrem Recht machen sie in der Regel auch Gebrauch.

Die Konsenskultur zeigt sich auch in privaten Diskussionen, bei denen nach verbleibenden Unstimmigkeiten schnellstmöglich ein Kompromiss herzustellen ist. In deutschen Diskussionen werden bevorzugt unterschiedliche Standpunkte häufig sogar zugespitzt formuliert und die einzelnen Personen haben eine klare Meinung, die sie verteidigen (vgl. Schürings, 2004). Es werden Fakten, Informationen und Meinungen gegeneinander gestellt, verglichen und es wird nach der sachlich »richtigen« Entscheidung gesucht. Die eigene Position wird nicht so schnell aufgegeben, weil man versucht, den anderen von der Richtigkeit der eigenen Meinung überzeugen zu können. Wenn Niederländer schnell nachgeben, wird ihr Standpunkt von den Deutschen oft als zu wenig fundiert angesehen, wohingegen die Deutschen als zu wenig kompromissbereit wahrgenommen werden.

Zu internationaler Bekanntheit gelangte die niederländische Konsenskultur in der neueren Geschichte unter der Bezeichnung *Poldermodell.* Im niederländischen Ort Wassenaar beschlossen 1982 der Gewerkschaftsführer Wim Kok und der Vorsitzende der Arbeitgeberorganisation VNO, Chris van Veen, eine Politik der Lohnzurückhaltung, wodurch im Gegenzug Arbeitsplätze und mehr Teilzeitarbeit geschaffen wurden. Nach einem rasanten Wirtschaftsaufschwung und steigenden Beschäftigungszahlen wurde das niederländische Erfolgsrezept weltweit unter dem Begriff *Poldermodell* bekannt. Typisch an dem Poldermodell ist, dass dabei die erkennbare Bereitschaft der Sozialpartner, gemeinsam zu verhandeln und sich um einen Konsens zu bemühen, besonders deutlich zum Ausdruck kam.

4. Kulturstandard: Beziehungsorientierung

In den Niederlanden gilt der Grundsatz, dass harmonische Beziehungen mit anderen Menschen einen höheren Stellenwert haben als sachliche Aspekte. Wenn zwei Personen aufeinander treffen, begegnen sie sich nach Sylvia Schroll-Machl (2002) auf der Sachebene und der zwischenmenschlichen, der Beziehungsebene. Sylvia

Schroll-Machl betont, dass Kulturunterschiede auftauchen, wenn eine Ebene als die Entscheidendere angesehen wird, obschon immer beide eine Rolle spielen. In den Niederlanden steht die Beziehungsebene im Vordergrund, und als ideal gilt es, wenn die Stimmung *gezellig* ist.

Obwohl auch die Niederländer leistungsorientiert sind, wird bei der Arbeit – häufiger als in Deutschland – zwischendurch mit anderen eine Tasse Kaffee getrunken und man nimmt sich Zeit um *gezellig een beetje te kletsen* (nett ein wenig zu quatschen). Unterstützt wird die Beziehungsorientierung von der Gewohnheit, sehr schnell vom *U* zum *Jij* zu wechseln. Seine direkten Arbeitskollegen zu siezen ist in den Niederlanden unpassend, denn das gilt als zu formell und im schlechtesten Fall als überheblich und arrogant. Nach Dik Linthout (2004, S. 174) geht es darum, »dem anderen so schnell wie möglich ein Gefühl der Behaglichkeit zu vermitteln.« Jedoch sollte man dennoch zunächst das Verhalten seines Gegenübers abwarten. Jeden mit einer Selbstverständlichkeit zu duzen ist ebenfalls nicht angebracht, da es auch in den Niederlanden noch Nischen gibt, in denen man sich weiterhin siezt. Niederländer wissen das dann in der Regel, aber für Deutsche sind die Unterschiede zwischen zwei Bereichen oft nicht nachvollziehbar. So gibt es immer noch Niederländer, die ihre eigene Großeltern siezen. Bei älteren Menschen muss man generell vorsichtig sein. Um ein vertrautes Verhältnis herzustellen, wird häufig über private Dinge berichtet und der Arbeitskollege sehr direkt nach privaten Gegebenheiten gefragt, was Deutsche irritiert und von ihnen als neugierig und eventuell sogar als aufdringlich empfunden wird.

Die Beziehungsorientierung darf auch in Stresssituationen nicht vernachlässig werden. In Deutschland würde es der sachliche Aspekt eher rechtfertigen, unter Zeitdruck die Arbeit zügig zu beenden, als auf die Beziehungsebene große Rücksicht zu nehmen. Man geht davon aus, dass die anderen ein Feingefühl entwickeln und von sich aus bemerken, dass man gerade keine Zeit hat, um freundliche Worte auszutauschen. In den Niederlanden wird eine solche Vernachlässigung der zwischenmenschlichen Beziehungen unter Stressbedingungen nicht akzeptiert. Dann muss man sich entschuldigen und zumindest den anderen freundlich klar darauf hinweisen, dass man im Stress ist.

Durch die kontinuierliche und freundliche Kommunikation untereinander bauen sich Netzwerke auf, in denen wichtige Informationen ausgetauscht werden, so dass in Besprechungen oft deutlich wird, dass entscheidende Punkte schon vorher erörtert wurden. Diese Netzwerke funktionieren so, dass in Gesprächen private und geschäftliche Dinge gleichermaßen zur Sprache kommen.

Auch auf geschäftlichen Treffen hat die Beziehungsorientierung Einfluss. Die *Aufwärmphase* und der damit verbundene *Smalltalk* sind entschieden länger und ausdifferenzierter als in Deutschland.

Die niederländische Beziehungsorientierung ist jedoch mit einem ausgesprochenen Individualismus des Einzelnen gepaart. Niederländer legen wie die Deutschen Wert darauf, ihre eigenen Belange störungsfrei realisieren zu können. Die Beziehungsorientierung führt nicht dazu, dass persönliche Interessen hinten anstehen.

5. Kulturstandard: Pragmatismus

Niederländer sind sehr pragmatisch. Sie haben ein Ziel vor Augen, und es ist entscheidend, dass dieses erreicht wird. Es geht immer darum, dass das »Geschäft« abgeschlossen und der »Deal« gemacht wird. Wie dies erreicht wird, ist von sekundärer Bedeutung. Niederländer haben mehrere Jahrhunderte weltweit Handel betrieben. Dies ist immer mit zahlreichen Unsicherheiten verbunden, und darauf muss ein Kaufmann flexibel reagieren.

Zudem machten der jahrhundertlange Kampf gegen das Wasser und die Überschwemmungen häufig ein schnelles Handeln erforderlich und Dinge waren schwer planbar. Es musste mit der Unvorhersehbarkeit der Natur gerechnet werden. Dies führte dazu, dass in den Niederlanden eine schnelle, direkte und offene Kommunikation im Vordergrund steht.

Nach Bernd Müller (1998, S. 22) handelt es sich bei den Niederlanden demnach um eine »durch und durch pragmatische Gesellschaft«.

Einmal vereinbarte Arbeitsabläufe werden häufig wieder verändert, wohingegen Deutsche einen gefassten Beschluss eher als verbindlich ansehen. Eine Modifikation ist nur in Ausnahmebedingungen möglich. Dies ist ein entscheidender Unterschied zwischen den Kulturen: »Holländer lieben Grundsatzdiskussionen, Deutsche Grundsatzentscheidungen« (vgl. Linthout, 2004, S. 170). Folglich werden Regeln und Zielsetzungen weniger schriftlich festgelegt als in Deutschland. Deshalb ist es wichtig, sich ständig mit den anderen auszutauschen, um über den Prozessablauf auf dem Laufenden zu bleiben. Wenn Arbeitsläufe verändert werden müssen, ist dies aus deutscher Sicht unter Umständen ein Zeichen für schlechte Vorbereitung, während Niederländer stolz auf die Fähigkeit zur Improvisation sind (vgl. Linthout 2006; 2004).

Fehler werden im Berufsleben eher akzeptiert als in Deutschland. Es geht stärker darum, die negativen Folgen der Fehler zu verringern, als sich mit den Ursachen zu beschäftigen. In einer egalitären Gesellschaft sind alle gleich und man geht davon aus, dass jeder sein Bestes gibt. Perfektionismus ist nicht das angestrebte Ziel. Zudem würde es der *Beziehungsorientierung* und der *Flachen Hierarchie* widersprechen, jemanden bloßzustellen. Bei zu heftiger Kritik könnte der Konsens gefährdet sein.

Um zügig ans Ziel zu gelangen, ist die Kommunikation von Niederländern durchaus sehr direkt. Tauchen Probleme auf, will man diese aus pragmatischen Gesichtspunkten so schnell es geht aus der Welt schaffen. Dabei ist es sehr wichtig, dass kritische Kommentare in einen äußerst netten und lockeren Ton mit stichhaltigen Begründungen verpackt werden. Um die *Beziehungsorientierung* nicht zu gefährden, wird versucht, die mögliche Schärfe der Äußerung auf andere Art und Weise zu kompensieren. So wird Kritik zwar direkt geäußert, gleichzeitig dürfen dem anderen jedoch keine Vorschriften gemacht werden. Diese Art der Kommunikation in schwierigen Situationen fällt Deutschen sehr schwer.

Berufliche Abschlüsse haben keinen großen Wert, wenn sich die Person in der Gruppe noch nicht behauptet hat. Aus pragmatischen Gesichtspunkten steht vor allem eine effektive Zielerreichung unabhängig von Abschlüssen im Vordergrund. Diese Form des Pragmatismus spiegelt ebenfalls die egalitäre Gesellschaftsform wider, in der jeder bedingungslos die gleichen Möglichkeiten haben muss. Wer innerhalb einer Personengruppe gut eingebunden ist, dem werden dadurch auch die erforderlichen Kompetenzen zugesprochen. Offizielle Organigramme haben keinen großen Stellenwert für interne Abläufe und gelten nicht als verbindlich. Wenn ein Chef einen Mitarbeiter, mit dem er eigentlich keinen direkten Kontakt hat und der hierarchisch weit unter ihm steht, zufällig im Aufzug trifft, kann es gut sein, dass sie spontan die Problemlösung eines Arbeitsprozesses besprechen. Zwar gibt es in Deutschland informelle Kommunikationsstrukturen in Organisationen, deren Bedeutung ist in den Niederlanden jedoch weitaus größer.

6. Kulturstandard: Informalität

Für Niederländer sind Informalität und Seriosität kein Gegensatz. Sie setzen sich aus deutscher Sicht häufig problemlos über Regeln und Anweisungen hinweg, denn diese haben grundsätzlich einen geringeren Stellenwert als in Deutschland. Niederländer haben weniger Angst vor Kontrollverlust, wenn Regeln nicht eingehalten werden.

Vorschriften werden so interpretiert, dass sie nur dann einen Nutzen haben, wenn sie der Zielerreichung dienen. Deutsche gehen oft davon aus, dass Regeln nicht ohne Grund bestehen, und so hat der Einzelne auch nicht das Recht, diese einfach zu umgehen.

Sind schriftliche Nachweise für einen offiziellen Vorgang vorgesehen, passiert es häufig, dass Niederländer nicht darauf bestehen. Allgemein werden bei Bewerbungen Zeugnisse und Leistungsnachweise prinzipiell zunächst nicht mitgeschickt und auch nur selten angefordert (vgl. Busse in diesem Band). Bei einer Krankmeldung erfolgt diese mündlich, denn ein schriftliches ärztliches Attest ist nicht erforderlich. Lediglich speziell befugte Ärzte können im Zweifelsfall zum Kranken nach Hause geschickt werden. Niederländer sind, wie schon erwähnt, eher beziehungs- als sachorientiert. Die andere Person wird mit einem Vertrauensvorschuss versehen und man ist bereit, Regeln zu umgehen, wenn es der Beziehung und dem Menschen nützt. Es wird zunächst von der Eigenverantwortung jedes Einzelnen ausgegangen und erwartet, dass das Ziel später dennoch erreicht wird.

Die *Informalität* äußert sich auch in der Durchsetzung von Verboten. So kann es passieren, dass niederländische Polizisten wegschauen, wenn sie einen Regelverstoß bemerken. In diesem Zusammenhang spielt das *Gedogen* (Dulden) eine wichtige Rolle, auch *gedoogbeleid* genannt. In den Niederlanden werden Dinge schneller geduldet, wenn die Ansicht besteht, dass dies für schwächere Parteien zu einem gerechteren Ergebnis führt. Bei Gerichten wird häufiger als in Deutschland nach dem Grundsatz von Treu und Glauben vorgegangen, um unverhältnismäßig aufwendige Entscheidungsprozeduren zu vermeiden. So folgt auch die niederländische Staatsanwaltschaft im Unterschied zur deutschen dem Opportunitäts- und nicht dem Legalitätsprinzip, kann also entscheiden, was strafrechtlich verfolgt wird (vgl. Hagedorn in diesem Band).

Niederländer lieben es selbst bei geschäftlichen Treffen, schnell eine äußerst lockere und gute Atmosphäre zu schaffen. Dabei werden lustige Episoden und viele Witze erzählt. Aus deutscher Sicht will man sich bei wichtigen geschäftlichen Terminen an einen freundlichen, aber formellen Ablauf halten, denn so scheint die Verhandlung besser kontrollierbar und einschätzbar. Es gilt der Grundsatz »Erst die Arbeit, dann das Vergnügen«. Niederländer sind hingegen der Auffassung, dass auch in einer sehr gelockerten Atmosphäre weiterhin über Geschäfte gesprochen werden kann, was auf Deutsche teils unseriös wirkt.

Im Vergleich zum *Pragmatismus* spielt beim Kulturstandard *Informalität* aus deutscher Sicht die mangelnde Angst der Niederländer vor Kontrollverlust eine entscheidende Rolle. Auch muss man sich für das Verständnis dieses Kulturstandards Teile des deutschen Orientierungssystems vergegenwärtigen. Nach Sylvia Schroll-Machl (2002, S. 68) gibt es in Deutschland »unzählige Regeln, Vorschriften, Verordnungen und Gesetze. Ihre Vielzahl und strenge Auslegung, ihre strikte Einhaltung und rigide Zurechtweisung oder Bestrafung bei Verstößen sind im Kontrast zu anderen Kulturen, in denen selbstverständlich ebenfalls Regeln das Zusammenleben organisieren, das Besondere.« Gegenüber Regeln haben Deutsche ein ambivalentes Verhältnis, denn einerseits ist ihnen diese *Regelverliebtheit* bewusst und sie leiden an der damit verbundenen Inflexibilität, andererseits glauben sie aber auch an ihren Nutzen (vgl. Schroll-Machl, 2002, S. 77). Indem Regeln eingehalten werden, erhoffen sie sich, den Ablauf besser kontrollieren zu können und Unsicherheiten zu vermeiden. Alles, was schriftlich fixiert ist, beruhigt und gibt mehr Sicherheit, wohingegen das Fehlen misstrauisch macht.

Es setzt jedoch heute in den Niederlanden in Teilbereichen der Gesellschaft ein Wandel ein. Pim Fortuyn, jener ultrakonservative Politiker, der im Jahre 2002 ermordet wurde, trat für mehr Recht und Ordnung ein und verbuchte damit große Erfolge. Viele Analytiker meinen zu erkennen, dass hier versteckte Bedürfnisse der Niederländer nach einer strikteren Einhaltung von Regeln zu erkennen sind (vgl. zur Thematik Müller, Nijhuis, beide in diesem Band). Dies scheint jedoch nur auf Teile der Gesellschaft zuzutreffen.

7. Kulturstandard: Calvinistische Bescheidenheit

Die niederländische Gesellschaft ist durch eine ausgeprägte Bescheidenheit gekennzeichnet. Eitelkeiten sind tabuisiert und die Bürger versuchen nicht aufzufallen, weder positiv noch negativ. Wer sich in den Niederlanden zu sehr von anderen abhebt, erntet Misstrauen und macht sich lächerlich.

»Doe maar gewoon, dan doe je al gek genoeg.« (»Sei ganz normal, dann bist du schon verrückt genug.«) Diesen Satz kennt jeder Niederländer, und ein Deutscher sollte ihn beherzigen, um die niederländische Kultur richtig einschätzen zu können. In die gleiche Richtung gehen die Aussprüche »Hoge bomen vangen veel wind« (»Hohe Bäume fangen viel Wind«) oder »Wie zijn hoofd boven het maaiveld uitsteekt, raakt het kwijt« (»Wer seinen Kopf oben aus dem Feld/über die Mählinie, steckt, wird ihn los« – *maien* kann mit *mähen* übersetzt werden). Häufig wird in diesem Zusammenhang der Ausspruch von Königin Juliana bei ihrer Amtseinführung 1948 zitiert (Roowaan, 2005, S. 117): »Wer bin ich, dass ich dies tun darf?« Dies zeigt, dass, egal wie hoch das Amt auch sein sollte, die Bescheidenheit nicht darunter leiden darf.

Der Calvinismus hat die niederländische Gesellschaft seit dem 16. Jahrhundert entscheidend geprägt, und Wirkungen sind bis zur heutigen Zeit spürbar, wenn auch nicht mehr mit direktem Bezug zur Religion. Im Sinne der Lehre durfte die *unbedingte Heiligkeit Gottes* nicht in Frage gestellt werden. Der Kult der katholischen Kirche mit Sakramenten und Reliquien galt als Versuch, die Souveränität Gottes einzuschränken. Jedes Verhalten und alles, was nicht der Norm der Gemeinschaft entsprach, erweckte den Verdacht der *Kreaturverherrlichung*, auf die der von Calvin beschriebene Gott besonders empfindlich reagiert (vgl. Weismann, 2004). Somit war die Theologie geprägt durch Askese, strenge Kirchenzucht und Arbeitseifer.

Der Kulturstandard trägt die Lehren Calvins im Namen, um die spezifische Ausprägung der Bescheidenheit zu verdeutlichen. Dennoch sei angemerkt, dass die direkte Glaubenslehre selbst in der niederländischen Gesellschaft keine große Rolle mehr spielt.

Die Wirkung des Kulturstandards zeigt sich dadurch, dass Titel in den Niederlanden nicht öffentlich benutzt werden und höchstens auf der Visitenkarte vermerkt sind. Wenn Deutsche in den Niederlanden einen Vortrag halten, kann es passieren, dass selbst ein Professorentitel im Begleitprogramm weggelassen wird, was fälschlicherweise als Respektlosigkeit ausgelegt wird. Nach Bernd Müller (1998, S. 29) machen sich die Niederländer mit großem

Vergnügen über die »angebliche Titelsucht« der Deutschen lustig. So präsentieren beispielsweise deutsche Ärzte ihren Status gegenüber den Patienten viel deutlicher, als dies in den Niederlanden der Fall ist. Niederländische Praxen haben oft eine sehr wohnliche Atmosphäre, weiße Kittel gibt es normalerweise nicht und Distanz wird möglichst vermieden.

Diese Zurückhaltung zeigt sich auch in der Wissenschaft: In akademischen Reden wird nach Möglichkeit meist Alltagssprache verwendet und selbst umgangssprachliche Ausdrücke sind keine Seltenheit. Wenn in einer deutschen wissenschaftlichen Rede zu viele humorvolle Wendungen auftauchen, wird der Redner oft nicht mehr fachlich ernst genommen. In den Niederlanden ist dies genau umgekehrt. Dik Linthout (2004, S. 142) betont: »Die niederländische Wissenschaftssprache ist eigentlich eine um Fachbegriffe angereicherte Alltagssprache.« So wirken Fachausdrücke schnell etwas gekünstelt. Dem entspricht der calvinistische Spruch »Spreek je moertal« (»Sprich die Sprache deiner Mutter, normal und ungekünstelt«) (Linthout, 2004, S. 143). Fachtermini gelten als angeberisch und überheblich, Autorität verschafft man sich nur durch qualifizierte Handlungen. Darin wird wieder die Betonung der Egalität in der niederländischen Gesellschaft deutlich. Wissenschaftliche Aussagen sollen jedem zugänglich sein, durch zu viele Fachbegriffe ist unter Umständen die *Konsenskultur* gefährdet. Laien könnten den Inhalt der Aussagen nicht verstehen, was einen von allen akzeptierten Beschluss gefährdet. Im Sinne des *Pragmatismus* ist das Ziel erreicht, wenn die Botschaft bei allen angekommen ist.

Der Kulturstandard *Calvinistische Bescheidenheit* enthält zudem den sparsamen und verantwortungsvollen Umgang mit Geld. Jemand mag wohlhabend sein, aber sollte es nicht zeigen. So wird auch in der Öffentlichkeit normalerweise nicht konkret über eigene Besitztümer gesprochen. Große Autos, auffallend teure Kleidung oder teurer Schmuck wirken schnell etwas ordinär, neureich und proletenhaft. An der Kö in Düsseldorf, an der Innenalster in Hamburg oder in der Kaufinger Straße in München gibt man damit nach wie vor ein besseres Bild ab als in den Niederlanden.

Wer über die niederländische Grenze fährt, merkt schnell, dass die Autos immer kleiner werden.

Nach Ute Schürings (2004, S. 53) prägte die »calvinistische Nüchternheit« auch die Esskultur der Niederlande. Qualität im kulinarischen Bereich ist hier keinesfalls selbstverständlich (vgl. auch Roowaan, 2005). Niederländer investieren von allen Europäern am wenigsten Geld in gutes Essen. »Schnell und billig ist besser als lecker« (Linthout, 2004, S. 205). So kann es bei einzelnen Niederländern immer noch vorkommen, dass beim Geburtstagskaffee für jeden Gast genau abgezählt ein Stück Kuchen gekauft wurde, während man in Deutschland (Beispiel Bergische Kaffeetafel) oft den Eindruck hat, es fehle noch ein ganzer Bus voller Gäste. Die vielen Reste müssen dann über Tage hinweg verwertet werden. Zu große Mengen werden in den Niederlanden als unpassend und verschwenderisch angesehen; herzliche Gastfreundschaft wird durch die Einladung selbst dokumentiert und nicht durch ein gutes Essen. Diese Erfahrung machen viele Deutsche, wenn sie das erste Mal in den Niederlanden zum Essen eingeladen werden.

Bezüglich dieses Kulturstandards sind ebenfalls Veränderungstendenzen zu erkennen. Junge erfolgreiche Niederländer präsentieren immer häufiger einen luxuriösen Lebensstil, den calvinistisch geprägte Niederländer kritisieren.

Der Süden der Niederlande, Brabant und Limburg etwa, sind sehr katholisch geprägt; der hier beschriebene Kulturstandard gilt vor allem für die nördlichen Provinzen. Seit der Reformation gibt es eine *Konfessionsgrenze*, die zwischen der Provinz Seeland und der Provinz Groningen verläuft, wobei der nördliche Teil protestantisch und der südliche katholisch geprägt ist. Der Aufstand aller Bürger gegen die absolutistischen Spanier, die als Vertreter des Katholizismus galten, war jedoch insgesamt eng mit den Calvinisten verbunden, die den Kern des Widerstandes darstellten (Dunk, 1998). Wilhelm I., der den Kampf angeführt hatte, war zuvor zum Calvinismus übergetreten. Das niederländische Königshaus gehört auch heute noch dieser Kirche an.

Kulturhistorische Verankerung

Kulturstandards entwickeln sich über einen längeren Zeitraum und verdichten sich als bewährte Muster innerhalb einer Gesellschaft. Auf der Basis der von bikulturellen Experten genommenen Informationen und entsprechender Literaturquellen werden im Folgenden Aspekte der kulturhistorischen Entwicklung behandelt, aus denen heraus ein Verständnis für den Entstehungsprozess der niederländischen Kulturstandards gewonnen werden kann.

Deutschlandbild

Das spezifische deutsch-niederländische Nachbarschaftsverhältnis ist geprägt von der deutschen Besatzungszeit im Zweiten Weltkrieg, unter der die Niederländer sehr gelitten haben. Im letzten Kriegswinter war vor allem die Bevölkerung im Westen des Landes halb verhungert, die Männer mussten Zwangsarbeit leisten und Städte und Häfen waren zerstört oder vom Wasser überschwemmt. Nach Horst Lademacher (2001a) war die Lage so ernst, dass die Niederländer mit dem Untergang ihrer Bevölkerung und der gesamten Kultur rechnen mussten. Dennoch ist heutzutage klar erkennbar, dass sich die Bedeutung des Krieges in der Gesellschaft zu relativieren beginnt. Neben der Opferrolle beschäftigen sich viele Medien schon seit mehreren Jahren mit der Kollaboration einzelner Niederländer und der Rolle der eigenen Bürger im Widerstand, die geringer war als lange angenommen wurde (Linthout, 2004; Schürings, 2004; Müller, 1998). Auch mit der Frage nach der Rechtmäßigkeit des Verhaltens der niederländischen Truppen in den indonesischen Kolonien setzten sich viele verstärkt auseinander, wodurch das moralische Überlegenheitsgefühl Deutschland gegenüber relativiert wird. Die Vorgänge in Srebrenica, wo 1995 während der Präsenz holländischer UN-Truppen in der Region zehntausende Bosnier abgeschlachtet wurden, ist nach wie vor ein Trauma. Im Jahre 2004 stand die Bevölkerung unter Schock, als nach dem Mord an dem bekannten Publizisten Theo van Gogh durch einen Marokkaner im eigenen Land Brandanschläge auf Koranschulen und Moscheen verübt wurden.

Das Bild der Deutschen in den Niederlanden wird kontinuierlich besser (vgl. van Oudenhoven und Matser in diesem Band). Eine Studie des Pew Research Center in Washington (2005) vom Juni 2005 belegt, dass 88 Prozent der Niederländer eine gute bis sehr gute Meinung von Deutschland haben. Die Sommerspezialausgabe der renommierten niederländischen Tageszeitung »Volkskrant« erschien unter dem bis dahin nie denkbaren Titel »Duitsland is oké« (Volkskrant, 2005).

Dies ist umso erstaunlicher, wenn man betrachtet, wie negativ die Deutschen in der 1993 erschienenen Clingendael-Studie abschnitten. Die von Lútsen Jansen (1993) analysierte Forschungsarbeit ergab, dass niederländische Jugendliche ein sehr negatives Bild von ihren östlichen Nachbarn hatten, die sie mit 60 Prozent als arrogant, zu 71 Prozent als dominant und nur mit 16 Prozent als freundlich einstuften. Fast die Hälfte meinte sogar, dass Deutschland die Welt beherrschen wolle. Eine negative Haltung gegenüber Deutschland hatten 56 Prozent der befragten Jugendlichen (vgl. van Oudenhoven und Matser in diesem Band). Im gleichen Jahr wurden in Deutschland Anschläge von Rechtsradikalen auf Häuser von Asylanten verübt. Nach einem Brandanschlag in Solingen rief der niederländische Radiosender »Radio 3« zu einer Protestaktion auf. Es wurden Postkarten mit der Aufschrift »Ik ben woedend« (Ich bin wütend) verteilt. Über 1,2 Millionen Niederländer schickten die ausgefüllten und unterschriebenen Karten an die deutsche Bundesregierung. Dik Linthout (2004) beschreibt, dass in den niederländischen Medien der Eindruck erzeugt wurde, Deutschland drifte nach rechts ab, den Massenprotesten in Deutschland gegen den Rechtsextremismus sei zu wenig Aufmerksamkeit geschenkt worden. Im Jahr 1995 (Dekker u. Olde Dubbelink) wurden durch eine ähnliche Untersuchung die schlechten Ergebnisse weitgehend bestätigt. Allerdings räumten selbst die Verantwortlichen der Clingendael-Studie ein, dass die aktuelle niederländische Berichterstattung über die rechtsradikalen Anschläge die Meinungen der Niederländer besonders stark negativ beeinflusst hätten. Es wurde aber deutlich, dass es gegenüber Deutschland in weiten Teilen der niederländischen Gesellschaft lange und fest verwurzelte negative Emotionen gab.

Jan Pieter van Oudenhoven (2001 und in diesem Band) kam zu dem Ergebnis, dass sich eine antideutsche und eine prodeutsche Strömung im Land gegenüberstehen. Viele Niederländer sind mit der in der Gesellschaft immer noch häufig anzutreffenden antideutschen Haltung nicht einverstanden. Er stellte sogar fest, dass viele die Deutschen mittlerweile sympathischer finden als Amerikaner, Italiener oder Franzosen (van Oudenhoven und Matser in diesem Band). Dieser Prozess wurde auch durch die wesentlich positivere Darstellung Deutschlands in den niederländischen Medien gefördert. Seit Berlin Hauptstadt wurde, berichten sie regelmäßig über das kulturelle Leben oder neue Projekte der Metropole. Das Berliner Nachtleben und die Musikszene sind Magneten für niederländische Jugendliche, und Berlin ist beliebtes Reiseziel geworden.

Es darf nicht vernachlässigt werden, dass das deutsch-niederländische Verhältnis auf eine jahrhundertlange wechselvolle Geschichte zurückgeht (Lademacher, 2001b). Seit dem 18. Jahrhundert sahen die Niederländer vor allem auf Deutschland herab. Dik Linthout (2004) bekräftigt, dass in dieser Zeit die noch verwendete Bezeichnung *mof* für Deutsche entstanden ist, was soviel wie »plump, ungehobelt, steif und ungelenk« bedeutete. Der Begriff dient heute teils immer noch als Kosename für Deutsche, ist dann aber in der Regel eher lustig gemeint. Durch die Auswirkungen des Dreißigjährigen Krieges kamen viele Arbeiter einfacher Bevölkerungsschichten aus Deutschland in die Niederlande und arbeiteten auf Werften, beim Fischfang, als Landarbeiter oder Söldner.

Im Jahr 1864 begann Preußen mit militärischen Expansionen. In der Folge fielen die dänischen Herzogtümer Schleswig und Lauenburg an das Land. Nach dem deutsch-deutschen Krieg wurde der norddeutsche Bund gegründet, der völlig der Vormachtstellung Preußens unterlag. Dies hatte zur Folge, dass sich bei den

Niederländern Angst gegenüber dem größeren und immer stärker werdenden Nachbarn ausbreitete. Nach dem triumphal gefeierten Sieg über Frankreich bei der Schlacht von Sedan 1870 wurde ein Jahr später das Deutsche Reich gegründet, das vor allem aus dem Norddeutschen Bund hervorging. Dik Linthout (2004) betont, dass aufgrund des zunehmenden Machteinflusses Preußens die Niederländer mit Deutschland vor allem das Militärische assoziierten. Typische Charaktereigenschaften waren »blinde Autoritätsgläubigkeit, Kadavergehorsam und eine unreflektierte Pflichterfüllung«. Dies führte dazu, dass die Niederländer sich stark des ungleichen Kräfteverhältnisses bewusst wurden und eine feindliche Übernahme Deutschlands befürchteten, die mit der Besatzung von 1940 auch Realität wurde.

Deutsche und Niederländer ähneln sich in vielen Aspekten. Daraus resultiert das Bedürfnis, sich von Deutschen zu unterscheiden. Dies ist umso erstaunlicher, wenn man bedenkt, wie eng selbst das Könighaus über Jahrhunderte mit Deutschland verbunden ist. Wilhelm I. von Nassau-Dillenburg, der von deutscher Geburt und Herkunft war, gründete das Haus Oranien-Nassau. Im Jahre 1815 wurde Wilhelm VI. von Oranien-Nassau als Wilhelm I. König der Niederlande und das Haus ist seitdem im Besitz des niederländischen Thrones. In der niederländischen Nationalhymne heißt es immer noch in der ersten Strophe: »Wilhelmus van Nassouwe ben ik van Duitschen bloed« (»Wilhelm von Nassauen, bin ich von deutschem Blut«). Zu bemerken ist aber, dass dieser Satz unterschiedlich gedeutet wird und Wissenschaftler der Meinung sind, dass sich dies auf das Heilige Römische Reich Deutscher Nation beziehe, von dessen die Niederlande lange ein Teil waren.

Prinzessin Juliana, die spätere Königin, heiratete 1937 den deutschen Prinzen Bernhard von Lippe-Bisterfeld. Ihre Tochter, die heutige Königin Beatrix, vermählte sich nach dem Krieg mit dem deutschen Diplomaten Claus von Amberg. Beide deutschen Männer schafften es, die Anerkennung der niederländischen Gesellschaft zu erkämpfen, und sie waren bis zu ihrem Tod sehr beliebt, obwohl es bei der Hochzeit zwischen Beatrix und Claus 1966 zu landesweiten Protesten kam (vgl. Lademacher, 2001b).

In zwischenmenschlichen Beziehungen achten Niederländer sehr penibel darauf, sich gegen Deutsche durchzusetzen. Sie sind sich sehr der Tatsache bewusst, dass es viermal so viele Deutsche wie Niederländer gibt und dass das ihnen so ähnliche Nachbarland weltweit größeren Einfluss hat. Wenn Niederländer im Ausland für Deutsche gehalten werden, sind sie schnell eingeschnappt.

In diesem Zusammenhang spielt der Fußball eine wichtige Rolle. Hier hat das kleinere Land die Möglichkeit, sich gegen den wesentlich größeren Bruder durchzusetzen (Wijckmans, 2001). Der Beginn des problematischen Verhältnisses ist mit der Weltmeisterschaft im Jahre 1974 zu sehen. Ron Wijckmans (2001) beschreibt in diesem Zusammenhang: »Wenn es so etwas wie ein kollektives Gedächtnis einer Nation gibt, dann ist 1974 im Gedächtnis der Niederlande eingraviert als das Jahr, in dem die niederländische Nationalmannschaft im Finale gegen Deutschland in München verlor.« So herrscht bei den Niederländern die Auffassung, dass sie wesentlich anspruchsvolleren Fußball gespielt hätten, den Sieg aufgrund eines deutschen Strafstoßes aber abgeben mussten. Nach Ute Schürings (2004, S. 33) hatten die Deutschen aus der Sicht der Niederländer mit einer »unansehnlichen aber effektiven Spielweise« gesiegt, klischeehaft wurde wieder vom »deutschen Kampfgeist« gesprochen. Das Trauma wurde etwas relativiert, als der spätere Titelgewinner Holland gegen Deutschland im Halbfinale der Europameisterschaft 1988 gewann. Im Mai 2006 gab der niederländische Professor Gerald Sierksma der Rijksuniversität Groningen Ergebnisse einer Studie bekannt, in der er vorgibt nachzuweisen, dass es sich hierbei um einen historischen Irrtum handele. Er hat ein System entwickelt, mit dem ein ganzes Fußballteam und einzelne Spieler mithilfe von Ballkontakten, Abwehrverhalten und Qualität der Pässe untersucht werden können. Die Niederländer seien demnach nur in der ersten Viertelstunde stark gewesen, hätten dann aber im Vergleich zu den Deutschen klar nachgelassen. Eine Anstrengung zu Ende des Spiels habe nichts mehr geholfen. Vor allem Berti Vogts habe sich als bester deutscher Spieler ausgezeichnet. Dabei räumte der Wissenschaftler von Anfang an ein, dass er sich klar darüber sei, dass die Niederländer ihm diese unschönen Ergebnisse übel nehmen werden (Süddeutsche Zeitung, 2006).

Egalitäre Entwicklung

In der geschichtlichen Entwicklung der Niederlande war vor allem das Bürgertum einflussreich, was auf eine lange Tradition zurückgeht. Der Adel spielte hingegen nie eine entscheidende Rolle. In Friesland wurden viele Bauern schon im 9. Jahrhundert zu freien Männern erklärt, damit sie gemeinsam das Land entwässern konnten. Schon in der zweiten Hälfte des 12. Jahrhundert bildeten sich vor allem sogenannte *waterschappen*, in denen benachbarte Landbesitzer kollektiv gegen das Wasser kämpften. Sie bauten gemeinsam Deiche und regelten den Wasserstand. Der Nordwesten der Niederlande liegt auch heute noch unter dem Meeresspiegel. Gemäß dem Leitspruch »God schiep de wereld, wij schiepen Holland« (»Gott schuf die Erde, wir schufen Holland«) wurden große Gebiete künstlich trockengelegt, was nur in der Zusammenarbeit aller möglich war.

Im 16. Jahrhundert kam es zum Aufstand gegen die Besetzung der Spanier. Das Land hatte zunächst keinen König und es gelang dem Adel nicht, die Macht an sich zu reißen. Es bildeten sich sogenannte Generalstaaten aus den Provinzen. Die Entscheidungshoheit hatten die Patrizier. Es wurde die Republik der Vereinigten Niederlande gegründet, welche eher ein lockerer Staatenbund autonomer Stadtrepubliken war. Schon in dieser Zeit entwickelten sich sehr egalitäre Prinzipien in der Gesellschaft. Nach dem Subsidiaritätsprinzip griffen höhere Organe erst ein, wenn die Angelegenheit nicht durch niederrangige Vertreter geregelt werden konnte.

Im Jahre 1648, nach Ende des Aufstands gegen die Spanier, wurde der Staat im Westfälischen Frieden offiziell als Republik anerkannt. Das gemeinsame Kämpfen der Bürger gegen die spanische Obrigkeit schweißte die Bevölkerung über viele Schichten hinweg zusammen und stärkte die Mittelschicht. Auch die Adligen mussten Steuern zahlen, was in den absolutistischen Monarchien der Nachbarländer undenkbar war. Durch die Besetzung der Franzosen im Jahre 1795 entstand in den Niederlanden ein zentralistischer Staat mit einer modernen Verfassung. Nach der Vertreibung der Besatzer ließ sich im Jahre 1815 der Oranier Wilhelm I. zum König der Niederlande ausrufen. Er hatte jedoch weniger Macht im eigenen Land als die anderen europäischen Herrscher. Die Oranier waren schon Rebellenführer gegen die Spanier gewesen und dabei dem Volk immer sehr nah. Interessanterweise ist die niederländische Königin heute in Bezug auf Mitspracherecht die mächtigste Monarchin Europas.

Kampf gegen das Wasser

Auch der Kampf gegen das Wasser und die damit verbundenen Überschwemmungen waren sehr prägend für die Entwicklung der Gesellschaft. Noch heute leben 60 Prozent der Niederländer in Gebieten, die vor dem Wasser geschützt werden müssen. Der tiefste Punkt des Landes liegt sieben Meter unter dem Meeresspiegel (Prins Alexanderpolder). Im Jahre 1421 versanken 20 niederländische Dörfer für immer in einer Sturmflut. Mehr als 100.000 Menschen starben in den Fluten (Naturgewalt, 2006). 1953 kam es durch ein unglückliches Zusammentreffen eines orkanartigen Sturmes mit einer Springflut erneut zu einer großen Katastrophe. In der Provinz Seeland und den Inseln der Provinz Südholland brachen die Deiche. Dabei ertranken 1.800 Menschen und 150.000 ha Land stand unter Wasser (Minbuza, 2006). Das Land scheint heute gegen große Überschwemmungen gesichert zu sein. Höhepunkt im Kampf gegen das Wasser sind die *Deltawerke*, ein gigantisches Hochwasserschutzprojekt, das im Gebiet der Meeresarme in Seeland und Südholland errichtet und 1997 fertig wurde (Minbuza, 2006).

Im Zuge des Klimawandels wird jedoch ein starker Anstieg des Meeresspiegels befürchtet.

Insgesamt haben die Niederländer im Bezug auf das Wasser gelernt, sich auf alle Eventualitäten einzustellen und im Bedarfsfall schnell zu handeln. Dies hatte gleich auf mehrere Kulturstandards Einfluss. Der umsichtige Umgang miteinander im Sinne der *Beziehungsorientierung* beruht darauf, dass man auf die Kräfte aller im Kampf gegen das Wasser angewiesen ist. Daneben haben sich ein starker *Pragmatismus* und die *Informalität* herausgebildet. Auch die Bildung der *Flachen Hierarchie* wurde begünstigt.

Calvinismus

Der Calvinismus spielte seit dem 16. Jahrhundert in den Niederlanden (vor allem im Norden) eine große Rolle. Diese theologische Bewegung geht auf die Reformation und die Lehren Johannes Calvins zurück. Das Grundmotiv dieser Theologie ist die unbedingte Heiligkeit Gottes. Jegliches Menschenwerk galt Calvin als Versuch, die göttliche Souveränität einzuschränken und sich an Irdisches zu binden. Dik Linthout (2004, 2006) betont, dass nach der Auffassung Calvins die absolute Macht einer Einzelperson somit eine Beleidigung Gottes darstellt, der als einziger legitimer Herr gilt. Der Mensch hat sich seiner »Armseligkeit des sündigen Menschen vor Gott« bewusst zu sein und alles, was dem widerspricht, gilt als Anmaßung (vgl. Schürings, 2004, S. 209). Gott wird in den Niederlanden auch heute noch von den Gläubigen gesiezt, ihn zu duzen wäre vermessen. Zudem ist jeder vor Gott selbst verantwortlich. Die Organisationsstruktur innerhalb der Kirchengemeinde ist weniger hierarchisch als die der katholischen Gemeinschaft (vgl. Dunk, 1998).

Auch wenn der Calvinismus die Gesellschaft maßgeblich geprägt hat, ist doch festzuhalten, dass seit der zweiten Hälfte des 20. Jahrhunderts immer mehr Menschen aus den Kirchen austreten. Die Zahl der Konfessionslosen wird auf über 50 Prozent der

Bevölkerung geschätzt (vgl. Schürings, 2004, S. 19). Die Wirkungen der Lehre beeinflussen jedoch auch heute noch die niederländische Gesellschaft (vgl. Müller in diesem Band). So können Aspekte der Kulturstandards *Calvinistische Bescheidenheit* und der *Flachen Hierarchie* davon abgeleitet werden.

Handelsnation

Wer zu ehrgeizig war, erweckte nach der Lehre Calvins den Argwohn, Gott übertrumpfen zu wollen. Interessant ist dies vor allem, da die Niederlande traditionell eine Handelsnation waren, in der es auch darum ging, erfolgreich zu sein. Aber der Erfolg durfte nicht zu stark nach außen sichtbar gemacht werden. Das 17. Jahrhundert wird als *Gouden Eeuw* (Goldenes Zeitalter) bezeichnet. Die Niederländer betrieben weltweiten Handel und das Land war sehr wohlhabend, was man noch heute an den prachtvollen Grachtenhäusern in Amsterdam erkennen kann. Die Kaufmannsleute und Bürger hatten großen Einfluss. Die Niederländer beherrschten den Welthandel, bevor sie diese Vormachtstellung an die Engländer abgeben mussten. Die VOC (*Vereenigde Oostindische Compagnie*) wurde das weltgrößte Handelsunternehmen. Andersdenkende in fremden Ländern waren dabei immer auch potenzielle Kunden. Im Sinne guter Kaufmannstradition stand es im Vordergrund, ein möglichst guten Abschluss für beide Seiten zu erzielen. Vertragliche Verpflichtungen waren im Ausland meist gerichtlich nicht durchsetzbar, weshalb schnell ein vertrauensvolles Verhältnis aufgebaut werden musste. Die Kulturstandards *Beziehungsorientierung*, *Pragmatismus*, *Informalität* und *Konsenskultur* sind dadurch zum Teil erklärbar.

Versäulung

Seit dem 19. Jahrhundert wurde die niederländische Gesellschaft zudem vor allem durch den sogenannten Prozess der *Verzuiling* (Versäulung) geprägt (vgl. Nijhuis in diesem Band). Aufgrund von Parteienbildung und einer allgemeinen Politisierung der Gesellschaft spalteten sich die Niederländer in den 1870er Jahren in deutlich abgetrennte weltanschaulich-konfessionelle Gruppierungen. Die Identitätsbildung der einzelnen Bürger wurde stärker von der Säule als vom Staat und der gesamten niederländischen Gesellschaft geprägt. Die vier tragenden Säulen waren die katholische, die protestantische, die sozialistische und die allgemein-liberale Gruppierung. Die Gesellschaft gliederte sich in der Folge in unabhängige religiöse, kulturelle und politische Bereiche. Jede Säule hatte ihre eigenen Schulen, Vereine, Rundfunk- und Fernsehanstalten, wodurch sie schnell zum Lebensmittelpunkt der Bürger wurde. Innerhalb dieser Säulen verschwanden weitgehend die Unterschiede zwischen den Schichten. Eine Säule ist nur als Dachverband einzelner Gruppierungen anzusehen. Auch Minderheiten und Gruppen mit niedrigerem Status konnten innerhalb der Säulen ihre Ansprüche vertreten und häufig auch durchsetzen.

Die einzelnen Säulen waren gezwungen, sich untereinander abzustimmen, um in gesellschaftlichen und politischen Fragen mehrheitlich einen Beschluss fassen zu können. 1960 löste sich die starre Unterteilung der Gesellschaft in Säulen zwar nach und nach auf, doch wirkt sie bis heute nach (vgl. Bik, 1996; NiederlandeNet, 2006).

Sehr starken Einfluss hatte die Versäulung auf die *Konsenskultur.* Aber auch Teilbereiche der *Flachen Hierarchie* sind davon ableitbar.

Vergleich mit der deutschen Entwicklung

Die Besonderheit der historischen Entwicklung in den Niederlanden wird vor allem im Vergleich zu Deutschland deutlich. Schon im Heiligen Römischen Reich Deutscher Nation blieb das Bürgertum im Gebiet des heutigen Deutschlands machtlos. Die politische Macht lag in der Hand des Adels oder der Kirche. Mit der Entstehung des Deutschen Reiches im Jahre 1871 wuchs der Einfluss Preußens, was dazu führte, dass militärische Disziplin und ein damit verbundenes Ständedenken die Gesellschaft maßgeblich prägten. Bis zum ersten Weltkrieg hatte das deutsche Bürgertum so gut wie keine politische Macht. Zudem gab es in Deutschland bis ins 19. Jahrhundert in großen Teilen ein feudales System, in dem die Grundbesitzer die Wirtschaft kontrollierten und ihre Ländereien mit absoluter Autorität regierten. Die Bauern standen in völliger Abhängigkeit (Leibeigenschaft) von den Adligen, von denen sie teils sogar gekauft und verkauft werden konnten. In Deutschland scheiterte die Revolution im Jahre 1848, während die Niederlande in diesem Jahr ein liberales Grundgesetz bekamen. In den Niederlanden entstand schon im 17. Jahrhundert die Idee einer unabhängigen Republik, die durch ein hohes Maß an Autonomie der einzelnen Provinzen und Städte gekennzeichnet war. Der nationale Staat hatte eher die Funktion eines Verwaltungsapparates. In Deutschland sah man hingegen in Staat und Militär auch die Chance von Karrieremöglichkeiten. Etwas pauschalisiert kann man sagen, dass die deutsche Bürgergesellschaft dem Staat untergeordnet war, während der niederländische Staat als den Bürgern untergeordnet angesehen wurde (vgl. Nijhuis in diesem Band). Dies führte zum starken Selbstbewusstsein der niederländischen Bürger und prägt die egalitäre Gesellschaftsentwicklung bis heute.

Wie Sylvia Schroll-Machl (2002) beschreibt, gelten die Deutschen aus der Sicht sehr vieler Nationalitäten als eher sach- und weniger beziehungsorientiert. Demnach gilt ein von Sachlichkeit bestimmtes Verhalten in Deutschland als ausgesprochen professionell und kompetent. Vertrauen entsteht im Beruf häufig dadurch, dass zwei Personen sachlich gut zusammenarbeiten (Schroll-Machl, 2002). Ein Erklärungsansatz könnte das Gefüge der Kleinstaaten sein, die in Deutschland bis ins 19. Jahrhundert Bestand hatten, und die damit zusammenhängend geringe Mobilität der Bürger. Nach Markus Molz (1994) lebten die Menschen in einem ziemlich stabilen sozialen Gefüge und neue Beziehungen, auf die man sich hätte einstellen müssen, entstanden eher selten. Deutschland hatte nur wenige Kolonien, weltweiter Handel spielte eine geringe Rolle. Darüber hinaus prägte der sehr sachbezogene Bürokratismus Preußens das Leben. Dies wirkte sich auch auf die im Zuge der Industrialisierung neu entstehenden Betriebe aus. Während die Niederländer vor allem gute Geschäfte machen wollten, wurde in Deutschland versucht, möglichst effektiv strukturierte Industriebetriebe aufzubauen (vgl. Schroll-Machl, 2002). Die absolutistischen Machtapparate, an erster Stelle Preußen, schufen durch zahlreiche schriftliche Dokumente, Siegel und Stempel einen gut organisierten bürokratischen Apparat, um dadurch ihre Macht und ihren Einfluss zu demonstrieren. Somit sind nach Sylvia Schroll-Machl (2002) Obrigkeitshörigkeit einerseits und die durch zahlreiche Verordnungen und schriftliche Dokumente verfestigten und legitimierten Machtverhältnissen andererseits jeweils eine Seite derselben Medaille.

Zusammenhangstruktur/Interdependenz der Kulturstandards

Die Zusammenhangstruktur der sieben zentralen niederländischen Kulturstandards (s. Abb. 1) ergibt sich daraus, dass in kritischen Interaktionssituationen meist mehrere Kulturstandards wirksam werden und sich inhaltliche und kulturhistorische Verbindungen zwischen ihnen herstellen lassen. Alle sieben können jedoch als *zentral* bezeichnet werden, da sie nicht nur in spezifischen Kontexten, sondern über mehrere Bereiche hinweg wirksam werden und die einzelnen Aspekte in mehreren Handlungsfeldern auftauchten. Auch im Rahmen der kulturhistorischen Verankerung wurde deutlich, dass es wechselseitige Verbindungen zwischen den einzelnen Kulturstandards gibt.

Der Kulturstandard *Flache Hierarchie* bildete sich in den Niederlanden aufgrund der starken bürgerlichen Gesellschaft aus, da der Einfluss des Adels gering war. Dies war die Basis dafür, dass sich die *Konsenskultur* entwickelte. In einer kompromissorientierten Gesellschaft bilden sich durch die Wirkung dieses Bausteins hierarchische Strukturen nur schwer heraus. Somit ist der Einfluss langfristig wechselseitig. Die *Flache Hierarchie* bedingt zudem, dass der Status nicht zu sehr demonstriert wird und stattdessen die Betonung auf dem Charakter einer egalitären Gesellschaft liegt *(Calvinistische Bescheidenheit)*. Die *Konsenskultur* führt auch dazu, dass Fachtermini allgemein nicht weit verbreitet sind *(Calvinistische Bescheidenheit)*. Dies könnte den Konsens behindern. Eine Konsensfindung ist jedoch besser in einer guten Arbeitsatmosphäre möglich, wodurch ein wechselseitiger Einfluss bezüglich der *Beziehungsorientierung* erklärbar ist. Die Tatsache, dass der Beziehungsaspekt sehr wichtig ist, hat zudem zur Folge, dass man mit Erfolg nicht zu sehr prahlt *(Calvinistische Bescheidenheit)*. Im Sinne der *Beziehungsorientierung* kann notwendigerweise nicht zu

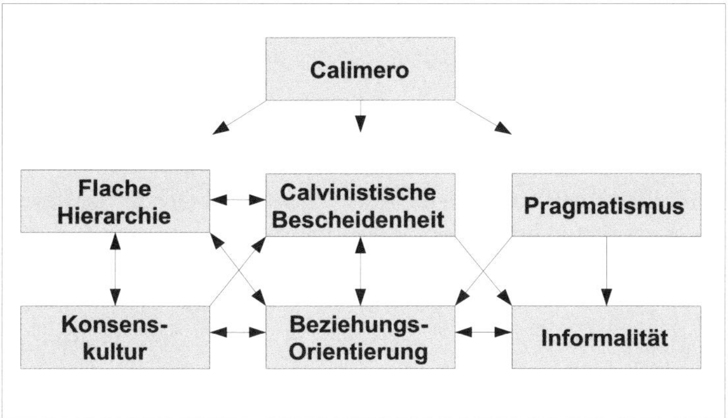

Abbildung 1: Zusammenhangstruktur niederländischer Kulturstandards aus der Sicht deutscher Fach- und Führungskräfte

starr auf die Einhaltung von Regeln bestanden werden, was die *Informalität* mit bedingt. Der lockere Umgang mit Vorschriften wirkt sich wiederum positiv auf die Begegnungsatmosphäre aus (wechselseitige Beeinflussung). Der *Pragmatismus* ist vor allem auf den historischen Hintergrund der Niederlande als Handelsnation zurückzuführen. Das Grundanliegen, gute Geschäftsabschlüsse zu machen, führt zu einer starken *Beziehungsorientierung* und oft auch zu einer *Informalität*, wenn dies Erfolg versprechend erscheint.

Der Kulturstandard *Calimero* steht über all den anderen, da er das spezielle Verhältnis zu Deutschland, weitgehend unabhängig von anderen Kulturstandards, beschreibt. Allerdings kann er sowohl Einfluss auf alle Interaktionssituationen zwischen Deutschen und Niederländern sowie auf die Ausprägung der anderen Kulturstandards haben.

Schlussbemerkung

Inzwischen gibt es zur Vorbereitung auf das Leben und Arbeiten im Ausland neben landeskundlichen Informationsmaterialien eine Fülle von interkulturellen Orientierungstrainings, die das Leben und Arbeiten erleichtern sollen (Landis, Bennett u. Bennett, 2004). Eines der bekanntesten und wissenschaftlich gut untersuchten Trainingsformate basiert auf der perspektivischen Analyse kulturell bedingt kritischer Interaktionssituationen und erzeugt eine Sensibilität und Kompetenz zum Verständnis der Wirksamkeit von Kulturstandards in der interpersonalen Begegnung und Zusammenarbeit (culture sensitizer training/culture assimilator training). Ein solches Training für deutsche Manager, Fach und Führungskräfte mit dem Titel »Beruflich in den Niederlanden« wird von Boris U. Schlizio und Alexander Thomas im Verlag Vandenhoeck & Ruprecht, Göttingen publiziert (in Vorb.). Dieses Trainingsmaterial kann zum Selbststudium genutzt werden oder als Kernbaustein in einem Gruppentraining.

Literatur

Boesch, E. E. (1980). Kultur und Handlung. Eine Einführung in die Kulturpsychologie. Bern.

Bik, J. (1996). Die unbekannten Niederlande. In A. Lohe, O. Müller (Hrsg.), Gelebtes Europa, Nachbar Niederlande. Königin Beatrix der Niederlande – Internationaler Karlspreis Aachen (S. 50–65). Aachen.

Dekker, H. T.; Olde Dubbelink, T. (1995). Attitudes van jongeren in Nederland tot aanzien van Duitsland en Duitsers. Leiden.

Dunk, H. van der (1998). Die Liberalität der Niederlande. Merkmale und Entwicklung in historischer Perspektive. In: Müller, B. (Hrsg.): Vorbild Niederlande? Tips und Informationen zu Alltagsleben, Politik und Wirtschaft (S. 31–54). Münster.

Haus der Niederlande (2006). Das Haus der Niederlande. Offizielle Homepage. Zugriff am 1.4.2006 unter http://www.hausderniederlande.de.

Jansen, L. (1993). Bekannt und unbeliebt. Das Bild von Deutschland und den Deutschen unter niederländischen Jugendlichen von fünfzehn bis neunzehn Jahren. Den Haag.

Lademacher, H. (2001a). Niederlande: Ein geschichtlicher Abriss. In G. Moldenhauer, J. Vis (Hrsg.), Die Niederlande und Deutschland. Einander kennen und verstehen (S. 37–48). Münster.

Lademacher, H. (2001b). Reizende Nachbarn – Die Beziehungen zwischen Niederländern und Deutschen. In Haus der Geschichte (Hrsg.), Deutschland-Niederlande, heiter bis wolkig (S. 60–73). Bonn.

Landis, D., Bennett, J. M., Bennett, M. J. (Hrsg.) (2004). Handbook of Intercultural Training. 3. Ausgabe. Thousand Oaks.

Linthout, D. (2004). Frau Antje und Herr Mustermann. Niederlande für Deutsche. Berlin.

Linthout, D. (2006). Onbekende buren: Duitsland voor Nederlanders – Nederland voor Duitsers. Amsterdam.

Minbuza (2006). Offizielle Homepage des Ministerie voor Buitenlandse Zaken (Auswärtiges Amt) in Den Haag. Zugriff am 1.4.2006 unter http://www.minbuza.nl.

Molz, M. (1994). Analyse kultureller Orientierung im deutsch-französischen Dialog. Regensburg. Unveröffentlichte Diplomarbeit.

Müller, B. (1998). Was man über »Holland« eigentlich wissen sollte. In B. Müller (Hrsg.), Vorbild Niederlande? Tips und Informationen zu Alltagsleben, Politik und Wirtschaft (S. 11–30). Münster.

Naturgewalt (2006). Internetseite zur Beschreibung von Naturereignissen in der Geschichte, die erheblichen Sachschaden verursachten und häufig Menschenleben forderten. Berlin. Zugriff am 1.4.2006 unter http://www.naturgewalt.de.

NiederlandeNet (2006). Online-Portal über die Niederlande und die Deutsch-Niederländischen Beziehungen. Zugriff am 1.5.2006 unter http://www.niederlandenet.de.

Oudenhoven, J. P. van (2001). Niederländer über Deutsche: Einige empirische Befunde. In G. Moldenhauer, J. Vis (Hrsg.), Die Niederlande und Deutschland. Einander kennen und verstehen (S. 285–294). Münster.

Pew Research Center (2005). Image of the United States and Germany. 16 – Country Attitudes Report released June 23, 2005. Zugriff am 1.10.2005 unter http://pewglobal.org/reports/pdf/247germany.pdf.

Roowaan, R. (2005). Verborgene Macht, verhüllte Macht, geteilte Macht. Politik und Verwaltung in den Niederlanden. In J. Reef, T. Roowaan (Hrsg.), Über die niederländische Grenze. Methode und Praxis interkulturellen Lernens in binationalen Tandems. (S. 117–121). Münster.

Schroll-Machl, S. (2002). Die Deutschen – Wir Deutsche: Fremdwahrnehmung und Selbstsicht im Berufsleben. Göttingen.

Schürings, U. (2003). Niederlande. In G. Michels, B. Müller (Hrsg.), Zwischen Pommes und Praline. Mentalitätsunterschiede, Verhandlungs- und Gesprächskultur in den Niederlanden, Belgien, Luxemburg und Nordrhein-Westfalen (S. 15–60). Münster.

Süddeutsche Zeitung (2006). Deutschland war besser. Online-Ausgabe der Süddeutschen Zeitung. Zugriff am 1.4.2006 unter http://www.suedddeutsche.de.

Thomas, A. (2000). Forschungen zur Handlungswirksamkeit von Kulturstandards. Handlung, Kultur, Interpretation. Zeitschrift für Sozial- und Kulturwissenschaften, 9 (2): 231–279.

Thomas, A. (2003). Kultur und Kulturstandards. In A. Thomas, E.-U. Kinast, S. Schroll-Machl (Hrsg.), Handbuch Interkulturelle Kommunikation und Kooperation. Bd. 1: Grundlagen und Praxisfelder (S. 19–31). Göttingen.

Volkskrant (2005). Volkskrant magazine – Zomerspecial: Duitsland is oké. Amsterdam.

Vossestein, J. (2004). Dealing with the Dutch. The cultural context of business and work in the Netherlands. Amsterdam.

Weismann, A. (2004). Die holländische Tomate – Eine Spätfolge des Calvinismus? In G. Moldenhauer, J. Vis (Hrsg.), Die Niederlande und Deutschland. Einander kennen und verstehen (S. 243–262). Münster.

Wiendieck, G. (1994). Arbeits- und Organisationspsychologie. Berlin.

Wijckmans, R. (2001). »Wollt Ihr den totalen Fußball?« David gegen Goliath auf dem Spielfeld. In Haus der Geschichte (Hrsg.), Deutschland-Niederlande, heiter bis wolkig (S. 74–77). Bonn.

Jan Pieter van Oudenhoven und Carine Matser

Wie denken Niederländer und Deutsche übereinander?

Vorbemerkung

Die Welt ist in der letzten Zeit überraschend international geworden. Schnelle Kommunikationsmittel, Migration, Tourismus und internationale Kooperationen haben dazu beigetragen. Die Einführung des Euros formt einen der symbolischen Höhepunkte der Internationalisierung. Gleichzeitig aber, wahrscheinlich als eine Reaktion auf die Internationalisierung, ist die Bedeutung der eigenen nationalen Kultur und Identität gewachsen. Internationalisierung wirft die Frage auf, was die eigene Nationalität beinhaltet und welche Rolle sie spielt. Somit ist auch die Literatur über nationale Identität exponentiell gewachsen. Diskussionen über nationale Identität finden zum Beispiel in Großbritannien, Frankreich, Deutschland und den Niederlanden statt.

Mit zunehmendem Einfluss der Europäischen Union beraten sich die Einwohner der nationalen Staaten immer mehr über ihre Position in Europa und ihre Beziehungen zu anderen Ländern. Das Verhältnis zwischen Deutschland und den Niederlanden ist kompliziert, dynamisch und interessant, besonders für Deutsche, die darüber nachdenken, sich in den Niederlanden niederzulassen. Zwischen Deutschen und Niederländern gibt es viele positive Kontakte, mehr als man denken würde. Deutschland ist der wichtigste Handelspartner der Niederlande und die Niederlande formen einen wichtigen Handelspartner für Deutschland. In den Niederlanden bilden insgesamt 57.000 Deutsche eine große Ausländergruppe. Umgekehrt sind auch die

Niederländer mit 114.000 Bewohnern in Deutschland eine beträchtliche Gruppe. Interessant ist, dass die niederländischen Fürsten während der letzten drei Jahrhunderte, mit Ausnahme einer russischen Prinzessin, vollständig aus dem deutschen Adel abstammen.

Aber die deutsch-niederländische Beziehung verläuft nicht nur günstig. Während die Deutschen überwiegend positiv über die Niederländer denken, urteilen die Niederländer weniger positiv über die Deutschen. Trotz der asymmetrischen Beziehung verlaufen die vielen Kontakte zwischen Deutschen und Niederländern überwiegend zufriedenstellend. Außerdem ist eine stetige Verbesserung der Einstellung der Niederländer gegenüber den Deutschen zu beobachten. In diesem Kapitel wird beschrieben, wie sich das ambivalente Verhältnis des kleinen gegenüber seinem großen Nachbarn seit dem Zweiten Weltkrieg und besonders in den letzten Jahren entwickelt hat. Zuerst besprechen wir drei Peilungen aus den Jahren 1994, 1996 und 2002 einer repräsentativen Gruppe in den Niederlanden. Danach versuchen wir, die asymmetrische Beziehung zwischen Deutschen und Niederländern, die wir in zwei Untersuchungen unter Studenten unter anderem aus Deutschland und den Niederlanden getestet haben, zu erläutern. Diese Untersuchungen geben Anleitung zum Optimismus über das deutsch-niederländische Verhältnis. Zum Schluss fassen wir zusammen, was 152 Deutsche, die in den Niederlanden wohnen, über ihre Erfahrungen in den Niederlanden berichten. Am Ende präsentieren wir die Schlussfolgerungen.

Drei Stichproben

Im Jahr 1993 publizierte das niederländische Institut für Ausländische Beziehungen »Clingendael« eine bemerkenswerte Untersuchung über das Bild, das niederländische Jugendliche von Deutschland und den Deutschen haben (Jansen, 1993). Eine negative Haltung gegenüber Deutschland hatten 56 Prozent der befragten Jugendlichen. Kein anderes Land der europäischen Union kam so ungünstig weg. Für die Deutschen und die Niederländer war das Ergebnis eine absolute Überraschung. Man hatte nicht erwartet, dass es so schlecht aussieht. Die Untersucher glaubten an die Gültigkeit der Ergebnisse aus den Untersuchungen. Somit wurde im Jahr 1999 von einem Forscher von »Germanophobie« gesprochen (Dekker, 1999). Aufgrund des gewählten Zeitpunktes der Untersuchung (die Untersuchung fand kurz nach Anschlägen auf Türken und Asylbewerbern in Deutschland statt) und durch die Zentrierung auf eine so beeinflussbare Gruppe, 15- bis 19-Jährige, haben die Untersucher damals ein übertrieben negatives Bild der Deutschen gegenüber den Niederländern registriert. Dass die Niederländer, anders als im Clingendael-Report suggeriert, eine komplexere, aber auch günstigere Haltung gegenüber den Deutschen hatten, zeigte sich kurz darauf in einer Untersuchung, die bereits im Jahre 1994 durchgeführt wurde (Van Oudenhoven, 1995).

Um mögliche Veränderungen in den internationalen Beziehungen gegenüber dem Hintergrund der zunehmenden Internationalisierung registrieren zu können, wurden drei Peilungen vorgenommen. In den drei Peilungen wurde untersucht, wie die Niederländer über andere Völker denken und wie sie mit ihnen umgehen. Es wurde gefragt, in welchem Land die Befragten gerne wohnen würden und welchem Volk sie am freundlichsten und welchem Volk »am wenigsten« freundlich gegenüberstehen. Die Befragten hatten die Möglichkeit, alle Länder und Völker außer den Niederlanden beziehungsweise den Niederländern zu nennen. Sie tippten ihre Antworten in einen Computer ein, der mit dem Forschungsbüro »Centerdata« der Universität Tilburg verbunden war. Dieselben Fragen (»In welchem Land denken Sie die besten Möglichkeiten zu haben, so zu leben, wie Sie es gerne möchten?«, »Welchem Volk im Ausland stehen Sie am freundlichsten gegenüber?« und »Welchem Land stehen Sie ›am wenigsten‹ freundlich gegenüber?«) wurden ursprünglich in einer Untersuchung der UNESCO im Jahr 1948 verwendet (Buchanan u. Cantril, 1972). Diese Fragen sind durch ihren offenen Charakter anfällig für die aktuellen Geschehnisse im Ausland. Durch besondere Vorfälle in einem bestimmten Land wird dieses Land oder Volk markanter, wodurch es eher genannt wird. Man ist dadurch schneller geneigt, abhängig vom Inhalt der Nachrichten, das Land oder Volk als freundlicher oder weniger freundlich zu beschreiben.

Außerdem mussten die Befragten acht Völker nach Sympathie bewerten und feststellen, inwieweit das Volk den Niederländern ähnelt. Die Völker waren: Amerikaner, Belgier, Dänen, Deutsche, Briten, Franzosen, Italiener und Schweizer. Diese Völker wurden gewählt, da sie mit den Niederländern in wichtigen Beziehungen stehen. Die hier verwendete Rangordnung liefert einen zuverlässigen Eindruck von der relativen Position der Völker, da die Befragten gezwungen wurden, Vergleiche mit Völkern zu ziehen, die ihnen nicht sofort in den Sinn kamen. Die Methode der Rangordnung gibt ein stabileres Muster wieder, da sie nicht für politische Ereignisse anfällig ist.

Die Untersuchungen fanden in den Jahren 1994, 1996 und 2002 statt. In allen drei Fällen wurden dieselben Fragen gestellt. Neben den fünf Fragen in den Jahren 1994 und 1996 wurde 2002 zusätzlich gefragt, welches Land – Großbritannien, Italien, Frankreich oder Deutschland – die Befragten als Wahlheimat wählen würden.

Ergebnisse

Die Ergebnisse in Bezug auf die drei offenen Fragen werden in Tabelle 1 bis 3 beschrieben. Wir besprechen die Ergebnisse aus dem Jahr 2002 gegenüber den zwei früheren Peilungen. Belgien war und bleibt deutlich das beliebteste Land und die Belgier das beliebteste Volk. Nach Belgien wird Deutschland am häufigsten (11,6 %) als ideales Land genannt. Im Jahre 2002 waren die Deutschen sogar unter den Top 3 der am freundlichsten empfundenen Völker. Demgegenüber stand allerdings eine beträchtliche Prozentzahl Niederländer, die das deutsche Volk als das wenigste freundliche Volk wertet. Diese Prozentzahl ist allerdings in den letzten acht Jahren zurückgegangen. Auffallend ist die wachsende Popularität der Briten. Für mehr als 14 Prozent der Niederländer sind sie das beliebteste Volk. Marokko oder die Türkei wurden häufig als das »am wenigsten beliebte« Land genannt. Dies spiegelt das gespannte Verhältnis im niederländischen multi-kulturellen Zusammenleben deutlich wieder (insgesamt 14 % gegenüber 6,4 % im Jahr 1996 und weniger als 5 % im Jahr 1994).

Tabelle 1: Die am häufigsten genannten Länder, in denen man »die meisten Möglichkeiten hat, so zu leben, wie man gerne möchte«. (Die Verteilungen sind in Prozenten wiedergegeben. In den Tabellen 1, 2 und 3 werden nur Prozentzahlen wiedergegeben, die größer und gleich sind als 3.)

Jahr der Befragung Teilnehmerzahl	2002 n = 2023	1996 n = 2389	1994 n = 1728
Nationalität			
Belgien	18.7	20.1	23.6
Deutschland	11.6	11.3	8.9
Frankreich	9.8	5.2	6.9
Dänemark	6.9	7.9	7.1
Schweden	6.4	6.7	6.2
Nordamerika	5.8	4.8	7.8
Spanien	5.2	–	–
Großbritannien	4.8	–	–
Kanada	4.4	–	3.5
Australien	4.2	–	–
Schweiz	3.4	7.7	6.0

Danach wurden die Befragten aufgefordert, die acht Völker aufgrund von Sympathie zu ordnen. Die Völker waren: Amerikaner, Belgier, Dänen, Deutsche, Briten, Franzosen, Italiener und Schweizer. Die Resultate sind in Tabelle 4 zu finden. Die Belgier landeten auch bei dieser Befragung zu allen drei Zeitpunkten auf dem ersten Platz, gefolgt von den Dänen und Briten. Die Sympathie für

Tabelle 2: Völker, die man als am freundlichsten empfand, angeordnet nach Verteilungen in Prozenten

Jahr der Befragung Teilnehmerzahl	2002 n = 2023	1996 n = 2389	1994 n = 1728
Nationalität			
Belgier	22.9	27.5	25.8
Briten	14.1	13.0	10.3
Deutsche	7.7	4.8	3.9
Franzosen	5.6	3.8	6.4
Dänen	4.3	4.1	3.8
Spanier	3.8	–	–
Italiener	3.5	–	–
Griechen	3.0	–	–
Amerikaner	–	–	3.4
Österreicher	–	3.3	3.9

Tabelle 3: Völker, die man als am wenigsten freundlich empfand, angeordnet nach Verteilungen in Prozenten

Jahr der Befragung Teilnehmerzahl	2002 n = 2023	1996 N = 2389	1994 n = 1728
Nationalität			
Franzosen	14.8	14.6	5.2
Deutsche	14.2	15.7	20.5
Marokkaner	8.9	3.3	3.1
Italiener	5.8	4.9	3.2
Amerikaner	5.5	–	–
Türken	5.1	3.1	–

diese Völker, besonders für die Belgier und Dänen, ist in den letzten Jahren noch deutlicher geworden. Demgegenüber ist die positive Bewertung der Franzosen und Amerikaner deutlich zurückgegangen. Auch die Beliebtheit der Schweizer und Italienern ist, wenn auch in geringerer Form, gefallen. Die Bewertung der Deutschen ist ungefähr gleich geblieben, allerdings haben sie in den letzten Jahren die Amerikaner, Italiener und Franzosen auf der Sympathieleiter überholt.

Tabelle 4: Sympathieanordnung für die acht Völker (1 = am sympathischsten, 8 = am wenigsten sympathisch)

Jahr der Befragung	2002	1996	1994
Teilnehmerzahl	n = 2023	n = 2389	n = 1728
Nationalität			
Belgier	2,40	3.27	3.51
Dänen	3.20	3.69	3.83
Briten	3.92	4.13	4.27
Schweizer	5.12	4.63	4.45
Deutsche	5.15	4.91	5.01
Amerikaner	5.30	4.66	4.41
Franzosen	5.40	5.12	4.56
Italiener	5.47	5.43	5.00

In der Untersuchung wurde eine enge Beziehung zwischen dem Maß an Sympathie und der Ähnlichkeit des Volkes mit den Niederländern deutlich. Die Sympathiebeziehungen zeigen eine große Übereinstimmung mit den Ähnlichkeitsanordnungen. Darüber hinaus geht die gewachsene Sympathie für die Belgier und Dänen einher mit der wahrgenommenen Ähnlichkeit, während die Abnahme der Sympathie für die Amerikaner, Franzosen, Italiener und Schweizer ebenfalls mit der Abnahme in der wahrgenommenen Ähnlichkeit verbunden ist. Diese Resultate stimmen mit den Schlussfolgerungen einer großen Anzahl sozialpsychologischer Untersuchungen überein, die aussagen, dass Menschen sich besonders von Personen, die ihnen ähnlich sind, angezogen fühlen. Diese Schlussfolgerungen sind als *Ähnlichkeits-Attraktivitäts-Hypothesen* bekannt (Baron u. Byrne, 2000; Byrne, 1971). Es ist bemerkenswert, dass der Zusammenhang zwischen Sympathie und Ähnlichkeit bei der Bewertung der Deutschen am geringsten ist, was sich aus Tabelle 4 und 5 ablesen lässt. Während die Deutschen bei der Bewertung der Sympathie 1994 den letzten Platz einnahmen, landeten sie bei der Bewertung der Ähnlichkeit mit den Niederländern auf dem dritten Platz. Sie waren uns zwar ähnlich, aber sie wurden nicht als entsprechend sympathisch empfunden. Auch in der letzten Peilung landeten die Deutschen auf dem dritten Platz – die wahrgenommene Ähnlichkeit mit den Deutschen hat gegenüber den anderen Ländern erheblich zugenommen –, aber das steht nicht im Zusammenhang mit den entsprechenden Sympathiebekundungen. Es verändert sich also etwas Besonderes in der Haltung der Niederländer gegenüber den Deutschen.

Tabelle 5: Ähnlichkeitsanordnung für die acht Völker (1 = ähnelt den Niederländern am meisten; 8 = ähnelt den Niederländern am wenigsten)

Jahr der Befragung	2002	1996	1994
Teilnehmerzahl	n = 2023	n = 2389	n = 1728
Nationalität			
Belgier	1.83	2,51	2,72
Dänen	2.60	3.11	3.17
Deutsche	3.24	3.90	4.15
Briten	4.46	4.43	4.51
Schweizer	5.17	4.74	4.54
Franzosen	5.79	5.46	5.07
Amerikaner	6.05	5.43	5.18
Italiener	6.82	6.11	5.82

Auch bei der Frage, in welches der vier Länder Großbritannien, Italien, Frankreich oder Deutschland Niederländer am liebsten gehen würden – angenommen, sie würden emigrieren –, wählten 32,6 % Frankreich, 25,8 % Großbritannien, 24,0 % Deutschland und 17,6 % Italien. Offenbar ist die Vorliebe für ein bestimmtes Emigrationsland unabhängig von der Vorliebe für das Volk des Landes.

Schlussfolgerungen aus den drei Peilungen

Die gegenseitige Abhängigkeit zwischen den Niederlanden und den angrenzenden Ländern wird immer größer. Während die Niederländer nach dem Zweiten Weltkrieg vorwiegend transatlantisch orientiert waren, bestimmen in den letzten Jahren die EU-Länder, besonders die angrenzenden, den Bezugsrahmen. Die Niederländer richten sich überwiegend auf die eigene Region. Im Zusammenhang mit der Regionalisierung passt die überwältigend positive Haltung gegenüber Belgien als Wahlheimat und den Belgiern als Volk. Mehr als ein Fünftel der Befragten empfanden die Belgier als freundlichstes Volk und fast ebenso viele bevorzugen Belgien als Wahlheimat. Bei einer Rangliste von acht Völkern, die nach Sympathie aufgestellt wurde, landeten sie stets überzeugend auf dem ersten Platz. Außerdem fanden die Niederländer, dass von allen acht Völkern die Belgier ihnen am ähnlichsten sind.

Auch in der regionalen Orientierung lässt sich die stetige Verbesserung der positiven Attitüde der Niederländer gegenüber den Deutschen erkennen. Sie werden immer seltener als das am wenigsten freundliche Volk bezeichnet und öfter als das Volk, dem man am freundlichsten gegenübersteht. Eine zunehmende Anzahl der Niederländer wählte Deutschland als Wahlheimat. Während die Deutschen noch vor acht Jahren das von den acht Völkern am wenigsten geschätzte Volk waren, haben sie 2002 die Franzosen, Amerikaner und die Italiener hinter sich gelassen. Offenbar gibt es zwei Strömungen im niederländischen Volk: die antideutsche und die prodeutsche, wobei die Letztere zu- und die Erste abnimmt. Auch gegenüber den Franzosen besteht, wenn auch in einem geringeren Maße, eine vergleichbare Haltung: Einige bewundern sie, wohingegen andere sie als unfreundlich erfahren. Frankreich und Deutschland gehören zu den mächtigeren Ländern in Europa, welche dadurch schneller ambivalente Gefühle hervorrufen können. Bezüglich der restlichen Völker gibt es bei der Beurteilung eine größere Übereinstimmung; sie werden durch die Niederländer als überwiegend unsympathisch, als sympathisch oder neutral beurteilt. Das merkwürdige an der Beurteilung der Deutschen ist, dass die reservierte Haltung ihnen gegenüber mit dem Gefühl verbunden ist, den Deutschen ähnlich zu sein. Allgemein gilt, je mehr Ähnlichkeiten bestehen, desto sympathischer ist man sich. Konkrete Kontakte zwischen Niederländern und Deutschen verlaufen weitgehend problemlos. Durch die europäische Integration und die interregionale Zusammenarbeit werden diese Kontakte in Zukunft zunehmen.

Wenn wir den Blick ausweiten, landen wir bei den Dänen und Briten. Auch diese Völker können nach den Belgiern mit der Sympathie der Niederländer rechnen. Einige der Aspekte, die die Belgier so sympathisch machen, gelten auch für die Dänen: keine politischen Bedrohungen, gemeinschaftliche Interessen und eine vergleichbare Kultur. Außerdem kommunizieren die Dänen und Niederländer auf dem gleichen Niveau, in der Sprache Englisch, wodurch linguistische Empfindlichkeiten nicht im Weg stehen. Weniger positiv, doch überwiegend günstig, ist die Haltung gegenüber den Briten. Von den großen Ländern schneidet Großbritannien am besten ab. Es bestehen keine politischen Konflikte zwischen Großbritannien und den Niederlanden, wohl aber eine intensive kommerzielle Zusammenarbeit (Shell, Unilever, Reed-Elsevier). Außerdem sprechen die Niederländer gern englisch. Einige Befragten bemerkten, dass sie Briten deshalb schätzten, weil sie gut zu verstehen seien.

Die Anordnung von Sympathie und Ähnlichkeit der acht für die Niederlande wichtigen Völker weist eine beachtliche Stabilität von 1994 bis 2002 auf. Es lässt sich aber eine Polarisation feststellen: Die beliebtesten Völker (Belgier, Dänen) werden immer mehr geschätzt und als ähnlicher empfunden, wohingegen die Einstellung gegenüber den Schweizern, Amerikanern, Franzosen und Italienern ungünstiger wird. Ferner werden diese Völker als unähnlicher empfunden. Nur die Beurteilung der Briten und Deutschen ist stabil geblieben, wobei allerdings die wahrgenommene Ähnlichkeit mit den Deutschen gestiegen ist. Besonders die Franzosen und Amerikaner haben an Beliebtheit verloren. Das französische Missfallen gegenüber der toleranten niederländischen Drogenpolitik in den neunziger Jahren ist möglicherweise ein Grund hierfür.

Außerdem sprechen immer weniger Niederländer französisch und die Franzosen steigen noch nicht so schnell auf Englisch um. Die Folge hiervon ist, dass die Kommunikation zwischen den beiden Völkern eingeschränkt ist. Was die Amerikaner betrifft, so liegt auf der Hand, dass die Reaktionen der Bush-Regierung nach dem 11. September als entscheidende Ursache für die negativere Wertung gesehen wird. Täglich berichten die Medien über Konflikte zwischen Europa und den Vereinigten Staaten. Den Vereinigten Staaten wird eigenmächtiges Auftreten unterstellt, wohingegen die Amerikaner meinen, dass sie für die Europäer die Kastanien aus dem Feuer holen müssten. Es ist gut möglich, dass nach der Regierungszeit Bushs eine positive Veränderung auftreten könnte.

Die Italiener sind bei den Niederländern das unbeliebteste Volk. Betrachten wir die Beurteilung der Ähnlichkeit, wird bei allen drei Peilungen deutlich, dass die Niederländer die Italiener als am unähnlichsten wahrnehmen. Allgemein betrachtet gibt es, wie schon erwähnt, einen Zusammenhang zwischen Sympathie und Ähnlichkeit. Dies scheint die einzige Erklärung für die schlechtere Einstellung der Niederländer gegenüber den Italienern zu sein: Niederländer mögen Italiener weniger, da sie sich mehr von ihnen unterscheiden.

Zusammenfassend können wir feststellen, dass obwohl ein Teil der niederländischen Bevölkerung die Deutschen als unfreundlich bewertet, ein kleiner, aber nicht unansehnlicher Teil Deutschland und die Deutschen als freundlich empfindet. Trotz dieser Ambivalenz finden die Niederländer, dass die Deutschen ihnen ähnlich sind. Wie entsteht diese ambivalente Einstellung der Niederländer gegenüber den Deutschen? In dem folgenden Abschnitt versuchen wir, eine Erklärung für diese Ambivalenz zu geben.

Eine sozialpsychologische Erklärung für das deutsch-niederländische Verhältnis

Niederländer haben also gemischte Gefühle gegenüber den Deutschen. An dem Urteil der Deutschen über die Niederländer kann es nicht liegen. Im Jahr 1956 empfanden die Deutschen, dass die Eigenschaften hart arbeitend, praktisch, edelmütig, selbstbeherrscht, vorausstrebend und friedliebend mehr auf die Niederländer als auf die Belgier, Franzosen oder Italiener zutreffen würden (Common Ideas, 1956). Im Jahr 1963 galten die Niederländer, im Vergleich zu sieben anderen Völkern, als hart arbeitend, zuverlässig und gewissenhaft (Products and People Untersuchung 1963). Im Jahr 1982 urteilte eine Gruppe deutscher Studenten positiver über Holländer als über Deutsche (Mummendey, Bolten u. Isermann-Gerke, 1982). Im Jahr 1995 empfanden 80 Prozent der deutschen Jugendlichen die Niederländer als freundlich (Inter/View, 1995). An sich ist eine Ambivalenz zwischen Nachbarländern relativ normal, wie Lademacher (1995) aufgrund der niederländisch-deutschen Beziehung bemerkte. Die Asymmetrie in der Wertung ist nicht einzigartig für die Niederländer oder die Deutschen. Asymmetrie tritt häufiger auf, wenn ein kleines Land an ein größeres angrenzt, da sie sich häufig in Kultur, ethnischer Herkunft und Sprache ähneln. So denken die Amerikaner, im Vergleich zu den Kanadiern, positiver über ihr Nachbarland; dasselbe gilt für die Deutschen und Österreicher (Selenko, 2003), Briten und Iren sowie Niederländer und Flamen.

Wie kann diese asymmetrische Beziehung erklärt werden? Es ist verständlich, dass im Allgemeinen mehr Sympathie gegenüber kleinen Ländern als gegenüber großen Ländern empfunden wird. Das hängt unzweifelhaft damit zusammen, dass man keine Angst haben muss, von ihnen beherrscht zu werden. Dass die asymmetrische Beziehung im Fall der Niederlande mit ihren Nachbarländern besonders stark ist, liegt an der geographischen Lage. Die Niederlande haben nur zwei Nachbarländer: Belgien und Deutschland. Dadurch liegt es auf der Hand, sich mit ihnen zu vergleichen. Im positiven wie auch im negativen Sinn denkt der Niederländer schneller an die Belgier und Deutschen als an andere Nationalitäten. Die Erklärung für die positive Einstellung den Belgiern gegenüber fällt nicht schwer. Ein Großteil der Belgier spricht niederländisch (flämisch), wodurch die Kommunikation vereinfacht wird; Belgier und Niederländer haben Gemeinsamkeiten, kaum Konflikte und viele gemeinschaftliche Belange in der Europäischen Union. Außerdem stellen die Belgier keine Gefahr für die niederländische Identität dar. Dies sind Faktoren, die es leicht machen, die Belgier als sympathisch zu empfinden. Dadurch grenzen die Belgier sich positiv von den Deutschen ab, sie haben die Niederlande weder besetzt noch politisch dominiert.

Eine weiterführende Erklärung ist von sozialpsychologischer Art und basiert auf der Theorie sozialer Identität (Tajfel, 1978). Dieser Theorie zufolge streben Menschen nach einem positiven Selbstbild. Dieses Selbstbild entlehnen wir im starken Maß den sozialen Gruppen, zu denen wir gehören. Wenden wir diese Theorie auf das deutsch-niederländische Verhältnis an, dann hat das folgende Konsequenzen: Deutschland ist, wie schon genannt, für die Niederländer ein auf der Hand liegender Vergleichspartner. Dieser Vergleich wird noch stärker, da die Niederländer und Deutschen sich in Sprache, Kultur und Ökonomie ähneln. Deutschland ist jedoch demographisch, ökonomisch sowie politisch viel stärker als die Niederlande. Und selbst im Fußball ist Deutschland überlegen. Außerdem wird bei Kontakten zwischen Niederländern und Deutschen, wenn Englisch keinen Ausweg bietet, meist Deutsch gesprochen. Die Niederlande kommen also bei einem Vergleich schlecht weg. Um doch noch ein positives nationales Selbstbild zu entwickeln, ist es nützlich, sich von der anderen Partei abzuwenden und diese abzuwerten.

In einer Untersuchung (Van Oudenhoven, Askevis-Leherpeux, Hannover, Jaarsma u. Dardenne 2002) unter französischen, deutschen, belgischen und niederländischen Studenten kam diese asymmetrische Bewertung der Flamen gegenüber den Niederländern sowie Niederländern gegenüber Deutschen deutlich zum Vorschein. Diese Untersuchung fand 1996 statt. In einer Untersuchung zehn Jahre später unter Studenten aus den Niederlanden, Deutschland, der Schweiz und Frankreich fanden Matser et al. (2005) ebenfalls ein asymmetrisches Verhältnis zwischen deutschsprachigen Schweizern und Deutschen und zwischen französischsprachigen Schweizern und Franzosen. Bei den deutschen und niederländischen Studenten kam in beiden Untersuchungen deutliche Asymmetrien in der Wertung der gegenseitigen Sympathie (s. Tab. 6) sowie in den positiven und negativen Stereotypen, die die beiden Länder voneinander haben, zum Vorschein (s. Tab. 7).

Tabelle 6: Sympathiepunkte von deutschen und niederländischen Studenten über Deutsche und Niederländer (1 = sehr unfreundlich; 100 = sehr freundlich)

	Herkunftsland der Befragten			
Jahr der Befragung	Niederlande		Deutschland	
Anzahl der Teilnehmer	2004	2002	2004	2002
Sympathiepunkte für:	n = 324	n = 62	n = 107	n = 72
Deutsche	63.0	54.4	64.9	52.7
Niederländer	75.2	74.7	70.6	69.6

Tabelle 7: Stereotype von deutschen und niederländischen Studenten über Deutsche und Niederländer. Die Zahlen geben an, auf wie viel Prozent der Bevölkerung die Beschreibung zutrifft.

	Herkunftsland der Befragten							
Jahr der Befragung	Niederlanden				Deutschland			
Anzahl der Teilnehmer	2004		2002		2004		2002	
Stereotypen über:	n = 321		n = 62		n = 106		n = 72	
	De	Ni	De	Ni	De	Ni	De	Ni
Freundlich	65	69	60	70	51	72	52	72
Gesellig	64	73	58	70	57	70	54	73
Tolerant	61	70	50	69	52	71	44	69
Gefühl für Humor	54	68	52	71	51	61	49	67
Beherrschend	63	58	76	60	62	45	71	45
Arrogant	61	62	70	62	59	39	62	42

Wie können wir dieses Phänomen erklären? Es hängt sicherlich mit der bereits genannten Tatsache zusammen, dass von kleineren Ländern keinerlei echte Bedrohung ausgeht. Das Gefühl, beherrscht zu werden, spielt eine große Rolle, wie Tabelle 7 verdeutlicht. Im Vergleich zu den deutschen Studenten sehen niederländische Studenten ihre Nachbarn überwiegend als beherrschend und arrogant an.

Es ist interessant und erfreulich zu sehen, dass das Bild der deutschen Studenten von den Niederländern unverändert positiv ist und die niederländischen Studenten in den letzten zehn Jahren stets positiver über die Deutschen urteilen. Die Deutschen genießen mehr Sympathie und werden unter anderem als toleranter und weniger beherrschend eingeschätzt.

Was sind die Eindrücke von Deutschen in den Niederlanden?

An der Universität Groningen haben Studenten Ausländer über ihre Erfahrungen in den Niederlanden befragt. Dabei wurden Ergebnisse von 152 Deutschen gesammelt, davon 43 Frauen und 109 Männer im Alter zwischen 19 und 72 Jahren (Mittelwert = 30 Jahre). Die Aufenthaltsdauer in den Niederlanden reichte von 2 Monaten bis 60 Jahren (Mittelwert = 7,7 Jahre). Viele der Befragten waren Studenten.

Wiederkehrende Themen, die durch mehr als die Hälfte der Befragten genannt wurden, sind:

- Aus kultureller Sicht unterscheiden sich die deutsche und die niederländische Kultur kaum. Es kommt selten zum Kulturschock.
- Niederländer sind zwar offener beim ersten Kontakt, doch der Kontakt bleibt auf oberflächliche Dinge beschränkt. Es ist schwieriger, in den Niederlanden Freunde zu finden. Deutsche haben eher die Neigung, feste Freundschaften zu bilden. Bei Verabredungen wollen Niederländer etwas unternehmen.

- Die meisten Deutschen finden es leicht, Niederländisch zu lernen, und sprechen es fließend. Sie gaben an, die Beherrschung der Sprache sei wichtig für den Kontakt mit den Niederländern.
- Niederländer haben weniger die Neigung, nach Status und Regeln zu streben. Niederländer duzen schneller, was manchmal in den Augen der Deutschen als respektlos aufgefasst wird. Während die niederländische Studenten-Dozentenbeziehung eher gleichgestellt ist und Studenten die Dozenten mit Du und mit ihrem Vornamen ansprechen, wird der Dozent in Deutschland gesiezt. Dieser Unterschied ist auch bei den Polizeibeamten zu bemerken. Niederländische Polizeibeamte strahlen weniger Autorität aus und nehmen im Vergleich zu ihren deutschen Kollegen eher die Rolle des Vermittlers ein. Der deutsche Arzt steht auf einem Podest. In den Niederlanden wird beim Arzt erwartet, dass der Patient selbst mehr Verantwortung für seine eigene Gesundheit übernimmt. Zudem haben die Niederländer weniger Respekt vor Älteren.
- Manchmal werden Deutsche durch Ältere und sogar Kommilitonen diskriminiert.
- Einige Deutsche gaben an, dass Deutsche pünktlicher seien als Niederländer.
- Das Bild, das Deutsche von den Niederlanden haben, wird nicht bestätigt, wenn sie dort hinkommen. Viele Deutsche sehen die Niederlande als ein Land der Toleranz an, aber sobald sie dort leben, verändert sich ihr Bild: Es ist mehr eine »Quasi-Toleranz«. Allerdings sprechen die Niederländer offener über Sex.
- Niederländer haben große Fenster und die Gardinen sind (auch abends) meist offen, sodass man weniger Privatsphäre hat.
- Niederländer haben teilweise einen anderen Tagesrhythmus. Deutsche essen mittags warm und Niederländer abends um Punkt sechs.
- Niederländer sind nicht sehr nationalistisch, es sei denn, es geht um das Könighaus oder Fußball. »Es ist, als ob die Niederländer den Nationalstolz mit der Liebe zum Königshaus und Fußball nachholen wollen.«

- Die Niederländer sind nicht so kritisch und passen ihre Meinung schneller an. Deutsche dahingegen sind kritischer und protestieren schneller.
- Die Niederlande sind ein Fahrradland, wohingegen man in Deutschland mit dem Auto fährt, das als Statussymbol gilt.
- Die Esskultur in den Niederlanden ist anders. Es gibt in den Niederlanden mehr Fertiggerichte und das niederländische Brot ist im Vergleich zu dem deutschen Vollkornbrot luftiger.

Zusammenfassend kann man sagen, dass im Hinblick auf die Kultur keine großen Unterschiede zwischen den Niederlanden und Deutschland bestehen.

Peter Smith, ein bekannter kulturvergleichender Forscher aus England, hat bei vielen Nationalitäten, unter anderem Deutschland und den Niederlanden, die Probleme im internationalen Arbeitskontakt erforscht. In der Untersuchung gaben Deutsche an, dass sie im Umgang mit Ausländern als zu selbstsicher und zu sehr auf Leistung gerichtet gesehen würden. Gleichzeitig empfinden sie selbst die anderen Parteien als zu passiv. Andere Nationalitäten, die mit den Deutschen Geschäfte abwickeln, nennen als Schwierigkeiten, dass Deutsche sich durch Regeln leiten ließen, obwohl sie selbst flexibel sein wollten. Außerdem seien die Deutschen zu selbstsicher und würden den Kulturunterschieden keine Aufmerksamkeit schenken. Auch Sprachschwierigkeiten spielen eine Rolle.

Wie die Deutschen gaben auch die Niederländer an, dass sie als zu selbstsicher gesehen würden. Die Niederländer empfanden die anderen Parteien ebenfalls als zu passiv. Aber die Niederländer gaben im Gegensatz zu den Deutschen an, dass sie als zu flexibel und zu direkt wahrgenommen würden. Andere Nationalitäten nennen als Schwierigkeiten im Kontakt mit Niederländern, dass sie sich mehr persönliche Interaktionen sowie eine stärkere Betonung auf die Hierarchie wünschten (Smith, 2006).

Neue Entwicklungen in der deutsch-niederländischen Beziehung

Die Niederlande werden immer der kleine Nachbar von Deutschland bleiben. Bedeutet das nun, dass die Niederländer immer die Neigung haben werden, negativ über die Deutschen zu denken? Es gibt einige wichtige Gründe, um hiervor nicht zu große Angst zu haben:

- Konkrete Kontakte zwischen Deutschen und Niederländern verlaufen im Allgemeinen problemlos. Dazu kommt, dass die Niederländer sich ein günstigeres Urteil über die Deutschen bilden, je öfter sie mit ihnen zusammen sind (Jansen, 1993, S. 44). Die Europäische Integration und die interregionale Zusammenarbeit werden die Kontakte noch weiter vertiefen.
- Das Bild, das die Niederländer vom heutigen Deutschland haben, entkoppelt sich allmählich von dem, das sie von Nazi-Deutschland hatten. Der Übergang ins neue Millennium und die 60-jährige Erinnerung an die Befreiung war für viele Anlass, einen Strich unter die Vergangenheit zu ziehen. Noch wichtiger ist es, dass Deutschland sich in den letzten 60 Jahren als eine starke Demokratie hervorgetan hat und ihre Politik in der Europäischen Union konstruktiv war.
- Niederländer finden, dass sie den Deutschen einigermaßen ähneln. Es ist ein psychologisches Gesetz, dass Ähnlichkeiten anziehend wirken. Dies geht deutlich aus Tabelle 4 und 5 hervor: Niederländer finden, dass die Belgier ihnen am ähnlichsten sind und auch am sympathischsten, die Italiener hingegen am unähnlichsten und sie werden somit auch als weniger sympathisch empfunden. Die Chancen sind groß, dass die deutsche Vergangenheit in den Hintergrund rückt und die Niederländer das »Ähnlichkeit-Attraktionsgesetz« auch auf die Deutschen beziehen.
- Die hoffnungsvollste Botschaft stammt aus einer Anzahl neuerer Studien. Eine Enquete, die durch das Büro Inter/View im Auftrag eines niederländischen Radiosenders im Jahre 1995

durchgeführt wurde, ergab, dass unter 500 Jugendlichen von 13 bis 19 Jahren circa drei Viertel der Jugendlichen die Deutschen als sympathisch einstuften. Mehr als die Hälfte der Befragten fand, dass die Deutschen tolerant seien. Auch in unseren eigenen Peilungen, in den Jahren 1994, 1996 und 2002, betreffend einer repräsentativen Gruppe Niederländer, wird ein positiver Trend deutlich. Der Vorteil an den Peilungen ist, dass jedes Mal dieselben Fragen gestellt wurden, wodurch es möglich ist, die drei Untersuchungen zu vergleichen und Veränderungen auf zuverlässige Weise zu registrieren. Drei der Fragen (s. Tab. 1, 2 u. 3) wurden sogar schon im Jahre 1948 verwendet. Auch die zwei Untersuchungen unter Studenten lassen eine Verbesserung der Haltung der Niederländer gegenüber den Deutschen erkennen.

Die wichtigsten Schlussfolgerungen

Aus all den genannten Befunden lassen sich folgende Schlussfolgerungen[1] ziehen:

- Niederländer konzentrieren sich in zunehmendem Maße auf die eigene Region. Während die Niederländer im Jahre 1948 größtenteils transatlantisch orientiert waren, betreffen 2002 alle Antworten EU-Länder, besonders die Nachbarstaaten, wenn die Niederländer ein Volk oder Land nennen müssen, in dem sie leben möchten. Das gilt sowohl für positive als auch für negative Nennungen. Im Rahmen der Regionalisierung fällt eine positive Haltung gegenüber Belgien auf, sowohl als Wahlheimat als auch als Volk.
- In den Zusammenhang der regionalen Orientierung passt auch die beständige Verbesserung der Einstellung gegenüber den

1 Schlussfolgerungen über Zusammenhänge oder Unterschiede basieren sich auf signifikanten Ergebnissen. Durch die große Anzahl der Befragten sind sehr kleine Unterschiede auch schnell signifikant. Extrem kleine Unterschiede werden in diesem Rapport nicht genannt, obwohl sie signifikant sind.

Deutschen. Eine zunehmende Anzahl von Niederländern wählte Deutschland als Wahlheimat. Während die Deutschen im Jahre 1994 noch das von den acht Ländern am wenigsten geschätzte Volk waren, haben sie 2002 die Franzosen, Amerikaner und die Italiener hinter sich gelassen. Es ist in der Tat noch so, dass viele Niederländer sich negativ gegenüber Deutschen äußern; im Gegensatz hierzu gibt es jedoch auch viele Niederländer, die positiv über Deutsche denken und Deutschland als Wahlheimat wählen würden.

- Im Allgemeinen gibt es einen starken Zusammenhang zwischen Sympathie und Ähnlichkeit. Dies bedeutet: Je mehr man findet, dass ein Volk den Niederländern ähnelt, desto mehr schätzt man dieses Volk. Eine Ausnahme hierbei bilden die Deutschen. Obwohl die Niederländer den Deutschen gegenüber Ähnlichkeit empfinden, werden sie nicht als dementsprechend sympathisch empfunden. Die Zunahme der wahrgenommenen Ähnlichkeit mit den Deutschen beinhaltet wahrscheinlich, dass die Niederländer es nun leichter finden, mit den Deutschen umzugehen.
- Der Eindruck, der durch den »Clingendaelrapport« geweckt wurde, dass Niederländer – im Besonderen die niederländische Jugend – sehr negativ über die Deutschen denken, hat sich als nicht korrekt herausgestellt. Erstens: Einer in der Tat großen Gruppe Niederländer, die ein negatives Bild von Deutschen haben, steht eine große Gruppe Niederländer mit einem positiven Bild der Deutschen gegenüber. Zweitens: Jugendliche denken nicht negativer über Deutsche als andere Altersgruppen. Drittens: Unter den Europäern rangieren die Deutschen nicht auf dem letzten Platz, denn die Franzosen und die Italiener werden schlechter bewertet als Deutsche.
- Auffallend ist die ständige Verbesserung der Einstellung gegenüber den Deutschen, die seit 1994 in den Untersuchungen zum Vorschein kommt. Die Verbesserung ist umso auffallender angesichts der zugenommen Macht Deutschlands nach der Wiedervereinigung. Offensichtlich hat die zugenommene Macht nicht zu der anfänglich befürchteten Vorherrschaft geführt.

– Konkrete Kontakte zwischen Deutschen und Niederländern verlaufen durchgehend problemlos. Der Handel zwischen beiden Ländern ist beeindruckend intensiv. Die europäische Integration und die interregionale Zusammenarbeit werden die Kontakte in Zukunft noch weiter vertiefen.

Literatur

Baron, R. A., Byrne, D. (2000). Social Psychology. Boston.

Buchanan, W., Cantril, H. (1972). How Nations See Each Other. Westport.

Byrne, D. (1971). The Attraction Paradigm. New York.

Common Ideas (1956). Die Ergebnissen dieser Untersuchung sind im Steinmetzarchief Amsterdam registriert.

Dekker, H. (1999). Nationaal favoritisme, germanofobie, en Europees burgerschap; socialisatie van emoties. Utrecht: ASWB.

Inter/View (1995). Jugendliche und Deutsche. Amsterdam.

Jansen, L. B. (1993). Bekannt und unbeliebt. Das Bild von Deutschland und den Deutschen unter Jugendlichen von fünfzehn bis neunzehn Jahren. Clingendael. Den Haag.

Lademacher, H. (1995). Niederlanden und Deutschland: eine schwierige Beziehung in Europa. Unser Erbanteil, 38: 665–683.

Matser, C. I., van Oudenhoven, J. P., Askevis-Leherpeux, F., Florack, A., Hannover, B., Rossier, J. (2005). Asymmetrical international attitudes: The case of Switzerland. Rijksuniversiteit Groningen.

Mummendey, H. D., Bolten, H. G., Isermann-Gerke (1982). Experimentelle Überprüfung des Bogus-Pipeline-Paradigmas: Einstellungen gegenüber Türken, Deutschen und Holländern. Zeitschrift für Sozialpsychologie, 13: 300–311.

Products and People (1963). Die Ergebnisse dieser Untersuchung sind im Steinmetzarchief Amsterdam registriert.

Selenko, E. (2003). Asymmetrical international attitudes: A 6 nation study. Rijksuniversiteit Groningen. Unveröffentlichtes Manuskript.

Smith, P. (2006). Cross-national work relationships in theory and practice. International Association of Cross-cultural Psychologists. Spetses.

Tajfel, H. (Hrsg.) (1978). Differentiation between social groups: Studies in the social psychology of intergroup relations. London.

Van Oudenhoven, J. P. (1995). Wie denken wir wirklich über die Deutschen? Psychologie, 14: 46–48.

Van Oudenhoven, J. P., Askevis-Leherpeux, F., Hannover, B., Jaarsma, R., Dardenne, B. (2002). Asymmetrical international attitudes. European Journal of Social Psychology, 32: 275–289.

Dik Linthout

Von »Kannitverstan« zu »Kanverstan«

Der deutsche Schriftsteller Johann Peter Hebbel lebte in Karlsruhe in Baden-Württemberg und schrieb um 1800 herum eine Novelle über einen deutschen Handwerksgesellen, dem im großen Amsterdam beinahe die Augen ausfallen, als er die hohen Häuser, die großen Schiffe und die Reichtümer sieht. Und jedes Mal, wenn er auf Deutsch fragt, wem das alles gehört, bekommt er die Antwort: »Kannitverstan«. Er schließt daraus, dass dies der Name des Eigentümers ist und dieser Herr Kannitverstan wirklich enorm reich sein muss. Als er an einem Leichenzug vorbeikommt und auf seine Frage, wer denn beerdigt wird, wieder »Kannitverstan« zu hören bekommt, versöhnt er sich mit seiner Armut und empfindet keinen Neid mehr. Das »kan het niet verstaan« war im 18. Jahrhundert, zu einer Zeit, in der fast jeder irgendeinen Dialekt sprach, völlig selbstverständlich. Holländer und Amsterdamer konnten nicht einmal einen Gelderlander oder Overijsselarer verstehen, von einem Gesellen aus Baden-Württemberg ganz zu schweigen. Wer den falschen Akzent hatte, wurde damals über einen Kamm geschoren und »mof« (d.h. jemand, der unverständlich spricht) genannt. Und doch ist das Niederländische, sowohl für die Deutschen von damals als auch für die von heute ein Kinderspiel. Niederländisch lesen können Deutsche ohne viel Übung, und das Verstehen ist eine Frage von ein paar Tagen – man muss sich nur an die Aussprache gewöhnen.

Was halten die Deutschen von der niederländischen Sprache?

Niederländer nannten ihre Sprache bis tief ins 19. Jahrhundert hinein *Neder-Duits* (Niederdeutsch). Niederdeutsch ist in den Niederlanden zur Hochsprache geworden. Als es dem Hochdeutsch im Verlauf des 18. Jahrhunderts in Deutschland definitiv gelungen war, das Niederdeutsch auch als gesprochene Sprache zu verdrängen, begann man in Deutschland, das Niederdeutsch, das in den Niederlanden gesprochen und geschrieben wurde, als Holländisch zu bezeichnen und in ihm aufgrund der Ähnlichkeit mit niedersächsischen Dialekten einen ursprünglich deutschen Dialekt, eine Art degeneriertes Hochdeutsch zu sehen (Zahn, 1983; Groenewold, 1997). Deutsche Intellektuelle äußerten sich im 18. und 19. Jahrhundert ebenso herablassend über den *Holländer* als die Verkörperung des beschränkten Kleinbürgers wie über seine Sprache, das *Holländische* (Meyer, 1963):

»Ihre Sprache ist versumpft und in Gurgellauten ausgeartet, ihr Geist ist nur der feuchte Niederschlag des Deutschen mehr« (Ludolf Wienbarg, 1802–1872).

»Für die niederländische Sprache gilt, daß sie irgendeinmal in Herrengesellschaft gegen drei Uhr am Morgen erfunden worden sei. Ihre Grundlage ist tölpelhaft. Wie tief dieses Tölpelhafte wurzelt, sieht man auch an der besonderen Art, wie Holländer falsch deutsch reden oder schreiben« (Hermann Graf Keyserling, 1855–1918).

Johann Gottfried Herder (1744–1803) meinte, es sei unmöglich, Homer ins Niederländische zu übersetzen, »ohne ihn zu travestieren«.

August Wilhelm Schlegel (1767–1845) gestand, eine solche Abneigung gegen das Niederländische zu haben, »dass mir davor ekelt, ein holländisches Buch nur in die Hand zu nehmen. Indessen wären selbst in diesem Misthaufen vielleicht Perlen zu finden, womit wir unsere eigene Sprache schmücken könnten; wer nur Geduld hätte, sie heraus zu suchen«.

»Der Esel kommt mir vor wie ein Pferd ins Holländische übersetzt« (Georg Christoph Lichtenberg, 1742–1799).

»Natürlich gibt es keine niederländische Oper! Wer hätte jemals etwas von niederländischen Komponisten, Sängern oder Sängerinnen gehört. Die Sprache, wenn sie gesungen würde, hätte einen unüberwindlich komischen Effekt« (Albert Wild, 1862; Looijen, 1981).

Heinrich Heine (1797–1856) konstatierte mit Erstaunen, dass Niederländer ihre Sprache als das ursprünglichere Deutsch betrachteten, und sah sich zu dem folgenden Seitenhieb genötigt: »Die Affen sehen auf die Menschen herab wie auf eine Entartung ihrer Rasse, so wie die Holländer das Deutsche für verdorbenes Holländisch erklären« (Fieguth, 1978).

Im Goethe-Institut in Amsterdam wird seit Ende der 1960er Jahre Niederländisch für Deutsche angeboten. Fremdsprachenunterricht ist sehr unüblich für diese Einrichtung, denn die drei wichtigsten Aufgaben des Instituts sind gemäß seiner Statuten »die Förderung der Deutschkenntnisse im Ausland, die Pflege der internationalen kulturellen Zusammenarbeit und die Darstellung eines möglichst vollständigen Deutschlandbildes durch Informationen kultureller, gesellschaftlicher und politischer Art«. Das Goethe-Institut ist also nicht für die Sprache des Gastlandes zuständig. Dass es dennoch niederländische Sprachkurse anbietet, hängt vor allem mit der Verwandtschaft der beiden Sprachen zusammen. Niederländisch-Unterricht ist eine Form der Dienstleistung für Deutsche in den Niederlanden, und dafür gibt es mehrere Argumente. Deutschsprachige lernen viel schneller und besser Niederländisch, wenn keine anderen Fremdsprachler mit im Kurs sind, da Niederländisch für Deutsche eine relativ einfache Sprache ist. Die Teilnehmer eines zweiwöchigen Intensivkurses mit sechs Stunden pro Tag können sich nach ein paar Wochen sowohl aktiv als auch passiv gut über Wasser halten, und nach einiger Zeit gehen sie so in der niederländischen Gesellschaft auf, dass nur noch ein leichter Akzent ihre Herkunft verrät. Die Deutschen, die im Amsterdamer Goethe-Institut Niederländisch lernen, haben im Allgemeinen ein hohes Ausbildungsniveau, sind aber nicht unbedingt hier, weil es schon immer ihr Traum war. Ungefähr vierzig Prozent kommen wegen der Arbeit, dreißig Prozent wegen der Liebe und die restlichen dreißig Prozent zum Studieren. Meistens geht es dabei um ein Studium, das es in Deutschland nicht gibt, das dort nicht auf diesem Niveau angeboten wird oder auf dem in

Deutschland ein Numerus clausus liegt. Ein kleiner Prozentsatz hat ein Postdoc-Stipendium oder möchte hier promovieren.

Ihre Ansichten über das Niederländische unterscheiden sich nicht stark von denen ihrer illusteren Landsleute im 19. Jahrhundert. Sie assoziieren die niederländische Sprache immer noch mit den plattdeutschen Dialekten aus dem Norden Deutschlands und tun sich schwer, eine Sprache wie das Niederländische, das in der Behördensprache, der Wissenschaft und sogar in Regierungserklärungen »Dialektwörter« benutzt, ernst zu nehmen (Zahn, 1984). Anfangs reagieren sie noch amüsiert auf das Niederländische, so wie die Niederländer auf das in Südafrika gesprochene Afrikaans, das eng mit der holländischen Umgangssprache im 17. Jahrhundert verwandt ist. Sie finden Niederländisch ein bisschen naiv, bäuerlich, »niedlich«, »drollig« oder »süß«, eine Art Kinder- und Puppensprache, die man in hockender Haltung spricht, mit einer Unzahl von Verkleinerungswörtern, die das Mitgeteilte inhaltlich auf ein Minimum reduzieren. Bei einem »biertje« (Bierchen) können Deutsche sich schon keinen Alkoholiker mehr vorstellen, und ein »snoepje« (Bonbon) ist zwar süß, aber wirkt doch unschuldig. Die ostdeutsche Fernsehmoderatorin Enie Gorchowski machte sich diese Unschuld zunutze und legte sich einen niederländischen Künstlernamen zu: Sie heißt jetzt *Enie van de Meiklokjes.* Niederländisch erinnert Deutsche auch an die Dialekte aus dem pietistischen Schwaben und der calvinistischen Schweiz, wo ebenfalls oft Verkleinerungsformen wie »-le« (*Häusle* = *huisje*) und »-li« (Müsli) benutzt werden. Diese Sprachen werden von vielen Deutschen nicht ernst genommen und »Tantensprachen« genannt.

Deutsche kostet es einige Selbstüberwindung zu akzeptieren, dass Niederländisch für sie keine echte Fremdsprache ist. Alle Fremdsprachen erfordern grammatikalische Kenntnisse, oft die Kenntnis eines anderen Satzaufbaus, und es muss ein vollkommen neuer Wortschatz aufgebaut werden. So wurde es einem im modernen Fremdsprachenunterricht in der Schule eingetrichtert. Viele Fremdsprachenlehrer haben als Hüter der Grammatik ganze Arbeit geleistet. Laien mit einer guten Schulbildung sind im Allgemeinen davon überzeugt, dass es nur eine Möglichkeit gibt, eine Sprache zu erlernen, und die dauert acht Jahre und findet in der Schule statt. Dass dies wegen der Verwandtschaft mit dem Deutschen für das Niederländische gerade nicht gilt, ist für die meisten Deutschen eine große Überraschung. Wenn sie nach ein paar Tagen dahinter kommen, dass sie die Sprache ohne viel Niederländischkenntnisse nicht nur lesen, sondern auch schon verstehen können, sind sie zögernd bereit, zuzugeben, dass Niederländisch einfacher zu erlernen ist als andere germanische oder romanische Sprachen, ganz zu schweigen von europäischen Sprachen wie dem Finnischen, dem Ungarischen oder den slawischen Sprachen. Sie finden heraus, dass Niederländisch weniger dem Englischen gleicht als sie anfangs dachten, und auch keine Mischung aus Französisch, Deutsch und Englisch ist.

Die Übereinstimmungen mit der niederländischen Sprache werden von den Sprachschülern als sehr motivierend empfunden. Sie merken bald, wie einfach Niederländisch zu verstehen ist, wenn es langsam gesprochen wird, und auch das Lesen komplexerer Texte geht nach ein paar Wochen bereits ziemlich flott. Durch die schnelle Verbesserung des Hörverständnisses fühlen viele von ihnen sich in öffentlichen Verkehrsmitteln, in Geschäften, Cafés und Restaurants bald als Teil des Ganzen und nicht ausgeschlossen, wie es in Ländern, in denen »richtige« Fremdsprachen gesprochen werden, der Fall ist. Sie erleben das Niederländische als Bereicherung, weil sie die Sprache relativ mühelos erlernen können, und empfinden die Untertitel im Fernsehen und im Kino als grandioses Hilfsmittel.

Natürlich gibt es auch Rückschläge. Sie werden mit einer – für sie – extrem doppeldeutigen Bildsprache konfrontiert, mit idiomatischen Ausdrücken und Klischees, die, wenn man sie nicht kennt, auch in der wörtlichen Übersetzung nichtssagend bleiben und nicht verdeutlichen, worum es geht. Wer nur die Wörter kennt und nicht die Bilder, kann sich hoffnungslos verloren fühlen: Ein *snelbinder* scheint kein »Allesbinder« oder »Mondamin« zu sein, sondern ein Gepäckträgerspannband. Ähnlich verhält es sich auch bei den folgenden Beispielen: *Het zit u niet mee vandaag*

= Sie haben kein Glück heute / *Dweilen met de kraan open* = Symptombekämpfung / *Op het matje roepen* = herbeizitieren / *potloodventer* = Exhibitonist / *Voor het zingen de kerk uit* = Coitus interruptus.

Wie lernen Deutschsprachige schnell und einfach Niederländisch?

Sie müssen sich an drei goldene Regeln halten:

1. Niederländisch ist für Deutschsprachige keine Fremdsprache

Deutschsprachige haben unbewusst bereits einen großen Wortschatz und können innerhalb eines bestimmten Kontextes auch schon recht passabel Niederländisch lesen. Von dem Moment an, in dem sie sich entscheiden, Niederländisch zu lernen, sind sie bereits im Fortgeschrittenenstadium. Lehrer können von Anfang an eine Art »aufgeklärtes« Niederländisch mit ihnen sprechen, das heißt ein Niederländisch mit hier und da eingestreuten deutschen Schlüsselwörtern. Deutsche Muttersprachler fangen in den Niederlanden mit einem Niederländischkurs auf dem Basisniveau A1/A2 des *Common European Framework of Reference* an, gelangen nach einigen Tagen souverän auf Niveau B1 des selbstständigen Sprechers, gleiten danach innerhalb weniger Monate mühelos durch Niveau B2 und erreichen, bevor sie es überhaupt bemerken, das für nicht Deutschsprachige schier unerreichbare Niveau C1/C2 des geübten Sprechers. Und das nur, weil sie herausgefunden und akzeptiert haben, dass das Niederländische, das ehemals Niederdeutsche, keine Fremdsprache wie das Englische, Französische, Spanische ist.

2. Wenn deutsche Muttersprachler ein Wort nicht kennen, ist es entweder dasselbe Wort oder dasselbe Wort wörtlich übersetzt

Fünfzig Prozent der niederländischen und deutschen Wörter sind bis auf ein oder zwei Buchstaben identisch, dreißig Prozent sind mit ein wenig Phantasie und Wissen voneinander herzuleiten und nur zwanzig Prozent sind komplett unterschiedlich. Wenn Fremdwörter aus dem Lateinischen, Griechischen, Französischen oder Englischen ins Deutsche übernommen wurden, sind diese fast immer auch ins Niederländische übernommen worden, haben eine nahezu identische Schreibweise und eventuell eine etwas andere Aussprache. Diese Regel wird im Goethe-Institut die »Achtzig-Prozent-Regel« genannt. Deutsche, die ein niederländisches Wort nicht kennen, müssen nur die zweite Lautverschiebung rückgängig machen, den Umlaut weglassen und das deutsche Wort niederländisch aussprechen oder wörtlich übersetzen. Wenn das Gegenüber dann immer noch verständnislos dreinschaut, handelte es sich offenbar um eines der komplett unterschiedlichen »Zwanzig-Prozent-Wörter«. Doch das ist wirklich ein Luxusproblem im Vergleich zu Sprachen wie dem Finnischen oder Ungarischen, die sich fast zu hundert Prozent vom Deutschen unterscheiden. Die Niederländer ihrerseits müssen die Lautverschiebung im Deutschen wiederum gerade auf das Niederländische übertragen, den Umlaut einführen und alles deutsch aussprechen. In »The Awful German Language« behauptete der amerikanische Schriftsteller Mark Twain, dass eine Person mit Sprachgefühl in dreißig Stunden Englisch lernen könne (Schreiben und Aussprache ausgenommen), in dreißig Tagen Französisch, aber erst nach dreißig Jahren Deutsch. Das ist eine amerikanische Sichtweise, die schon allein aufgrund der starken Übereinstimmungen im Wortschatz nicht für Niederländer gilt. Aus diesem Grund hat Erwin Kuen 1993 ein »Deutsch-Niederländisches Lernwörterbuch« verfasst, in dem er gleichlautende und phonetisch kaum voneinander abweichende Grundwörter von *aal* (Aal) bis *zenit* (Zenit) und

Grundwörter mit stärkerer lautlicher Abweichung von *avond* (Abend) bis *cyste* (Zyste) aufgenommen hat. Wie einfach Deutsch für Niederländer ist, zeigen die folgenden Anekdoten:

Eine Leserin der niederländischen Tageszeitung *NRC* beschreibt, wie ein Bauleiter einem deutschen und einem niederländischen Bauarbeiter das zu verrichtende Tagewerk erklärt:

> »Du neemt das stuk und dan legt du die waterpas derauf, links vier centimeter afmeten, rechts zwei centimeter, vastmachen, und dan kann das worden abgezaagt.«

Der Deutsche sagt, dass er »alles verstanden« habe. Daraufhin wendet sich der Chef an den anderen Mann: »So, und jetzt werde ich das für dich noch mal auf Niederländisch wiederholen.«

Ein Restaurant im seeländischen Walcheren macht sich kaum noch die Mühe, seine Werbebroschüre zu übersetzen und preist sich bei seinen Gästen auf folgende Art und Weise an:

> »ongezwungen Atmosphere/lekker essen, trinken, lesen, praten/het ganze jaar geöffnet/goed erreichbaar/kindfreundliche speeltuin/bezichtiging werkende Mühle. En im winter? Lekker ausblasen na een stevige Strandwanderung en wieder warm worden onder het Genuss van een stevige Schnapps.«

Im Roman »Kees de jongen« von Theo Thijssen (1923) bekommt die Hauptperson, der zwölfjährige Kees, zum Geburtstag ein Briefmarkenalbum und macht eine Bemerkung über das Deutsche, die für Niederländer, die Deutsch lernen, immer noch gut nachzuempfinden ist.

> »›Briefmarke‹ stand da drauf, und alle Namen waren auf Deutsch; störte nicht, denn er lernte sie schnell genug, und ach, sie ähnelten dem Holländischen auch noch sehr. Nur ›Schweiz‹ für ›Zwitserland‹ war ein bisschen komisch. Er fand, dass sie besser Schweden ›Schweiz‹ hätten nennen sollen.«

Es gibt so viele Übereinstimmungen im Wortschatz, weil der Einfluss des Hochdeutschen auf das Niederdeutsche über die Jahrhunderte hinweg enorm groß war. Bis ins 19. Jahrhundert wehrten sich niederländische Sprachwissenschaftler gegen romanische Einflüsse auf den Wortschatz. Für sie bedeutete das Hochdeutsche als Mutter- oder Schwesternsprache eine Bereicherung der niederländischen Sprache, und als 1637 die erste vollständige Bibelübersetzung ins Niederländische, die *Statenbijbel*, erschien, hatte die Bibelübersetzung Luthers von 1535 schon mehr als ein Jahrhundert zur Standardisierung des Niederländischen beigetragen (van der Sijs, 2004). Aufgrund der deutschen »kulturellen Überfremdung«, die im Laufe des 19. Jahrhunderts einsetzte, entstand bei den Niederländern nach und nach eine Phobie gegen Germanismen. Davor hatte man vor allem empfindlich auf Gallizismen reagiert. Germanismen riefen Widerwillen hervor und waren stets auf den »verwerflichen« deutschen Einfluss zurückzuführen. Auch wenn die Sprache bereits mit Gallizismen und Anglizismen durchsetzt war, wurde die Sprachgrenze doch verbarrikadiert, um das Niederländische vor fremder germanistischer Verunreinigung zu schützen. Darum gibt es im Niederländischen zwar die Wortpaare *anglofiel/anglofoob* und *francofiel/francofoob*, nicht aber das Wortpaar *germanofiel/germanofoob*. Die Vorliebe für alles Deutsche wird »manisch« (im Sinne von »krankhaft«) genannt, und mit dem Begriff »Germanomanie« bezeichnet. Die Sprachreiniger hätten wissen sollen, wie viele der sogenannten niederländischen Wörter ihr Entstehen der wörtlichen, aber nicht mehr erkennbaren Übersetzung aus dem Deutschen zu verdanken haben. Niederländische und deutsche Wörter haben eine gemeinsame germanische Form, und deutsche Wörter beschwören durch die sogenannte *Kontaktassoziation* sofort ein ähnliches niederländisches Wort herauf. Bei der Übertragung deutscher Wörter ins Niederländische verlieren diese ihren deutschen Klang und sind nicht mehr als Deutsch zu erkennen. Deutsche Wörter wie *Gotteshaus, Hohelied, Klagelied, überwältigen* wurden in der *Statenbijbelvertaling* zu *godshuis, hooglied, klaaglied, overweldigen.* Van der Sijs listet noch mehr frühe Lehnwörter (übrigens im 20. Jahrhundert als *leenwoorden* ins Niederländische übersetzt) auf:

beroemd (berühmt), *etsen* (ätzen), *geheim* (geheim, Geheimnis), *gemaal* (Gemahl), *gevaar* (Gefahr), *grens* (Grenze), *heersen* (herrschen), *kotsen* (kotzen), *rit* (Ritt), *ros* (Ross), *schenkel* (Schenkel), *schertsen* (scherzen), *sidderen* (zittern), *streven* (streben), *twijg* (Zweig), *verwant* (verwandt), *zuigeling* (Säugling), *zuil* (Säule), *zwanger* (schwanger).

Und im 17. Jahrhundert kommen noch hinzu:

argwaan, (Argwohn), *beledigen* (beleidigen), *componist* (Komponist), *deemoed* (Demut), *fantast* (Phantast), *folteren* (foltern), *gelukzalig* (glückselig), *geweten* (Gewissen), *handhaven* (handhaben), *herinneren* (erinnern), *monter* (munter), *redenaar* (Redner), *reiziger* (Reisender), *spitsmuis* (Spitzmaus).

Dass zur selben Zeit auch das Reflexivpronomen *zich* (sich) übernommen wurde, zeigt, wie groß der Einfluss des Deutschen war.

Alle deutschen Muttersprachler in den Niederlanden profitieren bewusst oder unbewusst von der Achtzig-Prozent-Regel. Sowohl in als auch außerhalb des Kontextes können sie ihren Wortschatz vergrößern, wenn sie wissen, dass

– Vokale und Doppelvokale oft standardmäßig ersetzt werden können (s. Tab. 1),
– Konsonanten oft standardmäßig ersetzt werden können (s. Tab. 2),
– auch deutsche Nachsilben oft standardmäßig ersetzt werden können (s. Tab. 3),
– Vorsilben standardmäßig ersetzt werden können (s. Tab. 4) und
– Präpositionen als Vorsilbe oft einfach übersetzt werden können (s. Tab. 5).

Und wenn es nicht klappt: Pech gehabt! In dem Fall war es dann eines der »Zwanzig-Prozent-Wörter«. Amsterdamer, die nur ihre eigene Sprache beherrschen und keinen blassen Schimmer von den Regeln der Lautverschiebung haben, benutzen die »Achtzig-Prozent-Regel« schon sehr lange, wie der pseudodeutsche Amsterdamer Gruß »Hallo Nachbar, kaus baussen!«, womit natürlich »koud buiten«, also »kalt draußen« gemeint ist, beweist.

Tabelle 1: Vokale und Doppelvokale können oft standardmäßig ersetzt werden

Deutsche Wörter mit ...		sind oft niederländische Wörter mit ...	
-ei-	ein, Bein, meinen, Fleisch	**-ee-/-e-**	*een, been, menen, vlees*
-u-	gut, Blut, Mut, muss, Fuß	**-oe-**	*goed, bloed, moed, moet, voet*
-un-	Hund, Mund, rund, unter	**-on-**	*hond, mond, rond, onder*
-um	krumm, dumm, stumm	**-om**	*krom, dom, stom*
-al-/-ol-	Gold, alt, kalt	**-ou-**	*goud, oud, koud*
-au-	Haus, Haut, Taube, laut	**-ui-***	*huis, huid, duif, luid*

Tabelle 2: Konsonanten können oft standardmäßig ersetzt werden

Deutsche Wörter mit ...		sind oft niederländische Wörter mit ...	
-b	ob, eben, üben	**-f-** oder **-v**	*of, even, oefenen*
-ch-	Dach, Becher, brechen	**-k-**	*dak, beker, breken*
-ck-	Bock, lecken, Bäcker	**-k-** oder **-kk-**	*bok, lekken/likken, bakker*
-f-	Feuer, gefährlich, laufen, hoffen	**v-** oder **-p-**	*vuur, gevaarlijk, lopen, hopen*
-f oder **-ff**	Dorf, Beruf, Schiff	**-p**	*dorp, beroep, schip*
-pf	Pfahl, stumpf, Pflicht	**-p-**	*paal, stomp, plicht*
-pf-	Pfropfen, Apfel, stampfen	**-p-** oder **-pp-**	*proppen, appel, stampen*
s-	Sand, Sonne, Saft, Säbel	**s-** oder **-z**	*zand, zon, sap, sabel*
sch + Konsonant oder **sch + w**	schlaff, schmuggeln, Schwert, schwarz	**s + Konsonant** oder **z + w**	*slap, smokkelen, zwaard, zwart*
-ss-/-ß-	lassen, vergessen, beißen, dass, Maß	**-t-**	*laten, vergeten, bijten, dat, maat*
-t-	Tür, Tier, tun, Hut, Tat	**-d-**	*deur, dier, doen, hoed, daad*
-t- oder **-tt-**	heute, hatten, wetten	**-d-** oder **-dd-**	*heden, hadden, wedden*
z-	zehn, Zar, Zirkus	**t-**, **ts-** oder mit **c-**	*tien, tsaar, circus*
-tz	Geschütz, Platz	**-t** oder **-ts**	*geschut, plaats*
-z	Erz, Kranz, schwarz	**-ts**, **-s** oder **-t**	*erts, krans, zwart*

3. Niederländisch und Deutsch haben bis auf ein paar Ausnahmen denselben Satzbau

Für die meisten deutschen Muttersprachler ist Englisch die erste Fremdsprache, und deshalb neigen sie dazu, die erfolgreichen »englischen« Techniken ihrer Schulzeit auf das Niederländische zu übertragen. Im Englischen gibt es keine Inversion (Positionierung

Tabelle 3: Auch deutsche Nachsilben können oft standardmäßig ersetzt werden

Deutsche Wörter auf ...		sind niederländische Wörter auf ...	
-ät	Neutralität	**-eit**	*neutraliteit*
-bar	bezahlbar, unerklärbar	**-baar**	*betaalbaar, onverklaarbaar*
-chen	Mädchen, Türchen, Bierchen	**-je** oder u. a. nach **-r** auch **-tje**	*meisje, deurtje, biertje*
-heit o. **-keit**	Minderheit, Lesefertigkeit	**-heid**	*minderheid, leesvaardigheid*
-ation	Demonstration, Publikation	**-atie**	*demonstratie, publicatie*
-ik	Musik, Romantik	**-iek**	*muziek, romantiek*
-iker	der Musiker, die Techniker	**-icus/-ici**	*de musicus, de technici*
-iv	demonstrativ, informativ	**-ief**	*demonstratief, informatief*
-lein	Büchlein	**-je**	*boekje*
-lich	gefährlich, möglich, deutlich	**-(e)lijk**	*gevaarlijk, mogelijk, duidelijk*
-nell	traditionell, oppositionell	**-neel**	*traditioneel, oppositioneel*
-ung	Richtung, Erinnerung, Leitung	**-ing**	*richting, herinnering, leiding*

Tabelle 4: Vorsilben können standardmäßig ersetzt werden

Deutsche Wörter mit ...		sind niederländische Wörter mit ...	
ent-	entdecken, enträtseln	**ont-**	*ontdekken, ontraadselen*
er-	erinnern, erobern	**her-/ver-**	*herinneren, veroveren*
ver-	verbieten, verlieren	**ver-**	*verbieden, verliezen*
be-	befassen, befehlen	**be-**	*bevatten, bevelen*

des Subjekts nach dem Verb, wenn der Satz mit einem anderen Satzteil anfängt), und das Verb wird immer direkt hinter das Subjekt gesetzt, vor die Mitteilungen, aus denen der Satz besteht. Es fällt Deutschsprachigen schwer zu akzeptieren, dass das Niederländische keine englische Substratsprache ist, sondern eine gleichwertige germanische Sprache. Nicht nur hat der niederländische Wortschatz viel mit dem Deutschen gemeinsam, auch der Satzbau ist fast identisch. Genau wie im Deutschen steht im Niederländischen das Partizip Perfekt am Ende des Satzes, auch wenn die Niederländer weniger dogmatisch mit der »Satzklammer« umgehen, und die Umstandsbestimmungen werden ebenfalls auf gleiche Weise wie im Deutschen, nach dem Muster »temporär-kausal-modal-lokal« (tekamolo) aufgereiht.

Tabelle 5: Präpositionen können als Vorsilbe oft einfach übersetzt werden

Deutsch		Niederländisch	
auf-	aufgeben	**op-**	*opgeven*
aus-	ausgeben	**uit-**	*uitgeven*
durch-	Durchbruch	**door-**	*doorbraak*
ein-	einbrechen	**in-**	*inbreken*
nach-	nachdenken	**na-**	*nadenken*
über-	übernachten	**over-**	*overnachten*
unter-	unterscheiden	**onder-**	*onderscheiden*
vor-	Vorwissen	**voor-**	*voorkennis*

Aussprache

Wortschatz, Grammatik und Satzbau verursachen keine großen Probleme. In Abwandlung des Romanistenwitzes, wonach Englisch falsch ausgesprochenes Französisch ist, könnte man sagen, Deutsch ist falsch ausgesprochenes Niederländisch. Die Aussprache des Deutschen unterscheidet sich vom Niederländischen, und darauf müssen Deutsche hingewiesen werden. Das Problem der Aussprache kann ziemlich schnell gelöst werden, wenn deutsche Muttersprachler beherzigen, dass sie nicht aussprechen, was ihr deutsches Auge sieht, sondern was die niederländische Zunge daraus macht. Das klappt gut, wenn sie die wichtigsten Unterschiede in der Aussprache kennen.

Unterschiedlich ausgesprochene Konsonanten:
- Das *c* vor *e*, *ee*, *i*, *ie*, *ei*, *ij* und *y* klingt wie ein scharfes *s*.
- Das *v* klingt ungefähr wie ein *f* (*video*, *volleybal*).
- Das *z* klingt wie das deutsche *s* (Zandvoort, *zebra*).

Unterschiedlich ausgesprochene Vokale:
- *a*, *e*, *i* und *o* in offenen Silben werden lang ausgesprochen *(banen, beker, piraat, boten)*.
- *a*, *e*, *i* und *o* werden in geschlossenen Silben kurz ausgesprochen *(ban, bek, kip, bot)*.
- *aa*, *ee* und *oo* klingen wie das deutsche *ah*, *eh* und *oh*.

- Das *u* in offenen und das *uu* in geschlossenen Silben klingt wie das deutsche *ü* *(buren, buurman).*
- Das *u* in geschlossenen Silben klingt in etwa wie das *ö* in »Löss« *(put, Zutphen).*

Doppellaute werden folgendermaßen ausgesprochen:
- *eeuw* klingt wie das deutsche *e + u (eeuw, sneeuw)*
- *ei* und *ij* klingen wie das deutsche *e + i (eiland, IJsselmeer)*
- *eu* klingt ungefähr wie das deutsche *ö (Keukenhof, beurs)*
- *ieu* klingt wie das deutsche *i + u (nieuw, nieuwsgierig)*
- *oe* klingt wie das deutsche *u (goed, hoed, bloed)*
- *ou* klingt wie das deutsche *au (koud, vrouw)*
- *ui* klingt in einer offenen Silbe wie das deutsche *öüj* (*luie*) und wie *öü* in geschlossenen Silben (*huis, kruis, muis).*

Niederländisch hat eine Allegro-legato-Aussprache mit einem Tonhöhenunterschied von einer halben Oktave. Im Deutschen hat man die sogenannte Silbentrennung, das heißt, alle Silben werden getrennt ausgesprochen, das Schluss- und Plural-*n* ist gut zu hören, und das vorausgehende *e* wird verschluckt (Gut'n Morg'n). Dadurch klingt das Deutsche ein wenig stakkatohaft. Die deutsche Aussprache ist dynamischer und präziser, vorne im Mund, hinter den Zähnen und über der Unterlippe. Die deutsche Sprache ist klar, stimmhaft und aspirierend *(Gepäckspannband).* Niederländer sind dagegen beim Sprechen weniger aktiv im Mund, sie nuscheln und verschlucken mehr, und vieles bleibt unter der Unterlippe hängen. Deutsch hört sich für Niederländer, auch wegen der Tonhöhendifferenz von einer ganzen Oktave und der Aussprache vorne im Mund, theatralisch, feminin und affektiert an. Niederländer schämen sich deswegen für die korrekte Aussprache des Deutschen, die so diametral der des Niederländischen gegenübersteht.

Die deutsche Art der Silbentrennung hört man in den Niederlanden nur in der Predigt des Pfarrers und an Bahnhöfen, wenn eine computergesteuerte Männerstimme die Reisenden vor Taschendieben warnt oder Änderungen im Fahrplan durchgibt. Niederländer sprechen Laute nicht getrennt voneinander aus, sondern reihen Wörter aneinander, genauso wie die Franzosen und die Engländer. Aufgrund der Assimilation weiß der arglose, sich noch im Anfangsstadium des Verstehens befindliche Zuhörer nicht, wo das Wort anfängt und wo es endet, und das Mitgeteilte klingt in seinen Ohren wie ein Brei aus Lauten. Das ist jedoch ein Scheinproblem, denn wer gelernt hat, wie man die englische oder französische Assimilation enträtselt, benötigt nur ein paar Tage, um sein Ohr an die niederländische Assimilation zu gewöhnen und den Code für die Enträtselung der folgenden Geheimsprache zu finden:

- *Kwaukemat* =
  Ik wou dat ik hem had = (Ich wollte, ich hätte ihn)
- *Keppetemgezegd* =
  Ik heb het hem gezegd = (Ich habe es ihm gesagt)
- *Dakangkniesien* =
  Dat kan ik niet zien = (Das kann ich nicht sehen)

Die Aussprache des heutigen Standardniederländisch gleicht sich immer mehr der informellen Umgangssprache in der sogenannten *Randstad* an (dem Ballungsraum um Amsterdam, Den Haag und Utrecht). Das ursprünglich holländische »rollende *r*« ist auf dem Rückzug, und wird nur noch in der Gegend um Amsterdam und im flämischsprachigen Teil Belgiens gesprochen. Das »faule« oder »affektierte *r*« gibt es nur am Ende eines Wortes, wird seit den 1950er Jahren benutzt und schwappte aus Amsterdam-Süd hinüber in die »Radiostadt« Hilversum (van der Sijs, 2004). Dieses *r* besitzt Prestige aufgrund der Gegend, aus der es stammt, und weil es im Fernsehen gesprochen wird. Das stimmhafte *v* entwickelt sich langsam und zum Bedauern derjenigen, die einer konservativen Auffassung über die Hochsprache huldigen, in Richtung des *f* mit stimmloser Aussprache, bei der die Stimmbänder nicht mehr zum Einsatz kommen. Auch die phonetische Reduktion, das systematische Verschlucken vorhersehbarer Laute, ist völlig selbstverständlich geworden (*kokele* oder *kolijke hoogheid* anstatt *koninklijke hoogheid*). Aber inzwischen gibt es einen neuen Spross am niederländischen Sprachstamm. Der Linguist Jan Stroop entdeckte bei gut ausgebildeten, um 1970 herum geborenen Frauen eine neue und einflussreiche Variante des Niederländischen, das »Polderniederländisch«. Hierbei handelt es sich nicht um einen Amsterdamer Stadtdialekt, sondern die Sprachvariante kann allenfalls indirekt mit ländlichen (holländischen) Dialekten in Zusammenhang gebracht werden. Das »Poldernie-derländisch« zeichnet sich durch eine breitere Aussprache der Doppellaute aus: *blijven, tijd* und *kijken* werden zu *blaaiven, taaid* und *kaaiken; uit, thuis* und *huis* werden zu *aut, taus* und *haus* und *bouw, koud* und *vrouw* werden zu *baauw, kaaud* und *vraauw* (Stroop, 1998).

Überbewertung der *faux amis* oder »falschen Freunde«

Deutsche und Niederländer klagen fortwährend über die Interferenzen, die *faux amis* oder »falschen Freunde« – Wörter, die in beiden Sprachen dieselbe oder nahezu dieselbe Form haben, aber etwas Unterschiedliches bedeuten (*slim* = klug, schlau; schlimm = *erg, naar*). Die Interferenzen sind eine Folge der engen Sprachverwandtschaft, also ein echtes Luxusproblem. Anfänger müssen dem nicht zu viel Aufmerksamkeit schenken, da die »falschen Freunde« in ihrem Kontext fast nie Probleme verursachen. Muttersprachler honorieren den Einsatz, den Ausländer an den Tag legen, wenn sie versuchen, ihre Sprache zu sprechen, und werden ihr Bestes geben, sie zu verstehen. Falsche Freunde locken höchstens ein heimliches Lächeln hervor und stoßen fast nie auf Unverständnis. Wenn echte Missverständnisse durch die Verwendung falscher Freunde auftreten, dann nur, weil man keinen Dialog führt oder umgeben ist von sprachlich nicht geübten oder böswilligen Menschen. Wenn man als deutscher Muttersprachler Niederländisch lernen möchte, sollte man sich vor allem auf das konzentrieren, was identisch ist. Und wenn das auf achtzig Prozent des niederländischen und deutschen Wortschatzes zutrifft, sollten Deutsche, die Niederländisch lernen, den Wortschatz sehr ernst nehmen und akzeptieren, dass Niederländisch eine lexikalische Sprache ist, in der das Verständnis des Kontextes wichtiger ist als die Grammatik.

Übersetzung: Uta Matten.

Literatur

Fieguth, P. (Hrsg.) (1978). Deutsche Aphorismen. Stuttgart.

Groenewold, P. (1997). Land in Sicht. Landeskunde als Dialog der Identitäten. Groningen.

Kuen, E. (1993). Deutsch-Niederländisches Lernwörterbuch. Hamburg.

Linthout, D. (2002). Frau Antje und Herr Mustermann. Berlin.

Looijen, T. (Hrsg.) (1981). Eenieder is hier vervuld van zijn eigen voordeel ... Amsterdam in de ogen van buitenlanders. Amsterdam.

Meyer, H. (1963). Zarte Empirie. Studien zur Literaturgeschichte. Stuttgart.

Thijssen, T (1923). Kees de jongen. Utrecht.

Twain, M. (1880). A Tramp Abroad. Cleveland.

van der Sijs, N. (2004). Taal als mensenwerk. Het ontstaan van het ABN. Den Haag.

Zahn, E. (1984). Das unbekannte Holland. Regenten, Rebellen und Reformatoren. Berlin.

Heidi Denzel de Tirado und Britta Bendieck

Das niederländische Bildungssystem: Ein System im ständigen Wandel

Vorbemerkungen

Wenn man von Deutschland aus einen Blick auf das niederländische Bildungssystem wirft, fällt als Erstes der unermüdliche und ständige Wandel von Lehrplänen, Unterrichtsmethoden, Schwerpunktausrichtungen und Reformen auf. Obwohl alle Schulen dem nationalen Kultusministerium unterstellt sind, besteht seit dem 19. Jahrhundert in den Niederlanden eine enorme Vielfalt an Schultypen und Schulformen.

Seit 1848 herrscht in den Niederlanden laut Verfassung Unterrichtsfreiheit, was bedeutet, dass Schulen jedweder pädagogisch-didaktischer, religiöser oder weltanschaulicher Ausrichtung gegründet werden dürfen. Dementsprechend besteht heute eine bunte Vielfalt: Neben protestantischen und katholischen Schulen finden sich heute auch jüdische, islamische und hinduistische Ausrichtungen sowie Rudolf-Steiner-, Jenaplan-, Dalton-, Waldorf- und Montessorischulen, um nur die wichtigsten zu nennen.

Schon im Jahr 1917 wurden zudem öffentliche und private Schulen finanziell gleichgestellt, was bewirkte, dass seitdem alle Schulen ein Recht auf volle staatliche Subventionierung haben, solange sie die Vorgaben des Staates erfüllen. Demzufolge bestehen heute lediglich noch 30 Prozent öffentliche Schulen (*openbare scholen*), die den Gemeinden unterstehen, gegenüber 70 Prozent private Schulen (*bijzondere schoolen*), die von Stiftungen und Vereinen getragen werden.

Alle niederländischen Schulen haben in curricularer, personeller und finanzieller Hinsicht einen viel höheren Grad an Autonomie als deutsche Schulen. Das vom Staat zur Verfügung gestellte Budget berechnet sich nach der Schüleranzahl, wobei der Betrag für Kinder mit besonderem Förderbedarf (etwa Migrantenkinder, behinderte Kinder) verdoppelt wird.

»Kernziele« statt Lehrpläne

Den Schulen sind vom Staat keine verbindlichen Lehrpläne oder Unterrichtsmethoden vorgeschrieben, sie müssen sich allerdings nach sogenannten Kernzielen richten, die sich auf Lerngebiete und fächerübergreifende Kompetenzen beziehen. Diese *kerndoelen* kann man auf der Homepage des Kultusministeriums einsehen.[1]

75 Prozent der Stundentafel werden außerdem vom Staat vorgegeben, über die weiteren 25 Prozent können die einzelnen Schulen selbst entscheiden und spezielle Lernformen wie beispielsweise Blockunterricht oder individuelle Schwerpunktbildungen festlegen. So gibt es unter anderem Schulen mit besonderer Ausrichtung auf Hochleistungssportler, Hochbegabte, Tänzer und Musiker.

Die vom Lehrerkollegium aufgestellten Lehrpläne werden mit den Eltern diskutiert und können im Zuge dessen auch eine Modifikation erfahren, bevor die Schule sie schließlich an das Kultusministerium schickt, wo sie anerkannt werden müssen.

Während manche private Schulen sehr hohe Schulgebühren einfordern, wird auch in öffentlichen Schulen ein *ouderbijdrage* – ein finanzieller Zuschuss vonseiten der Eltern – erbeten. Dieser Beitrag wird nach dem Gehalt der Eltern errechnet, und Geringverdienende werden freigestellt. Die Eltern sind zwar offiziell nicht verpflichtet, diesen Beitrag zu bezahlen, doch bleiben ihre Kinder bei Verweigerung des Elternbeitrags eventuell von kultu-

1 http://www.minocw.nl/kerndoelen/

rellen Veranstaltungen, Ausflügen und Festen ausgeschlossen, da diese meistens über diesen Zuschuss der Eltern finanziert sind. Über diese Beiträge haben Eltern aber auch die Möglichkeit, das Lernklima an der Schule zu verbessern. Kleinere Klassen, neue Lehrmaterialien und qualifizierte Lehrkräfte können auf diese Weise finanziert werden. Da Lehrer in den Niederlanden nicht verbeamtet sind, können die Schulen selbst das Kollegium zusammenstellen. Oft arbeiten Lehrer an verschiedenen Schulen und bekommen keinerlei vertragliche Sicherheit geboten. In den letzten Jahren ist der Lehrermangel aufgrund der schlechten Bezahlung und einem eher niedrigen Status in der Gesellschaft so stark angestiegen, dass nach Einschätzungen des Bildungsministeriums im Jahr 2007 mehr als 50.000 Lehrervollzeitstellen zu besetzen sein werden. Um den Lehrerbedarf zu decken, wurden vermehrt Programme zum Einsatz von Quereinsteigern entworfen und so bereits Lehrkräfte aus der Wirtschaft angeworben. Eltern spielen in der Schule eine große Rolle und engagieren sich vielfältig an den Schulen ihrer Kinder. So beaufsichtigen sie die Kinder während der Mittagspause, manchmal auch schon vor und nach der Schule, begleiten einzelne Klassen zum Schwimmunterricht, helfen in der Schulbibliothek, fahren auf Ausflügen und Klassenfahrten mit und nehmen aktiv am Unterricht teil wie die »Leseeltern«, die einmal in der Woche zusammen mit den Kindern in der Schule lesen. Eltern verfügen außerdem laut Verfassung innerhalb eines Ausschusses, dem *medezeggenschapsraad*, über ein einflussreiches Mitspracherecht bei der Unterrichtsplanung und Organisation. Viele Schulen besitzen zusätzlich auch noch einen *ouderraad* (Elternbeirat), eine *oudervereniging* (Elternvereinigung) oder eine *oudercommissie* (Elternkommission).

Qualitätssicherung durch den Staat und die Eltern

Da die niederländischen Schulen somit viel autonomer sind als in Deutschland, besteht hier auch ein höherer Bedarf an Qualitätssicherung. Daher gibt es seit dem Jahr 1999 das Gesetz, alle vier Jahre ein »Schulprogramm« zu erstellen, das Informationen zu schuleigenen Richtlinien, Unterrichtsentwicklung, Qualitätsüberprüfung und Qualitätsverbesserung enthalten muss. Hier wird vorgelegt, was in den nächsten vier Jahren angestrebt wird. Alle Schulen sind außerdem verpflichtet, jährlich einen *schoolgids* (Schulführer) herauszugeben, in dem die Schule den Eltern gegenüber Rechenschaft ablegt, was im vorherigen Jahr passiert ist und was die Schule in den kommenden Jahren anstrebt.

Da es in den Niederlanden keine Schuleinzugsbezirke gibt, die Eltern folglich die Schulen für ihre Kinder selbst aussuchen können, wird Schule zum Qualitätsprodukt, das effektiv sein und Kunden anziehen muss. Folglich verwalten sich die Schulen wie kleine Unternehmen selbst, und für die Lehrer und die Verwaltungsmitarbeiter finden ständig Fortbildungen und Beratungsgespräche statt, die von über 60 auf Schulen spezialisierte Consultingfirmen angeboten werden. In den letzten Jahren haben sich außerdem mehrere *scholengemeenschappen* (Schulgemeinschaften) in der Sekundarstufe gebildet, die mehrere Schultypen umfassen. Diese müssen aber nicht unbedingt dem deutschen Konzept von Gesamtschulen entsprechen, die das Wechseln zwischen den Schultypen erleichtern sollen. Oft wurde die Gemeinschaft nur zur Kosten- und Verwaltungseinsparung gegründet. So reduziert sich die Zahl von 7.000 kleinen Grundschulen auf 650 größere Schulen oder Schulgemeinschaften. Dies bedeutet für die Kinder oft eine erhebliche Umstellung.

Die Qual der Wahl: Welche Schule ist geeignet für mein Kind?

Um den Eltern die Wahl einer geeigneten Schule auf dem bunten Markt der Schulanbieter zu vereinfachen, werden die Schulen von der dem Kultusministerium unterstellten *Inspectie van het Onderwijs* regelmäßig geprüft. Die Resultate der Untersuchungen und

Berichte über gute innovative Schulen sind auf ihrer Homepage einzusehen.[2]

Es findet hier zwar kein offizielles Schulranking statt, doch werden die Schulen – nach Kontextvariablen geordnet – in sieben Schulgruppen aufgeteilt und miteinander verglichen. Auf »Qualitätskarten« wird detailliert Auskunft gegeben, in welchen Bereichen eine bestimmte Schule im Vergleich zu anderen Schulen ihrer Schulgruppe eher gut und in welchen Bereichen eher schlecht abgeschnitten hat.

Für Eltern ist es wichtig, sich frühzeitig für eine Schule zu entscheiden. Denn wer sein Kind an eine besonders gute und beliebte Schule schicken will, muss sein Kind einige Jahre vor dessen Schulpflichtigkeit anmelden, am besten schon zur ersten möglichen Einschreibung, im 2. Lebensjahr des Kindes. (Dies gilt übrigens auch für die *crèches*, die Kinderkrippen: Mütter sollten ihre Kinder am besten schon während der Schwangerschaft anmelden.) Die Wartezeiten können lang sein und manche Eltern fürchten, ihre Kinder auf eine sogenannte schwarze Schule schicken zu müssen. In den »schwarzen Schulen« sitzen mehr als 50 Prozent Kinder aus »nichtwestlichen« Ausländerfamilien, die aus Afrika, den Antillen, Marokko und der Türkei kommen. Oft sprechen sie in den ersten Klassen kaum Niederländisch und erreichen laut Statistiken zu 20 Prozent den Basisschulabschluss erst ein oder zwei Jahre später als vorgesehen.

Das niederländische Bildungssystem

Die Abbildung 1 gibt einen Überblick über das niederländische Bildungssystem, auf das im Folgenden differenziert eingegangen wird.

Die Grundschule (*basisschool*) beginnt in den Niederlanden früher als in Deutschland. Da es keine speziellen Vorschulen mehr

2 http://www.onderwijsinspectie.nl

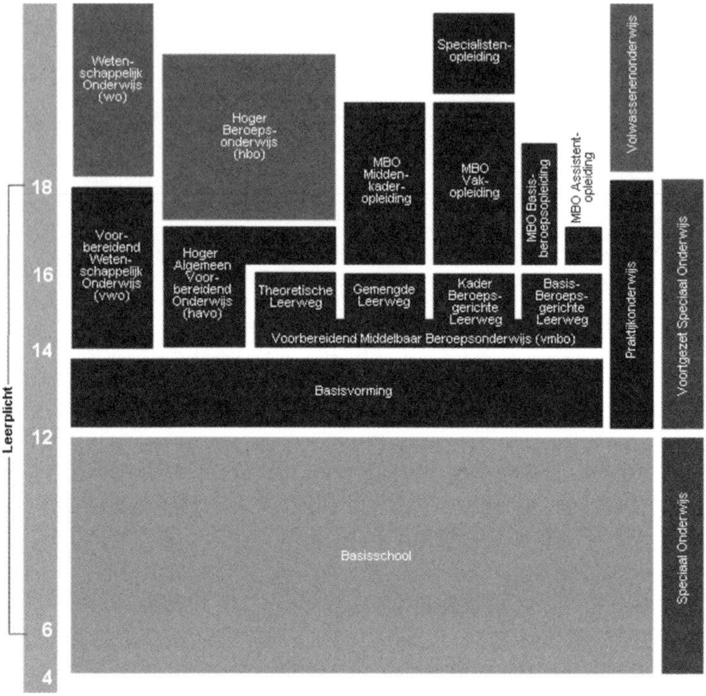

Abbildung 1: Acht Jahre Grundschule – *de basisschool* – für Kinder von 4–12 Jahren

gibt, die Einbeziehung der Vier- und Fünfjährigen in die Grundschule vielmehr zu einem integralen Bestandteil des niederländischen Bildungssystems geworden ist, können dreijährige Kinder schon einmal fünf Tage in die Schule zu Besuch kommen. Die meisten Kinder gehen schon mit vier Jahren in die Schule. Je nach Grundschule werden die Kinder entweder einen Tag oder einen Monat nach ihrem vierten Geburtstag einfach in die schon bestehende *groep* – also Schulklasse – integriert. Kinder sind allerdings erst ab dem ersten Schultag des Monats, der auf ihren fünften Geburtstag folgt, schulpflichtig. So können in manchen Schulen täglich neue Mitschüler in die Klasse kommen. Dementsprechend gibt es keinen kollektiven »ersten Schultag« für die Erstklässler, und da es keinen »Festtag« gibt, gibt es auch keine Schultüten.

In den ersten zwei Jahren, in der Vorschulklasse, der *kleuterklas*, überwiegen noch vorschulische Aktivitäten wie betreutes Spielen und Singen.

Die Grundschule besteht aus acht *groepen*, die von den »Gruppenlehrern«, das Äquivalent zu den in Deutschland bekannten Klassenlehrern, betreut werden. Da viele Lehrer als Teilzeitkraft an verschiedenen Schulen arbeiten, kann es vorkommen, dass eine Gruppe mehrere Gruppenlehrer hat. Die Schüler sprechen die Lehrer nicht wie in Deutschland üblich mit dem Nachnamen an, sondern duzen sie meistens und nennen sie *Juf* (Abkürzung von juffrouw, also Fräulein) beziehungsweise *Meester*, »Herr Lehrer«. In den letzten Jahren bekommen die Schüler Fachlehrer und haben außerdem die Möglichkeit, an speziellem Förderunterricht teilzunehmen, an sogenanntem *Remedial Teaching*.

Die meisten Grundschulen sind Ganztagsschulen. Die Schule beginnt um ca. 8.30 und hört um ca. 15.00 Uhr nachmittags auf. Der Schulträger ist laut Gesetz verpflichtet, die Kinder während der Mittagspause zu beaufsichtigen. Doch haben die Kinder auch die Möglichkeit, in der Mittagspause nach Hause zu gehen, um zusammen mit ihren Eltern zu essen. Manche Schulen bieten aber auch *voorschoolse* und *naschoolse kinderopvang* an, also zusätzliche Kinderbetreuung vor und nach der Schule für berufstätige Eltern.

Der Stundenplan umfasst in den ersten beiden Jahren 22 Unterrichtsstunden pro Woche, in allen weiteren Jahren mindestens 25. Viele Grundschulen geben den Kindern einmal im Monat einen Mittwoch frei oder lassen die Kinder freitags schon um zwölf Uhr nach Hause gehen. Hausaufgaben gibt es erst in den höheren Klassen. Ferien werden in den Niederlanden ähnlich wie in Deutschland gehandhabt. Es gibt 60 Tage Ferien pro Jahr, die in Herbst-, Weihnachts-, *Voorjaars*- oder *Krokus*-Ferien (eine Woche im Februar) und Maiferien (die erste Woche im Mai) anstatt von Osterferien aufgeteilt werden. In ganz besonderen Fällen können Eltern ihre Kinder höchstens einmal im Jahr zehn Tage vom Unterricht befreien lassen.

Fächerauswahl und allgemeine Lernziele

Zum verbindlichen Fächerkanon gehören Niederländisch, Mathematik, musische Fächer wie Zeichnen, Handwerken, Sprachgebrauch, Musik, Spiel und Bewegung, Sachunterricht sowie Verkehrs – und Gesundheitserziehung. In den beiden letzten Grundschuljahren fangen die Schüler mit dem Englischunterricht an. Weitere Fremdsprachen, unter anderem Deutsch, werden nur vereinzelt in speziellen Schulen unterrichtet. Allgemein herrscht oft ein holistisches Unterrichtskonzept vor, das versucht, unterschiedliche Teildisziplinen miteinander zu verknüpfen und an aktuelle Themen zu koppeln.

Dem Lernen mit dem Computer wird bereits in der Primarstufe immer mehr Platz im Curriculum eingeräumt. Das Fach ICT (Information and Communication Technologies) ist mittlerweile fester Bestandteil an niederländischen Schulen. Hierfür wurde eine Internetseite entwickelt,[3] an die alle Schulen automatisch angeschlossen sind. Hier wird Schulen und Schülern die Möglichkeit gegeben, sich untereinander auszutauschen, gemeinsame Projekte durchzuführen und online zu lernen.

Wie in Deutschland steht auch in der Grundschule in den Niederlanden die Förderung affektiver und kognitiver Kompetenzen des Kindes im Vordergrund. Auch der Erwerb von Sozialkompetenz, insbesondere für die multikulturelle Gesellschaft, ist ein wichtiger Bestandteil der Erziehung. Allerdings werden keine Noten für »Verhalten und Mitarbeit« gegeben.

Der CITO-Test und die Wahl einer passenden weiterführenden Schulform

Am Ende der acht Jahre *basisonderwijs* legen alle Schüler in den Niederlanden im letzten Grundschuljahr eine zentrale Prüfung ab,

3 http://www.kennisnet.nl

den CITO-Test, der vom Staatlichen Institut für Testentwicklung abgenommen wird. Je nach Leistung des Schülers wird anhand der CITO-Ergebnisse und einer Beratung durch einen Gutachter der Schule die geeignetste weiterführende Schulform für den Schüler ausgewählt. Während manche weiterführende Schulen eher Wert auf die Ergebnisse des CITO-Tests legen, manchmal darüber hinaus sogar noch selbst entwickelte Zulassungstests verlangen, kann in anderen Fällen auch das Gutachten des zuständigen Grundschullehrers entscheiden, ob der Schüler auf die gewünschte Schule zugelassen wird oder nicht.[4]

Sekundarschule: VMBO, HAVO, VWO

Im Anschluss an die Grundschule gibt es in den Niederlanden drei weiterführende Schultypen:

- VMBO: allgemeinbildende Sekundarschulen der Unterstufe (entsprechen ungefähr der deutschen Hauptschule)
- HAVO: allgemeinbildende Sekundarschulen der Oberstufe (entsprechen ungefähr der deutschen Realschule)
- VWO: vorwissenschaftliche Sekundarschulen (entsprechen ungefähr dem deutschen Gymnasium)

In den ersten zwei oder drei Schuljahren ist das Fächerangebot in allen drei Schulformen weitgehend gleich. Man nennt diese Orientierungsstufe in der Unterstufe *basisvorming*, also Grundausbildung. In den 15 Pflichtfächern – wie beispielsweise Niederländisch, Mathematik, Geschichte und Englisch – wird nach Möglichkeit fächerübergreifend gearbeitet. Durch das Vermitteln vergleichbaren Stoffes wird den Schülern so die Möglichkeit gegeben, sich innerhalb ihres Schultyps für eine bestimmte Ausrichtung zu entscheiden oder sogar noch den Schultyp zu wechseln.

---

4 Zu näheren Informationen über das CITO-Institut, Testangebote und Hintergründe siehe die deutschsprachige Seite: http://www.cito.nl/i_about/about/cito_de/deutsch/eind_fr.htm

Alle Schulformen werden mit einem Examen abgeschlossen. Dieses besteht aus einem schulinternen Prüfungsteil und einer zentralen Abschlussprüfung. Was die Dauer und die Abschlussniveaus betrifft, unterscheiden sich die drei Schulformen jedoch wesentlich voneinander.

VMBO (voorbereidend middelbaar beroepsonderwijs): 12–16 Jahre

VMBO-Schulen bereiten die Schüler in vier Jahren auf den anschließenden Besuch der beruflichen Vollzeitschule oder auf eine Berufsausbildung im dualen System vor. Das VMBO ist vergleichbar mit der deutschen Hauptschule, hat im Allgemeinen jedoch ein höheres Anforderungsniveau. Diese Form – hat sich in vier unterschiedliche Profile aufgefächert.

- Theoretisches Profil (*de theoretische leerweg*): Dieses Profil bereitet die Schüler auf das Studium an der Berufsschule (MBO) vor. Schüler, die nach dem VMBO-Abschluss zu der HAVO-Ausbildung (entspricht ungefähr der deutschen Realschule) wechseln wollen, müssen obligatorisch Mathematik und Französisch oder Deutsch in ihrer Fächerkombination gehabt haben.
- Gemischtes Profil (*de gemengde leerweg*): Diese Mischvariante integriert vermehrt praktische Fächer in die Vorbereitung auf ein Studium an der Berufsschule und kann in bestimmten Fällen den Wechsel zu manchen HAVO-Ausbildungsprofilen ermöglichen.
- Profil der höheren Berufsausbildung (*de kaderberoepsgerichte leerweg*): Dieser Zweig bereitet die Schüler auf Fachausbildungen und berufsorientierte Kurzbildungsgänge vor.
- Profil der Basisberufsausbildung VBO (*de basisberoepsgerichte* leerweg): Dieser Zweig ist mit vielen Arbeitsphasen und integrierten Praktika sehr praxisorientiert und bereitet auf eine Lehre vor.

HAVO (hoger algemeen voortgezet onderwijs): 12–17 Jahre

Die fünfjährige allgemeine Ausbildungsform, die ungefähr der deutschen Realschule entspricht, bereitet die Schüler auf eine anschließende »höhere« Berufsausbildung an Fachhochschulen (HBO: *hoger beroeps onderwijs*) vor.

Nach der Orientierungsstufe, der *basisvorming* der ersten Jahre, entscheiden sich die Schüler für *profiele*, spezialisierte Unterrichtsprogramme, die versuchen, die Schüler so ideal wie möglich auf die angestrebte weitere Ausbildung an der Fachhochschule (HBO) vorzubereiten. Durch dieses Konzept wird versucht, frühzeitige Studienabbrecher zu vermeiden. Die Schüler müssen sich daher schon relativ jung für ihre Zukunft entscheiden, denn bestimmte Studiengänge kann man nur studieren, wenn man das richtige Profil gewählt hat. Man unterscheidet vier Profile:

- *Natuur en Techniek* (Natur und Technik)
- *Natuur en Gezondheid* (Natur und Gesundheit)
- *Economie en Maatschappij* (Wirtschaft und Gesellschaft)
- *Cultuur en Maatschappij* (Kultur und Gesellschaft)

Außer den spezifischen Profilfächern, beispielsweise Biologie für das Profil *natuur en gezondheid*, belegen alle Schüler unabhängig von ihrem Profil allgemeine Pflichtfächer und freie Fächer. Die erstgenannte Fächergruppe ist für alle Schüler, unabhängig von dem gewählten Profil, gleich. Hier sind Sprachen, Sport und fächerübergreifende Angebote, zum Beispiel kulturelle und künstlerische Bildung, untergebracht. Die freien Fächer bieten dem Schüler die Möglichkeit, zwei zusätzlicher Fächer aus anderen Profilen zu wählen, die weder zu den Pflichtfächern gehören noch in ihrem Profil untergebracht sind. Beispielsweise kann ein Schüler mit dem Profil *natuur en gezondheid* auf diese Weise auch das Fach Deutsch wählen. Das Angebot der freien Fächer kann abhängig von der Schule sehr unterschiedlich sein.

Wenn ein Schüler einen guten HAVO-Abschluss hat, kann er auf ein Atheneum oder Lyceum wechseln.

VWO (voorbereidend wetenschappelijk onderwijs): 12–18 Jahre

Der sogenannte vorwissenschaftliche Unterricht in den Niederlanden wird in der Regel nach sechs Jahren mit dem Abitur abgeschlossen. Hier kann der Schüler zwischen drei Schularten entscheiden:

- Gymnasium: Der Terminus »Gymnasium« bedeutet in den Niederlanden immer eine altsprachliche Ausrichtung. Alle Schüler der Unter- und Mittelstufe lernen Griechisch und Latein und spezialisieren sich in der Oberstufe entweder auf Griechisch oder Latein. Zusätzlich werden auch moderne Fremdsprachen unterrichtet.
- Atheneum: Das Atheneum ist neusprachlich ausgerichtet, bietet Englisch, dann Deutsch und an dritter Stelle Französisch an, wobei nun auch verstärkt Spanisch aufkommt. Schüler haben manchmal die Möglichkeit, Latein und Griechisch als Wahlfach zu nehmen.
- Lyceum: Im Lyceum können die Schüler sowohl einen altsprachlichen als auch einen neusprachlichen Zweig wählen.

Wie bei der HAVO-Ausbildung stellt sich der Schüler seine Fächerkombination in der Oberstufe nach den vier Profilen Natur und Technik, Natur und Gesundheit, Wirtschaft und Gesellschaft, Kultur und Gesellschaft zusammen. Mit den ersten beiden Profilen kann der Schüler Studiengänge der sogenannten Beta-Wissenschaften, also Naturwissenschaften, studieren, mit den anderen beiden Profilen die Alpha-Wissenschaften, also Geisteswissenschaften. Die *hogescholen* – die ungefähre Entsprechung deutscher Fachhochschulen und Universitäten geben auf ihren Homepages genau an, welcher Abschluss und welches Profil für die jeweiligen Studiengänge gefordert wird. Daher gilt es, sich früh zu informieren und früh zu wissen, was man später werden will.

Vorbereitung auf das Studium: *Studiehuis* und *Studielast*

Die im vierten Jahr der Sekundarschule beginnende Sekundarstufe II von HAVO und VWO, die sich als Vorbereitung auf das Studium an Hochschulen und Universitäten versteht, richtete vor einigen Jahren das Konzept des *studiehuis* ein. Hier geht es nicht mehr so sehr um Wissensübertragung, sondern vielmehr um den Wissenserwerb selbst. Das Konzept steht daher für selbstständiges Lernen, die Erlernung von Lernstrategien und den Erwerb von Fertigkeiten und Arbeitstechniken. Hiermit ändert sich auch die Rolle des Lehrers. Der Lehrer wird zum Begleiter, zum Coach der Schüler, die selbstständig ihren Lernprozess planen und dafür die Verantwortung übernehmen. Ein anderes Konzept, das von Hochschulen und Universität übernommen wurde, ist die *Studielast*, die ein Zeitkontingent von 40 Stunden festlegt, die ein durchschnittlicher Schüler pro Woche aufbringen sollte, um sich den Lernstoff anzueignen. *Studielast* bezieht sich nicht nur auf die Unterrichtsstunden in der Schule, sondern auch auf die Zeit zur Vor- und Nachbereitung des Unterrichts, das Schreiben von Referaten, Literaturrecherchen und Arbeiten in der Mediathek. Auch das Teilnehmen an Exkursionen wird hierzu gezählt. So sollte sich der Schüler – laut *Studielast* - also 40 Stunden in der Woche mit seiner Ausbildung beschäftigen. Bei einem Schuljahr von 40 Wochen macht dies 1.600 Stunden pro Jahr.

Deutschunterricht an Schulen und am Goethe-Institut

Die wöchentliche Anzahl der Deutschstunden ist vom Schultyp (VMBO, HAVO oder VWO), der Schule selbst und der persönlichen Wahl der Schüler abhängig. Schüler haben im gemeinsamen Teilbereich zurzeit (2003) oft Deutsch und Französisch nur als Teilfach (*deelvak*) mit 160 Unterrichtsstunden, während Englisch im VWO 400 und im HAVO 360 Unterrichtsstunden pro Jahr zählt. Ab dem 1. August 2007 soll es im VWO wieder eine zweite moderne Fremdsprache mit 480 Stunden im gemeinsamen Pflichtbereich geben, im HAVO ist dies nicht vorgesehen.

In den Niederlanden gibt es an sehr vielen Grundschulen verstärkten vorbereitenden Deutschunterricht (*vvto Duits*), hauptsächlich aber in den Provinzen Gelderland, Limburg, Overijssel und Noord-Holland. Verstärkter Sprachunterricht (*vto*) Deutsch an weiterführenden Schulen ist allerdings schon seltener zu finden.[5]

Jedoch wird an fast allen weiterführenden Schulen Deutschunterricht angeboten. Die Stundenzahl ist jedoch von der Wahl des Schülers und vom Schultyp abhängig. An den meisten Schulen beginnt der Deutschunterricht erst in *groep 2*, also im Alter von 14 Jahren.

Bisher bietet in den Niederlanden nur das Valuascollege in Venlo in der Provinz Limburg bilingualen Unterricht mit Deutsch an. Hier wird bereits in der *brugklas*, also schon im ersten Jahr der weiterführenden Schule mit Deutsch begonnen. Die HAVO- und VWO-Schüler können sich dann ab dem zweiten Jahr für einen bilingualen Zweig entscheiden. Das bedeutet zwei Stunden mehr Deutsch pro Woche sowie Geschichte, Erdkunde, Mathematik, Physik, Technik, Sport zum Teil auf Deutsch. Die bilinguale Ausbildung wird im vorletzten Schuljahr abgeschlossen.

Das Goethe-Institut Amsterdam gibt seit kurzem auch Deutschkurse für Kinder zweier verschiedener Altersklassen, vier bis fünf Jahre und sechs bis acht Jahre. Außerdem haben Schüler die Möglichkeit, dort international anerkannte Prüfungen im Fach Deutsch abzulegen.[6]

---

5 Eine Broschüre mit allen Adressen kann man unter der E-Mail dependance@europeesplatform.nl bestellen.

6 Informationen hierzu: http://www.goethe.de/ins/nl/ams/lrn/all/deindex.htm

Schulwechsel in die Niederlande

In den Niederlanden ist es nicht wie in Deutschland selbstverständlich, die nächstgelegene Grundschule zu besuchen. Vielmehr ist die Auswahl der Schule den Eltern überlassen, was neben allen Vorzügen der freien Wahl unter Umständen mit langwierigen Such- und Entscheidungsprozessen verbunden sein kann.

Entscheidet man sich für eine nicht staatliche Schule, ist mit einer großen Bewerberzahl zu rechnen. Dementsprechend gilt es, sich frühzeitig zu informieren und anzumelden. An manchen Schulen werden Plätze nach dem Losverfahren vergeben. Über das Verfahren der jeweiligen Schule sollte man sich ebenfalls frühzeitig informieren. Jedes Schuljahr werden *voorlichtingsdagen* (Informationstage) organisiert, an denen sich interessierte Schüler und Eltern verschiedene Grundschulen anschauen können. Gleiches gilt auch für alle weiterführenden Schulen sowie für den Universitäts- und Hochschulbereich.

Wie Tabelle 1 zeigt, beginnt die Sekundarstufe in den Niederlanden, wie in den meisten anderen europäischen Staaten, im Vergleich zu Deutschland relativ spät. Bei einem Umzug in die Niederlande würde ein Schüler, der in Deutschland beispielsweise die 6. Klasse des Gymnasiums besucht, in den Niederlanden in *groep acht* der Grundschule eingestuft werden.

Ähnlich wie in Deutschland verläuft in den Niederlanden die Überprüfung der Lernfortschritte durch den Einsatz von mündlichen und schriftlichen Lernkontrollen. Die meisten Schulen nehmen eine Gliederung des Schuljahres in Blöcke vor. Jeder Block besteht aus mehreren Lernwochen. Die erworbenen Kenntnisse, Fähigkeiten und Fertigkeiten werden am Ende jeden Blocks, je nach Jahrgangsstufe in unterschiedlicher Form, überprüft. In der *toetsweek* (Prüfungswoche) findet kein regulärer Unterricht statt. Die Beurteilung der mündlichen Mitarbeit im Unterricht ist in den Niederlanden nicht üblich. Die Bewertung bezieht sich ausschließlich auf die erbrachten Leistungen der zu beurteilenden Klassenarbeiten, Klausuren, Präsentationen, Portfolios et cetera.

Das Prinzip der *toetsweek* bringt es mit sich, dass oftmals mehrere Prüfungen an einem Tag stattfinden und die Schüler hierdurch einem akuten Leistungsdruck unterworfen sind. In Deutschland hingegen sind die Prüfungsmomente nach Möglichkeit entzerrt.

Die Beurteilung der Leistung folgt in den Niederlanden einem Notensystem, das zehn Notenstufen umfasst, wobei die Note 10 einem »sehr gut« entspricht, die Note 5,5 ein »ausreichend« bezeichnet und alle Noten von 5 bis 1 eine mangelhafte Leistung darstellen.

Frühzeitiges Informieren und Anmelden, sowohl bei Grundschulen als auch bei allen weiterführenden Schulen, und eine genaue Analyse des Lern- und Arbeitstyps des Schülers sind äußerst wichtig, um einerseits den geeigneten Schultyp in der Vielfalt der angebotenen, unterschiedlichen Schulformen zu finden und anderseits einen Platz an der gewünschten Schule zu bekommen.

Ausblick

Während man in Deutschland momentan meist bewundernd auf das Schulsystem des Nachbarn schaut, besonders die niederländische Flexibilität und Spontaneität schätzt, die sich so ambitioniert ständig an die Bedürfnisse des Arbeitsmarkts anpasst, sind viele Eltern in den Niederlanden mit dem ständigen Wechsel überfordert und befassen sich nur ungern mit schulischen Angelegenheiten, »weil sich doch sowieso wieder alles ständig ändert«, alles umbenannt wird und immer wieder neue Ziele und Methoden verfolgt werden. So werden einige Neuerrungenschaften der »zweiten Phase«, wie beispielsweise die Teilung des Sprachunterrichts nach Fertigkeiten in »Sprechen und Hören« und »Schreiben und Lesen« in Kürze wieder abgeschafft. Diese Aufteilung hat zu horrenden Niveauunterschieden geführt, für deren Angleichung Hochschulen und Universitäten kostbare Zeit opfern müssen. Auch einige Arbeitsformen des *studiehuis* werden ab dem Schuljahr 2007/08 wieder abgeschafft. So will man nun wieder mehr Wert auf Inhalte legen, was nicht unbedingt heißt, dass der fertig-

Tabelle 1: Vergleich des niederländischen und deutschen Schulsystems

Alter	**Niederlande**			**Deutschland**		
18–19				13. Klasse	Sekundar-stufe II Oberstufe	**Abitur**
17–18	6e klas	bovenbouw 2e fase / studiehuis	**Abschluss VWO**	12. Klasse		**Fachhochschul-reife/Fachabitur**
16–17	5e klas		**Abschluss HAVO**	11. Klasse		
15–16	4e klas		**Abschluss VMBO**	10. Klasse	Sekundarstufe I Mittelstufe	**Realschul-abschluss**
14–15	3e klas	onderbouw / 1e fase / basisvorming		9. Klasse		**Hauptschul-abschluss**
13–14	2e klas			8. Klasse		
12–13	brugklas	Brugklas		7. Klasse	Sekundarstufe I Unterstufe	
11–12	groep 8	Basisschool		6. Klasse		
10–11	groep 7			5. Klasse		
9–10	groep 6			4. Klasse	Primarstufe Grundschule	
8–9	groep 5			3. Klasse		
7–8	groep 4			2. Klasse		
6–7	groep 3			1. Klasse		
5–6	groep 2	Kleuterschool		Kinder-garten		
4–5	groep 1					

keitenzentrierte Unterricht in Zukunft durch Frontalunterricht gänzlich abgelöst werden soll.

Bei PISA haben die Niederlande im Jahr 2003, nachdem sie zuvor bei der großen PISA-Studie aufgrund zu geringer Teilnehmerzahl disqualifiziert worden waren, recht gut abgeschnitten. In allen vier Kategorien lagen die Niederlande unter den ersten zehn Ländern und ließen Deutschland oft weit hinter sich. Ob sie beim nächsten Mal wieder so gut abschneiden, wird die Zukunft zeigen. Spannend wird es sicherlich bleiben, denn in ein paar Jahren kann hier »im Spannungsfeld zwischen Zentralität und Dezentralität« schon wieder alles ganz anders aussehen.

Literatur zur Vertiefung

Bendieck, B., Denzel, H. (2005). Zweisprachiger Fachunterricht in den Niederlanden. In H.-L. Krechel (Hrsg.), Mehrsprachiger Fachunterricht in Ländern Europas (S. 103–108). Tübingen.
Dieser Artikel gibt einen Überblick mit Links und Literaturangaben zu bilingualen Unterrichtsmodellen in den Niederlanden.

Dodde, N. L., Leune J. M. G. (1997). Het Nederlandse schoolsysteem. Groningen.
Dieses Buch zeigt die historische Entwicklung des Schulsystems auf.

Linthout, D. (2004). Frau Antje und Herr Mustermann. Niederlande für Deutsche (3. Aufl.). Berlin.
Dik Linthout verarbeitet in diesem Buch Erfahrungen über das deutsch-niederländische Verhältnis.

Peschar, J., Veenstra, R. (2000). Het Nederlandse schoolsystem. In Vis, J., Moldenhauer, G. (Hrsg.), Nederland en Duitsland. Elkaar kennen en begrijpen (S. 82–99). Assen.
Dieses Buch gibt einen Überblick über das niederländische Schulsystem in seiner gesamten Bandbreite bis zum Jahr 2000.

Pliester, M., Wijnhoven L. (2005). Voortgezet Onderwijs. Gids voor ouders verzorgers en leerlingen. 2005–2006. Den Haag.
Vom Bildungsministerium herausgegebene Broschüre zum aktuellen Stand der Bildungspolitik in der Sekundarstufe. Zugriff unter http://www.minocw.nl/onderwijs/vogids.

Sam, W., Wijnhoven, L. (2004). Primair Onderwijs. Gids voor ouders en verzorgers. 2004–2005. Den Haag.
Vom Bildungsministerium herausgegebene Broschüre zum aktuellen Stand der Bildungspolitik in der Primarstufe. Zugriff unter http://www.minocw.nl/onderwijs/pogids.

Kees van Paridon

Deutschland und die Niederlande: Enge Wirtschaftsbeziehungen, aber es könnte noch enger und dadurch besser werden

Einleitende Bemerkungen

Es überrascht keineswegs zu hören, dass Deutschland und die Niederlande wirtschaftlich sehr eng miteinander verbunden sind. Die vergleichbar lang andauernden konjunkturellen Entwicklungen in beiden Ländern, die sehr intensiven Handelskontakte, die engen finanziellen Verbindungen sowie die Gemeinsamkeiten im Bereich der Wirtschaftspolitik haben das schon viele Jahre hindurch deutlich gemacht. Bisher gab es jedoch nur wenige Berührungspunkte auf der Basis einer grenzüberschreitenden Zusammenarbeit. Solange die Wirtschaft beider Länder boomte, die Entwicklung gut war und die Arbeitslosigkeit niedrig blieb, war die mangelnde Zusammenarbeit auch kein Problem. Seit sich die Bedingungen jedoch geändert haben, so wie es im nachfolgenden Text beschrieben wird, kommt zunehmend die Frage auf, ob hier nicht Chancen verpasst werden.

Dieser Beitrag beschäftigt sich mit dieser Frage und damit zusammenhängend auch mit der grenzüberschreitenden Migration von deutschen Arbeitnehmern in die Niederlande, dessen Entwicklung sowie mit damit verbundenen Problemen und Möglichkeiten.

Es wird die Präsenz Deutscher in den Niederlanden thematisiert sowie der Frage nachgegangen, inwiefern der niederländische Arbeitsmarkt und Wirtschaftsraum für deutsche Arbeitssuchende interessant ist. Im Zusammenhang damit geht der Text auf die Bedeutung grenzüberschreitender Kontakte ein. Ich beschreibe zunächst die Wirtschaftsbeziehungen zwischen Deutschland und den Niederlanden allgemein, auch im Licht der europäischen Entwicklungen. Anschließend werden die Arbeitsmärkte der beiden Länder miteinander verglichen. Zur Verdeutlichung der vorangegangenen Überlegungen setzt sich der Text zudem mit der Wirtschaftsentwicklung beider Länder nach 1945 auseinander und benennt in diesem Kontext wichtige Gemeinsamkeiten und Unterschiede. Ein allgemeines Fazit und Zukunftsperspektiven schließen den Beitrag ab.

Deutsche in den Niederlanden

Im Jahr 2005 lebten etwa 57.000 Deutsche in den Niederlanden.[1] Dazu zählen Personen, die in Deutschland geboren wurden oder zumindest die deutsche Staatsangehörigkeit besitzen. Daneben gibt es rund 400.000 Personen, die zwar aus Deutschland abstammen, jedoch heute Niederländer sind, darunter auch diejenigen, von denen einer der Eltern in Deutschland geboren wurde. Ich konzentriere mich in diesem Beitrag auf die erstgenannte Gruppe von 57.000 Deutschen. In den letzten zehn Jahren kamen jedes Jahr etwa 10.000 Deutsche ins Land, wobei die gleiche Anzahl in dieser Zeit remigrierte und so die Gesamtzahl relativ konstant blieb. Dabei war der Saldo bis 2002 leicht positiv, ab 2002 jedoch leicht negativ. Für Deutsche gibt es eine Fülle an Motiven, in die Niederlande zu immigrieren. Beispielsweise gehören dazu binationale Eheschließungen, neue Ausbildungsmöglichkeiten und ein über Deutschland hinausgehendes Angebot an Arbeitsplätzen. Offizielle Daten über die Anzahl an Deutschen, die aufgrund der Arbeitsplatzsuche in die Niederlande emigriert sind, gibt es keine. Es kann jedoch davon ausgegangen werden, dass heute nahezu die Hälfte der erwähnten 57.000 in den Niederlanden beruflich tätig ist. So arbeiteten von denjenigen, die nach dem Jahr 1990 in die

1 Vgl. Angaben des Centraal Bureau voor de Statistiek, CBS, http://statline.cbs.nl

Niederlande emigriert sind, im Jahr 2003 etwa 48 %. Überträgt man diese Quote auf die Gesamtzahl von 57.000, gibt es also schätzungsweise 27.000 arbeitende Deutsche. Daneben gab es nach Schätzungen im Jahr 2000 etwa 16.000 Deutsche, die zwar in den Niederlanden arbeiteten, hingegen in Deutschland ihren Wohnsitz hatten (Davelaar, Tissing, Swaters u. Blokzijl 2004). Eine ähnliche Anzahl gibt es auch auf niederländischer Seite, also von Personen, die in den Niederlanden wohnen und in Deutschland einen Arbeitsplatz haben. Prozentual sind diese Zahlen vergleichsweise gering. Ausgehend von diesen Hochrechnungen arbeiteten demnach im Jahr 2000 an die 43.000 Deutsche in den Niederlanden; bezogen auf die Gesamterwerbsbevölkerung der Niederlande sind dies allerdings nur 0,5 %. Es gibt keine Hinweise darauf, dass sich diese Zahlen bis heute stark geändert haben, und sie können somit weiter als Anhaltspunkt dienen.

Besonders Anfang der 1990er Jahre bis ins Jahr 2001 war das niederländische Wirtschaftswachstum außerordentlich gut, was sich auch positiv auf den Arbeitsmarkt auswirkte. In Deutschland gab es zu dieser Zeit nur ein vergleichsweise geringes Wirtschaftswachstum, denn das Land war mit den Folgen der Wiedervereinigung beschäftigt.

Seit den 1980er und auch in den 1990er Jahren gab es einen hohen Zustrom von Frauen auf den niederländischen Arbeitsmarkt, die oft als Teilzeitkraft arbeiteten. Seit Ende der 1960er Jahre hat sich das gesellschaftliche Klima in Bezug auf Frauenarbeit geändert. Während bis zu diesem Zeitpunkt das sogenannte *Kostwinnersmodel* dominant war, das heißt, der Mann war Einkommensverdiener und die Frau betreute zu Hause die Familie, entschieden sich nun immer mehr Frauen, auch nach der Heirat weiterzuarbeiten. Dabei hatten sie eine starke Präferenz für Teilzeitarbeit, weil nur diese es ermöglichte, Arbeit und Familienbetreuung unter einen Hut zu bringen. Zudem waren die Frauen zunehmend besser ausgebildet, was ihre Chancen auf dem Arbeitsmarkt erhöhte. Neben der steigenden Anzahl an Frauen kehrten einige Sozialversicherungsnehmer auf den Arbeitsmarkt zurück, jedoch eher in geringem Ausmaß, denn die meisten Sozialversicherungsnehmer waren entweder zu alt oder aber ihr Ausbildungsstand war zu niedrig. So reichte trotz des insgesamt zu verzeichnenden allgemeinen Zuwachses an verfügbaren Arbeitskräften die Zahl nicht aus, um alle neu entstandenen Arbeitsplätze zu besetzen. Auch Maßnahmen, ältere Arbeitnehmer bis in ein höheres Alter arbeiten zu lassen, brachten hier nur eine geringe Entlastung.

Aufgrund dieser Situation begann man über die Möglichkeit nachzudenken, Arbeitnehmer im Ausland anzuwerben, auch in Deutschland. Dies war historisch gesehen nichts Neues. Auch in früheren Jahrhunderten hatte es intensive Kontakte zwischen beiden Ländern in diesem Bereich gegeben. So meldeten sich im 17. Jahrhundert deutsche Seefahrer bei der Vereinten Ostindischen Kompanie, um die Schiffe nach Niederländisch-Indien zu bemannen. Daneben gab es damals viele Deutsche, die in der Sommerzeit in die Niederlande zogen, um dort bei der Ernte zu helfen oder Torf zu stechen. Später arbeiteten viele Deutsche in den Limburger Bergwerken, und ab dem Jahr 1918 nahmen viele deutsche Mädchen als Haushaltshilfe in den Niederlanden eine Stelle an.

Man hätte erwarten können, dass in dem wirtschaftlich immer stärker integrierten Europa der heutigen Zeit diese Beziehungen enger werden würden, aber das Gegenteil war der Fall. Vor allem bis Anfang der 1980er Jahre, aber auch darüber hinaus, stellte sich Deutschen häufig eine Vielzahl von Hindernissen in den Weg. Oft war es nicht gestattet, ohne Genehmigung in einem anderen Land zu arbeiten, und eine solche Genehmigung bekam man nicht problemlos. Wurde diese dennoch erteilt, stand man vor einer ungeheueren Anzahl weiterer Probleme, die solche Kontakte fast unmöglich machten. Dabei handelte es sich um Probleme mit der Sprache, mit sehr unterschiedlichen Arbeitsmarkt- und Sozialversicherungsregelungen, mit unterschiedlichen Schulsystemen (wenn man seine Kinder mitnehmen wollte), mit dem Wohnungsmarkt, mit dem Steuersystem. Nicht zuletzt der Sachverhalt, dass die Löhne in den Niederlanden häufig niedriger waren als in Deutschland, hat den grenzüberschreitenden Verkehr von Arbeitnehmern lange Zeit nicht gerade begünstigt (Den Boogert, 2004). Die gleichen Probleme treten auch bei sogenannten Grenzpendlern auf (Davelaar, 2004).

Natürlich hat sich in den letzten Jahren vieles verbessert. Mit dem Delors Weißbuch von 1984 hat die EU neue Anstrengungen unternommen, einen wirklich integrierten europäischen Markt zu erreichen, mit völlig freiem Verkehr von Gütern, Kapital und Arbeit. Der Einfluss der EU hinsichtlich einer Harmonisierung bestimmter Regelungen, um dieses zu erreichen, ist sicherlich hilfreich gewesen. Deutsche Arbeitnehmer können jetzt direkt, ohne Genehmigung, in den Niederlanden einen Arbeitsplatz suchen. Zugleich muss man sich jedoch bewusst machen, dass gerade das Steuer-, Arbeits- und Sozialversicherungsrecht bisher noch überwiegend national bestimmt wird, mit allen nationalen Unterschiedlichkeiten, die dazugehören. Wenn man bedenkt, wie schwierig es in Bezug auf Rentenverpflichtungen, Wohnungsmarktprobleme und dergleichen oft schon ist, innerhalb des eigenen Landes zu einem neuen Arbeitsplatz zu wechseln, dann kann man sich vorstellen, dass solcherlei Angelegenheiten noch viel schwieriger auf internationaler Ebene sind. Hinzu kommen kulturelle Hemmnisse. Bis zum heutigen Tag sind Arbeitsmärkte auch aus diesem Grund für den einzelnen Arbeitnehmer noch immer national und sogar regional begrenzt. Sowohl in Deutschland als auch in den Niederlanden suchen die meisten Menschen nur innerhalb eines eng begrenzten Raumes nach einem Arbeitsplatz. Die Option, in einer anderen Region zu arbeiten, wird dabei häufig nicht in Betracht gezogen. In Deutschland hat es jetzt eine wichtige rechtliche Veränderung gegeben: Infolge der neuen Hartz-Gesetze müssen Arbeitslose in Deutschland heute auch außerhalb ihres regionalen Wohnsitzes nach einem Arbeitsplatz suchen. Dabei bleiben auch die unterschiedlichen Lohnniveaus nicht ohne Einfluss. OECD-Daten zeigen, dass das Brutto-Arbeitnehmereinkommen in Deutschland etwa 6 % höher ist als in den Niederlanden (OECD, 2005). Die Netto-Einkommen sind mehr oder weniger gleich.

Trotz aller Hindernisse gibt es die oben erwähnten heute auf dem holländischen Arbeitsmarkt tätigen etwa 43.000 Deutschen; diese sind unter anderem in folgenden unterschiedlichen Sektoren beschäftigt: Industrie (5.000), Handel und Reparatur (4.000), finanzielle und sachliche Dienstleistungen (3.000), Ausbildung (2.000) und Gesundheitswesen (2.000) (Den Boongert, 2004). In gewisser Hinsicht ist es einfacher, sich als selbstständiger Unternehmer in den Niederlanden anzusiedeln. Die jüngsten Erfahrungen mit polnischen Arbeitern haben gezeigt, dass viele polnische Arbeiter sich als sogenannte Selbstständige ohne Mitarbeiter angesiedelt hatten und dadurch mehr Möglichkeiten haben, in den Niederlanden zu arbeiten.[2]

Was ist nun notwendig, um es mehr Deutschen zu ermöglichen, in den Niederlanden zu arbeiten? Es ist zunächst zu betonen, dass Arbeitgeber, Gewerkschaften und nationale Autoritäten all diejenigen Maßnahmen umsetzen sollten, die existierende Hemmnisse (z.B. Diplom-Anerkennung, Steuer- und Sozialversicherungsdetails) beseitigen oder wenigstens abmildern können. Daneben ist es sicherlich hilfreich, in stärkerem Maße als bisher genaue Informationen beispielsweise über verfügbare Arbeitsplätze, Arbeitsmarktbedingungen, das Sozial- und Steuersystem, den Wohnungsmarkt für potenzielle Arbeitnehmer im Ausland durch eine weitere Internationalisierung der niederländischen Arbeitsermittlungsbehörde, über das Internet oder vielleicht eben durch Niederlassungen in Deutschland zugänglich zu machen. Momentan hat man häufig noch den Eindruck, dass sich jeder potenzielle deutsche Arbeitnehmer alle notwendigen Informationen in der Hauptsache mühsam selbst zusammensammeln muss oder dass private Arbeitsvermittlungsbüros diese Kontakte organisieren. Vielfach wurde dabei gegen niederländische Regeln verstoßen, zum Beispiel durch Schwarzarbeit oder durch Verletzung der niederländischen Tarifbedingungen (z.B. bei der Arbeitszeit). Über eine Angleichung der Arbeitsmarktbedingungen, des Sozialsystems und des Steuersystems beider Länder kann solches Han-

2 Vgl. die Informationen der niederländischen Wirtschaftskammer in niederländischer und englischer Sprache, http://www.kvk.nl

deln vermutlich eingegrenzt werden, aber es ist aufgrund der langen nationalen Geschichte, wegen des Einflusses bedeutsamer kultureller Unterschiede sowie aufgrund der weitreichenden Auswirkungen, die Änderungen in diesem Bereich nach sich ziehen, nicht zu erwarten, dass diese Maßnahmen schnell zu merklichen Resultaten führen werden. Außerdem muss man dabei bedenken, dass bis heute die regionalen Unterschiede innerhalb beider Länder noch nicht verschwunden sind.

So sollte der potenzielle Emigrant vor allem selbstinitiativ seine eigene Chancen verbessern, indem er sich umfassender informiert über den Arbeitsplatz, die Arbeitsbedingungen, den Wohnungsmarkt, das Schulsystem sowie über die Auswirkungen eines Arbeitsplatzwechsels ins Nachbarland, beispielsweise bezogen auf die Krankenversicherung sowie die eigene Rente. Auf deutscher Seite bietet hier der Service von EURES (vgl. die Hinweise zu dem Angebot in diesem Band) ein reichhaltiges Angebot. Eine Kontaktaufnahme in Eigeninitiative mit den niederländischen Arbeitsämtern (dem sogenannten Zentrum für Arbeit und Einkommen, in jeder Großstadt zu finden) ist dafür ebenfalls von sehr großer Bedeutung. Eine weitere wichtige Voraussetzung, schnell problemlos im Nachbarland zurechtzukommen, liegt darin, die niederländische Sprache so gut wie möglich zu lernen, um darüber auch die niederländische Kultur und die Eigentümlichkeiten der Niederländer besser verstehen zu können (vgl. Beitrag Linthout in diesem Band). Egal, wie nah die Länder geografisch beieinander liegen und wie ähnlich die beiden Kulturen auf den ersten Blick erscheinen, die Unterschiede im Detail, nicht zuletzt in Institutionen und in ihrer Kultur, sind groß (die Beiträge dieses Sammelbandes belegen und verdeutlichen dies anhand unterschiedlichster Sach- und Themenbereiche). Sofern man sich dies nicht vor Augen führt, kann ein Stellenwechsel in die Niederlande eine enttäuschende Erfahrung sein, weil man etwas anderes erwartet hat. Eine gute Vorbereitung kann dabei helfen und eine solche Enttäuschung verhüten. Die Auseinandersetzung mit der Bedeutung deutsch-niederländischer Wirtschaftsbeziehungen sowie mit deren Grundlagen kann dazu beitragen, sich von vornherein besser im

Nachbarland und dessen Wirtschaftsraum zurechtzufinden und zu orientieren.

Der vorangegangene Abschnitt beschäftigte sich zunächst konkret mit Deutschen, die in den Niederlanden arbeiten. Dabei wurde deutlich, dass die Präsenz auch abhängig ist von den wirtschaftlichen Entwicklungen in den beiden Ländern und den allgemeinen Wirtschaftsbeziehungen zwischen Deutschland und den Niederlanden, deshalb werden diese nachfolgend zum besseren Verständnis detaillierter erläutert.

Die Wirtschaftsbeziehungen zwischen Deutschland und den Niederlanden

Für Deutschland und die Niederlande sind die Außenwirtschaftsbeziehungen außerordentlich wichtig, und zwar natürlich generell betrachtet, aber auch im Hinblick auf das spezielle Verhältnis beider Länder zueinander. Vor allem gilt das für den Güter- und Dienstleistungshandel: Deutschland ist auch heute noch der wichtigste Exporteur von Gütern auf dem Weltmarkt mit einem Anteil von 10 % im Jahr 2004. Die Niederlande sind mit 3,9 % sicherlich ein wichtiger Handelspartner. Die Wichtigkeit des Außenhandels in beiden Ländern wird deutlich, wenn man sich vor Augen führt, dass der niederländische Export etwa 52 % des Bruttosozialprodukts ausmacht, der deutsche Export immerhin 30 %. Viele Jahre hindurch, insbesondere auch nach dem Jahr 2001, war die Exportnachfrage der wichtigste Beitrag zum Wirtschaftswachstum, sowohl für Deutschland als auch für die Niederlande. Beim Handel im Dienstleistungssektor ist die deutsche Position auf dem Weltmarkt weniger hervorragend. Hier beträgt der Anteil Deutschlands 6,0 %, derjenige der Niederlande liegt bei 3,4 %.[3]

Das Volumen des bilateralen Güterverkehrs (die Summe von Exporten und Importen zwischen Deutschland und den Nieder-

3 Vgl. Daten der Welthandelsorganisation, http://www.wto.org

landen) betrug im Jahr 2004 auf deutscher Seite etwa 110 Milliarden Euro, davon entfielen 93 Milliarden auf Güter und 17 Milliarden auf Dienstleistungen. Auf niederländischer Seite lagen die Gesamteinnahmen bei 114 Milliarden Euro, 106 Milliarden für Güter und 8 Milliarden für Dienstleistungen. Man könnte erwarten, dass sich Export (von Deutschland in die Niederlande) und Import (der Niederlande aus Deutschland) in etwa die Waage halten. Aufgrund unterschiedlicher Erhebungsmethoden, wie beispielsweise der Einbeziehung von Transportkosten beim Import sowie anderer Faktoren, weichen die Zahlen jedoch voneinander ab. Mit etwa 24 % der Güterexporte und 20 % der Güterimporte ist Deutschland bei weitem der wichtigste Handelspartner der Niederlande. Bei den deutschen Exporten handelt es sich fast ausschließlich um Industriegüter (meist Kraftwagen, Maschinen, Chemieprodukte), während der niederländische Export neben Industriegütern zusätzlich Energie (Erdgas, Ölprodukte) sowie Agrarprodukte aufweist. An zweiter Stelle folgt Belgien mit etwa 12 %. Im Dienstleistungssektor liegt der Anteil des Exports aus den Niederlanden nach Deutschland nur bei 6–8 %. Für Deutschland sind die Niederlande ebenfalls ein wichtiger Handelspartner. Hier rangieren die Niederlande mit einem Anteil von 6 % am deutschen Güterexport auf Platz 5, beim Import mit etwa 8,5 % auf Platz 2. Bei Dienstleistungsexporten, zum Beispiel Transport, Tourismus und Geschäftsdienstleistungen, kommen die Niederlande mit 6,5 % auf Platz 4, beim deutschen Dienstleistungsimport mit 6 % auf Platz 6. Beobachtet man dies über einen längeren Zeitraum, zeigen diese Anteile einen abnehmenden Trend. So machte Ende der 1970er Jahre der deutsche Anteil am Export in die Niederlande noch etwa 30 % und am Import aus den Niederlanden 14 % aus.

Erklären lässt sich dieser relative Rückgang einerseits mit dem Aufstieg neuer Konkurrenten aus Mittel- und Osteuropa sowie aus China und anderen Ländern Südost-Asiens, anderseits aber auch mit der Zusammensetzung des Handels. Während bei den deutschen Exporten der Anteil industrieller Produkte über 90 % erreichte, lag und liegt dieser bei den Niederlanden deutlich niedriger, nämlich bei nur etwa 60 %. In den niederländischen Exporten hingegen nehmen Agrarprodukte, chemische Produkte und Energie einen großen Part ein, worin sich die Wettbewerbsfähigkeit der niederländischen Agrarwirtschaft widerspiegelt, aber auch die Bedeutsamkeit der Erdgasvorkommen und der zahlreichen Raffineriekomplexe im Rotterdamer Hafen. Solange die Nachfrage nach solchen Produkten stark bleibt und das Angebot, quantitativ und qualitativ, dieser entsprechen kann, ist das kein Problem. Aber in Zukunft sind Veränderungen zu erwarten: In 20 oder 30 Jahren wird das Erdgas in den Niederlanden zur Neige gehen. In der Chemie ist das Angebot mehr auf relativ einfache Produkte spezialisiert, die meist nicht standortgebunden sind, wodurch diese Produkte angreifbar werden für neue Wettbewerber mit niedrigeren Lohnkosten. Etwas Vergleichbares spielt auch bei den Agrarprodukten eine Rolle: Neben den niedrigen Lohnkosten sind hier auch die hohen Energiekosten von Bedeutung, denn die Nachfrage steigt normalerweise im Bereich der Agrarprodukte nicht mehr so stark wie früher.

Für beide Länder, für Deutschland und die Niederlande, ist es darum außerordentlich wichtig, durch ausreichende R&D-Entwicklungen – das bedeutet, neue und bessere Produkte billiger zu produzieren – sowie die damit verbundenen Investitionen, durch eine exzellente Ausbildung der Beschäftigten, durch eine wettbewerbsfähige Marktordnung, durch eine gute Infrastruktur und durch eine hohe Flexibilität den Einstieg in die Kenntniswirtschaft zu realisieren und damit ihre Wettbewerbsfähigkeit auf dem Weltmarkt zu verbessern. Kenntniswirtschaft bedeutet, dass in Zukunft adäquate Ausgaben für Technologie-Entwicklung, ihre Umsetzung in wettbewerbsfähige Produkte und sehr gut ausgebildete Arbeitskräfte essenziell sind für Wachstum und neue Arbeitsplätze.

Noch ein anderer Aspekt niederländischer Exporte nach Deutschland verdient die Aufmerksamkeit, nämlich die vergleichsweise starke Ausrichtung dieses Handels auf das Land Nordrhein-Westfalen. Durch die geografische Nähe zu den Niederlanden, durch den relativ großen Anteil Nordrhein-Westfalens an der Gesamtbevölkerung Deutschlands und am Gesamtbruttosozialprodukt mit 12 % sowie aufgrund seiner Lage am Rhein, einer sehr wichtigen Transportader, ist es nicht verwunderlich, dass hier eine gewisse Konzentration des Handels zu verzeichnen war. Etwa 40 % der niederländischen Exporte nach Deutschland gehen nach NRW.[4] In den letzten 30 Jahren hat die Bedeutung Nordrhein-Westfalens jedoch abgenommen, weil auch Länder wie Bayern und Baden-Württemberg einen starken Aufschwung erlebt haben. Trotzdem hat sich diese Änderung in den niederländischen Handelsbeziehungen mit Deutschland noch nicht niedergeschlagen. Auf längere Sicht wird man diese Wachstumsmärkte jedoch nicht ohne Einbußen unberücksichtigt lassen können. In den süddeutschen Ländern sind sowohl der Konsum als auch die Nachfrage von Unternehmensseite schnell angestiegen, wodurch die niederländischen Unternehmen potenzielle Wachstumsmöglichkeiten verpasst haben.

Festzuhalten bleibt, dass sowohl beim Güterhandel als auch im Dienstleistungssektor die Handelsbeziehungen zwischen beiden Ländern sehr intensiv sind; parallel spürt man einen gewissen Rückgang in diesen Beziehungen. Für die Niederlande ist das sicherlich eine Entwicklung, auf die sie reagieren müssen. Durch qualitativ bessere, attraktivere und preiswertere Produkte und durch vermehrte Kontaktaufnahme mit den Wachstumsmärkten in Süddeutschland kann dieser Rückgang gestoppt werden. Unterstützend kann dabei auch die weitere Internationalisierung Deutschlands und West-Europas wirken. Deutsche Handelsströme mit Ländern wie China und Indien laufen meist über Rotterdam, und auch für viele mittel- und osteuropäische Länder ist die Rheinachse nach Rotterdam sehr wichtig. Deshalb ist davon auszugehen, dass gute Kontakte zwischen den Niederlanden und Deutschland ebenso in der Zukunft wichtig bleiben, nicht zuletzt, weil dies auch weiterhin Arbeitsplätze für Deutsche in den Niederlanden sichern und schaffen wird.

Neben den Handelsbeziehungen bestehen auf wirtschaftlicher

4 Siehe deutsches Amt für Statistik, http://www.destatis.de, sowie bei den Länderstatistiken.

Ebene sehr enge Verbindungen zwischen beiden Ländern, so zum Beispiel auf der Ebene der Direktinvestitionen: Deutsche Unternehmen wie Siemens haben viel in den Niederlanden investiert, andersherum Philips und Shell in Deutschland. Die gegenseitigen Interessen sind hier jedoch auf einem niedrigeren Niveau als bei den Handelsbeziehungen anzusetzen (siehe u. a. Deutsche Bundesbank, 2005). Aus niederländischer Perspektive ist der Anteil der direkten Investitionsströme nach und aus Deutschland eher eingeschränkt. So liegt Deutschland mit Anteilen von 8–10 % bei den ausgehenden Investitionen aus den Niederlanden auf Platz 4 nach den Vereinigten Staaten, Großbritannien und Belgien sowie analog bei den eingehenden Investitionen mit etwa 13 %, hinter denselben Ländern. Für Deutschland sieht dies folgendermaßen aus: Der Anteil der Niederlande bei ausgehenden Direktinvestitionen liegt mit etwa 7 % zwar nicht sehr hoch, dennoch erreichen sie damit noch Platz 3 und bei den eingehenden Direktinvestitionen mit etwa 22 % sogar Platz 1. In allen Fällen sind diese Investitionsströme in den letzten Jahren immer stärker auf Unternehmen im Dienstleistungsbereich ausgerichtet, was bedeutet, dass die Direktinvestitionen über die Grenze nicht in die Produktion fließen, sondern in den Verkauf, in Service-Abteilungen oder in steuergünstige Beteiligungen.

Im Zeitalter des Euros gibt es keine Diskussionen mehr über Währungsverhältnisse und Wechselkursänderungen. Und eigentlich hat es solche Diskussionen zwischen Deutschland und den Niederlanden nach 1945 nur im Zeitraum zwischen circa 1969 und 1983 gegeben. In diesen Jahren war der Inflationsunterschied zwischen beiden Ländern so groß, dass solche Änderungen nicht zu vermeiden waren. Sowohl vorher als auch nachher ist das Wechselkursverhältnis zwischen D-Mark und Gulden bemerkenswert stabil gewesen. Nach Deutschland, unumstritten das Land mit der niedrigsten Inflationsrate der Welt, zeigten auch die Niederlande im Großen und Ganzen eine gute Leistung in diesem Bereich. Große Übereinstimmungen zwischen beiden Ländern fanden sich auch in der Finanzpolitik, beispielsweise hinsichtlich der Unabhängigkeit der jeweiligen Zentralbank, so hatten beide Länder gleiche Auffassungen über die Europäische Währungsunion, die Position und Strategie der Europäischen Zentralbank sowie über die Bedeutung der Beitrittskonditionen für die Euromitgliedschaft. Lediglich ab dem Jahr 2002 kam es in Bezug auf den europäischen Stabilitäts- und Wachstumspakt zu gewissen Meinungsverschiedenheiten zwischen beiden Ländern. Deutschland überschritt die Drei-Prozent-Defizitgrenze im Sinne der Bestimmungen der Europäischen Währungsunion und schien nicht bereit zu sein, die Konsequenzen zu tragen. Die Niederlande haben im Jahr 2003 ebenfalls diese Drei-Prozent-Marke überschritten (mit 3,2 %), danach jedoch direkt einen so straffen Sparkurs verfolgt, dass das Haushaltsdefizit schon im Jahr 2005 unter 1 % sank.

Diese kurzen Ausführungen haben die Bedeutung der Wirtschaftsbeziehungen für beide Länder hoffentlich deutlich gemacht. Natürlich waren und sind diese Beziehungen für die Niederlande von größerer Bedeutung, doch auch Deutschland hat davon profitiert. Durch hohe Export- und Importströme von Gütern und Dienstleistungen zwischen beiden Ländern, durch Direktinvestitionen und auch durch vergleichbare Finanzverhältnisse mit mehr oder weniger gleichen Zinsentwicklungen war es keine Überraschung, dass die Konjunkturentwicklung beider Länder weitgehend parallel verlief.

Der Arbeitsmarkt im Vergleich

Deutschland und die Niederlande verfolgen die gleichen Wirtschaftsziele. Das bedeutet konkret: ausreichendes Wachstum, niedrige Inflation, kein unbeherrschbares Haushaltsdefizit sowie eine niedrige Arbeitslosigkeit. Die Arbeitslosigkeit war Anfang der 1960er Jahre in beiden Ländern sehr gering, lag bei weniger als 1 %, denn nach 1945 war es wahrscheinlich das wichtigste Ziel der Wirtschaftspolitik, eine Wiederholung der dramatischen Wirtschaftslage der 1930er Jahre mit dem dramatischen Konjunktureinbruch und der hohen, andauernden Arbeitslosigkeit zu vermeiden. Die politischen und gesellschaftlichen Konsequenzen des

Zweiten Weltkriegs waren noch überall zu spüren. Man hatte anfangs Angst vor jeder kleinen Rezession, weil man glaubte, die Wirtschaftskrise stünde wieder vor der Tür, und das änderte sich nur allmählich, trotz positiver Entwicklungen. Fast jedes Jahr gab es weniger Arbeitslose und dies, obwohl es nach dem Krieg große Zuwanderungsströme von Deutschen aus ehemaligen deutschen Gebieten in Polen, der Tschechei und Russland zurück nach Deutschland gab. Daran schlossen sich auch die vielen Hunderttausende aus der DDR an, die bis zum Jahr 1961 in die Bundesrepublik flohen. Trotz dieses Zustroms gelang es, so viele neue Arbeitsplätze zu schaffen, dass das Gespenst der Arbeitslosigkeit fast völlig verschwunden schien. Das war für Deutschland in der Tat ein großer Erfolg.

In den 1960er Jahren lag das Hauptproblem vor allem in Deutschland darin, dass es plötzlich zu viele Arbeitsplätze gab. Dabei war es in bestimmten Sektoren, besonders für den Niedriglohnbereich, schwierig geworden, für diese Arbeitsplätze Interessenten zu finden. Es gab zwei Möglichkeiten, dieses Problem zu lösen: höhere Löhne und dadurch die Sanierung relativ unrentabler Arbeitsplätze oder den forcierten Zustrom von Arbeitsmigranten aus anderen Ländern. Sowohl in Deutschland als auch in den Niederlanden entschied man sich für die zweite Möglichkeit. Aus Italien, Spanien, später Jugoslawien und Griechenland und wieder später aus der Türkei und Marokko wurden die sogenannten Gastarbeiter angeworben. In den 1960er Jahren schien das die richtige Lösung zu sein, denn es gab für diese Arbeiter mehr als genug Arbeitsplätze. Noch immer erschien am Wirtschaftsentwicklungs-Himmel kein einziges Wölkchen.

Danach entwickelte sich die Realität jedoch anders. Allmählich entstanden in beiden Ländern Strukturprobleme in bestimmten Sektoren wie im Bergbau, in der Textilindustrie und im Schiffsbau. Der Verlauf war immer sehr ähnlich: Es gab neue Konkurrenten, die produktiver und billiger waren, und neue Produkte, die attraktiver für Konsumenten und andere Abnehmer erschienen. Dabei versäumte man es, zum richtigen Zeitpunkt Kosten zu sparen oder genügend Innovationen durchzuführen. Aus Sicht der Unternehmen waren größere Entlassungswellen fast unvermeidlich, denn deren Idee war es, allein mithilfe nationaler oder regionaler Autoritäten, beispielsweise mit Subventionen, diese Arbeitsplätze aufrechtzuerhalten und neue Entwicklungen zu ermöglichen. Als dann ab dem Jahr 1973 zusätzlich die Weltkonjunktur stark nachließ, negativ beeinflusst durch die enormen Ölpreiserhöhungen, gingen viele dieser Unternehmen schließlich in Konkurs. Die Arbeitslosigkeit in Deutschland schnellte nach oben, noch stärker sogar in den Niederlanden. Egal, was nun über Anreize zur Nachfrage-Erhöhung versucht wurde, die Arbeitslosigkeit sank nicht wieder, im Gegenteil – mit der zweiten Ölkrise um das Jahr 1980 wuchs die Arbeitslosigkeit auf eine nicht erwartete Höhe, in den Niederlanden sogar auf über 12 %. Damit hatte sich die alte Wirtschaftspolitik ein für alle Mal überholt.

Es dauerte jedoch lange, bevor eine neue Wirtschaftspolitik griff. In den Niederlanden war dieser Beginn das Jahr 1983, als die Regierung Lubbers I antrat und Arbeitgeber und Gewerkschaften den berühmten Vertrag von Wassenaar abschlossen mit seiner Lohnmäßigung und mehr Flexibilität. Länger noch dauerte es in Deutschland, wo erst ab dem Jahr 2003, als Schröder seine *Agenda 2010* ankündigte, eine neue Wirtschaftspolitik angestrebt wurde. Hierbei konzentrierte man sich stärker auf die Angebotsseite (mehr Aufmerksamkeit für Ausbildung, Infrastruktur, Institutionen, Marktwirkung, Wettbewerb, Deregulierung), und anderseits begann man, eine aktivierende Sozial- und Arbeitsmarktpolitik zu entwickeln. Während man sich früher bemühte, die richtige Unterstützung zu organisieren, war man nun damit beschäftigt, wie man Arbeitslose und Sozialhilfe-Empfänger wieder möglichst schnell zurück an den Arbeitsplatz bringen könnte. Ein Richtungswechsel in der Politik wurde erst möglich, als die Wirtschaftslage wirklich sehr problematisch war. Es war zunächst in der Politik versucht worden, die in der Bevölkerung akzeptierten Alternativen umzusetzen, was sich jedoch als nicht erfolgreich erwiesen hatte. In der Folge gab es Politiker, die mit dieser neuen Politik anfingen und sie auch gegen den gesellschaftlichen Widerstand durchsetzten.

Inzwischen ist spürbar, dass sich in den Niederlanden, und allmählich auch in Deutschland, der Fokus der Arbeitsmarktpolitik nicht mehr auf eine niedrige Arbeitslosigkeit, sondern immer stärker auf eine hohe Erwerbstätigkeit konzentriert. Auf den ersten Blick scheint dies das Gleiche zu sein. Dabei ist jedoch Folgendes zu bedenken: Wenn es neue Arbeitsplätze gibt, die durch junge Arbeitnehmer besetzt werden, dann nimmt die Erwerbstätigkeit zu, aber es gibt nicht weniger Arbeitslose. Verschlimmernd kam früher hinzu, dass man die Neigung hatte, ältere Arbeitslose aus der Statistik auszuklammern, weil man glaubte, dass sie zu alt wären, um noch einen Arbeitsplatz zu finden. Heute probiert man vor allem, die Erwerbstätigkeit zu erhöhen, weil man gelernt hat, je mehr Menschen arbeiten, desto positiver wirkt sich das auf die Ausgaben in der Sozialversicherung und damit auch auf die Sozialversicherungsbeiträge aus. Dadurch sinken die Kosten für Arbeit, was sich wiederum positiv auf das Angebot an Arbeitsplätzen durch Unternehmen auswirkt.

In beiden Ländern ist man heute der Auffassung, dass die Mitwirkung des Einzelnen immer mehr durch seine Arbeit bestimmt wird. In den Niederlanden heißt arbeiten in offiziellem Sinne, dass der Beschäftigte mindestens zwölf Stunden pro Woche arbeitet und dafür Steuern und Sozialversicherungsbeiträge bezahlt werden. Diese Politikänderung, nicht die Arbeitslosigkeit zu finanzieren, sondern die Erwerbstätigkeit, hat dazu geführt, dass zunächst in den Niederlanden und dann auch in Deutschland der Leitspruch »Arbeit, Arbeit und nochmals Arbeit« der bestimmende Faktor in der Wirtschaftspolitik geworden ist. Es gibt wesentlich mehr Anreize, schnell einen Arbeitsplatz zu suchen. Man versucht inzwischen, ältere Arbeitnehmer länger arbeiten zu lassen durch eine Erhöhung des Rentenalters über 65, und man bemüht sich auch viel stärker, für Frauen bessere Chancen zu schaffen, im Arbeitsprozess bleiben zu können, auch dann, wenn sie Kinder bekommen.

Da die Niederlande früher als Deutschland mit dieser Politikänderung angefangen haben und in bestimmten Bereichen auch tiefgreifendere Maßnahmen durchgeführt haben, beispielsweise über Lohnmäßigung für unbestimmte Zeit und harte Einsparungen, sind auch die positiven Resultate in den Niederlanden schon früher erkennbar gewesen. In den 1990er Jahren, während Deutschland mit der Wiedervereinigung und der allmählich sichtbar werdenden Strukturkrise rang, zeigten die Niederlande ein rasantes Wachstum. Im gleichen Atemzug lobte man das niederländische »Poldermodell« – die einzigartige Weise, wie Gewerkschaften, Arbeitgeber und Regierung miteinander zusammenarbeiten bei der Konkretisierung der Regierungspolitik und der Maßnahmen zur Verbesserung der Wettbewerbsfähigkeit der Niederlande. Gerade von Deutschland wurde dieses Poldermodell scharf beobachtet, weil einige glaubten, dass dieses Modell auch auf deutsche Verhältnisse übertragbar wäre. Die wenig positiven Erfahrungen mit dem »Bündnis für Arbeit« haben jedoch deutlich gemacht, dass man ein ausländisches Beispiel nicht so einfach kopieren kann. Dabei lag das Problem nicht so sehr am Maßnahmenkatalog, sondern vielmehr an den institutionellen Verhältnissen in Deutschland, die nicht geeignet waren für eine solche Vorgehensweise. Viele Beobachter glaubten, dass in einem Land, in dem die Tarifautonomie nach 1945 per Gesetz festgeschrieben ist, Gespräche zwischen Politik und Sozialpartner natürlich völlig ungeeignet seien – letztendlich war dies eine selbst erfüllende Prophezeiung. In den Niederlanden hat man hingegen in denselben 1940er Jahren eine institutionelle und gesellschaftliche Struktur entwickelt, bei der Arbeitgeber, Gewerkschaften und Regierung engen Kontakt zueinander hielten und dabei oftmals gemeinsam eine Wirtschaftspolitik für mehr Wachstum und niedrigere Arbeitslosigkeit verabredeten. Diese Strukturen sind es, die nach dem Jahr 1983 wieder aktiv und dann unter dem Namen »Poldermodell« bekannt wurden. Auch in den Niederlanden gibt es schon viele Jahre Tarifautonomie – Arbeitgeber und Gewerkschaften entscheiden selbst über die Tarifentwicklung –, aber zugleich versucht die Regierung, Tarifabsprachen mit gesellschaftlich wünschenswerten wirtschaftlichen Folgen zu erreichen. Nicht immer war das möglich – so gab es im Jahr 2004 viele Proteste gegen die Abschaffung bestimmter Frühverrentungsmöglichkeiten –, aber dennoch häufig und erfolgreich.

In dem Zeitraum der Jahre 1994 bis 2001 verlief die niederländische Wirtschaftsentwicklung außerordentlich positiv. Ab dem Jahr 2001 musste jedoch ein schwerer Rückgang der Konjunktur verzeichnet werden. Der negative Einfluss der Weltkonjunktur, die schwierige Lage der EU-Wirtschaft, der dramatische Rückgang der Aktienpreise und der Häuserpreise in Verbindung mit einer dramatischen gesellschaftlichen Verunsicherung (durch den Mord auf Fortuyn) sorgten für einen starken Bruch in Bezug auf Konsum- und Investitions-Vertrauen. Diese Rezession hat fünf Jahre gedauert, doch seit dem Jahr 2006 gibt es wieder klare Anzeichen einer Wiederbelebung der holländischen Wirtschaft. Auch hinsichtlich der Arbeitslosenzahl lässt sich das bereits spüren. Die Erwartungen für die nächsten Jahre sind ausgesprochen positiv, so positiv, dass man gleich wieder von einem gewissen Mangel an besser ausgebildeten Fachleuten spricht. Dies könnte bedeuten, dass sich niederländische Unternehmer erneut – und diesmal eben intensiver – bemühen sollten, deutsche Arbeitnehmer zu motivieren, sich in den Niederlanden um Arbeitsplätze zu bewerben.

Die Wirtschaftsentwicklung der Niederlande und Deutschlands nach 1945

Zum besseren Verständnis der vorangegangenen Überlegungen wird in diesem Abschnitt die Wirtschaftsentwicklung beider Länder nach 1945 erläutert, und es werden die wichtigsten Gemeinsamkeiten und Unterschiede benannt. Die Wirtschaftsentwicklung verlief lange Zeit ziemlich übereinstimmend, wie den Daten in Tabelle 1 zu entnehmen ist.

Während es in Deutschland ein Wirtschaftswunder gab, hatten die Niederlande ihre Wiederaufbauzeit. In beiden Ländern gab es um 1945 eine demolierte Infrastruktur, wozu zerstörte Städte, Fabrikanlagen und Geschäftsräume gehörten (in Deutschland wesentlich stärker). In beiden Ländern glaubten nur wenige Personen, dass eine schnelle Wiederbelebung der Wirtschaft wirklich möglich wäre. Umso erstaunlicher war es, dass sich in den 1950er

Tabelle 1: Wirtschaftsentwicklung Deutschlands und der Niederlande im Vergleich (Quelle: Deutsches und niederländisches Amt für Statistik und OECD)

	Wachstum BSP		Wachstum Erwerbstätigkeit		Arbeitslosigkeit (10 Jahre Durchschnitt)	
	D	NL	D	NL	D	NL
1950–60	7.7	4.6	2.4	1.2	5.5	2.5
1960–70	4.2	5.1	0.2	1.3	1.0	1.5
1970–80	2.7	2.9	0.2	0.4	2.0	4.3
1980–90	2.2	2.0	0.5	1.5	5.8	9.5
1990–00	1.9	2.9	-0.3	2.1	7.2	6.2
2000–05	0.7	0.8	-0.2	0.3	8.7	5.2

und auch den 1960er Jahren die Wirtschaft beider Länder außerordentlich stark wiederbelebte, stärker als es jemals vorher der Fall gewesen war und auch nachher nicht mehr war. Zeitgleich gab es in beiden Ländern eine Aufbruchstimmung, wodurch es gelang, viele Änderungen zu realisieren. Als es in Deutschland eine neue Wirtschaftsordnung gab, die soziale Marktwirtschaft, und verschiedene neue wichtige Institutionen wie die Deutsche Bundesbank eingerichtet wurden, begannen die Niederlande ebenfalls mit einer veränderten Wirtschaftspolitik, mit einer aktiveren Rolle für die Regierung und mit neuen Institutionen wie der CPB[5], der Stiftung der Arbeit und dem Sozial-Ökonomischen Rat (SER). Das CPB ist seit 1945 das Wirtschaftsforschungsinstitut der Regierung, verantwortlich für alle Wirtschaftsprognosen. Seine Prognosen sind auch für Arbeitgeber, Gewerkschaften und Oppositionsparteien richtungweisend. Die Stiftung der Arbeit ist eine Organisation, in der Arbeitgeber und Gewerkschaften gemeinsam eher technische Tariffragen diskutieren und Lösungen für die Tarifgesprä-

5 Der offizielle Name ist Zentralplanungsamt, aber dieser Name ist verwirrend. Es war niemals die Absicht, die Wirtschaft zu planen, sondern viel mehr die Regierung mit Prognosen zu beraten, um über ihre Haushalts-, Wirtschafts- und Sozialpolitik optimal die Wirtschaftsentwicklung zu stimulieren.

che vorbereiten. Im Sozial-Ökonomischen Rat beraten Arbeitgeber, Gewerkschaften und unabhängige Vertreter die Regierung über sozial-wirtschaftliche Entwicklungen und Regierungsvorschläge.

In beiden Ländern wurde das Sozialversicherungssystem immer stärker in Anspruch genommen. Die Konsequenz war ein schneller Anstieg der Steuern und Prämien sowie der Lohnnebenkosten. Das hat die Arbeitsmarktslage sehr erschwert, für die Niederlande schon in den 1970er Jahren, für Deutschland sehr deutlich ab dem Jahr 1990.

Lang glaubte man dennoch, dass man mit dieser neuen Ordnung nach dem Krieg, mit der damit verbundenen Wirtschaftspolitik und den neuen Institutionen, die wirtschaftliche Entwicklung völlig im Griff hätte und in die zutreffende Richtung steuern könnte. Mit der Ölkrise im Jahr 1973 wurde dieses Vertrauen jedoch erschüttert. In beiden Ländern stagnierte das Wachstum, nahm die Zahl der Arbeitslosen zu und wurde auch das Haushaltsdefizit größer. Dabei war der Konjunkturrückgang in den Niederlanden stärker als in Deutschland. Anfang der 1980er Jahre war die Wirtschaftslage in den Niederlanden dramatisch schlecht, mit annäherndem Null-Wachstum, hoher Arbeitslosigkeit und sehr hohen Haushaltsdefiziten. Fehlende Strukturänderungen bei Unternehmen, zu wenige Innovationen, eine sehr hohe Steuerbelastung, ein zu stark ausgedehntes Sozialversicherungssystem und ein massiver Widerstand gegen notwendige Änderungen haben die Wirtschaftslage sehr negativ beeinflusst. Auch die deutsche Wirtschaft hatte ihre Probleme mit geringem Wachstum, zunehmend steigenden Arbeitslosenzahlen und Haushaltsproblemen, aber diese waren damals deutlich geringer als in vielen anderen Ländern. Sowohl in Deutschland als auch in den Niederlanden stabilisierten sich Anfang der 1980er Jahre die öffentlichen Ausgaben. Gleichzeitig zeichnete sich im Sozialbereich eine Stabilisierung ab.

Ab dem Jahr 1983 fand in beiden Ländern eine Senkung (immerhin als Prozentsatz des BSP) der Ausgaben und der Steuern statt (im absoluten Sinne sind die Ausgaben und auch die Steuern immer größer geworden), in den Niederlanden jedoch deutlich stärker als in Deutschland. Danach standen Kürzungen im Sozialsystem an, in den Niederlanden erneut stärker, die öffentlichen Ausgaben sanken. Durch Deregulierung und mehr Marktwirkung[6] und dergleichen ist der Einfluss der Regierung auf die Wirtschaftsentwicklung heute weniger bedeutend. Während die Regierungspolitik immer noch sehr auf Stabilisierung durch die Verteilung der Staatseinnahmen setzt, konzentriert man sich heutzutage zunehmend auf die Wirtschaft, also auf die Arbeitsplatzangebotsseite, auf die Allokation von Produktionsfaktoren sowie auf eine bessere Lage für Wettbewerb und Marktwirkung.

In den 1990er Jahren mussten die Deutschen zunehmend erfahren, dass ihre Wirtschaft nicht mehr so stark war wie zuvor. Viele hatten im Jahr 1989 geglaubt, dass Deutschland in der Lage wäre, die Wiedervereinigung relativ problemlos umzusetzen, aber schon bald wurde deutlich, dass nicht nur die Probleme dieser Wiedervereinigung viel größer waren als gedacht, sondern auch die Wirtschaftskraft Westdeutschlands nicht mehr so ausgezeichnet war wie früher. Seit dem Jahr 1993 war Deutschland mehr oder weniger das Schlusslicht bei der Wirtschaftsentwicklung in der EU. Mit niedrigem Wachstum, einer hohen Arbeitslosigkeit und einem schwierigen Haushalt war Deutschland nur ein Schatten des alten Wirtschaftsriesen. Verstärkt wurde dies noch dadurch, dass die Probleme in den neuen Bundesländern nur schwierig zu lösen waren.

Zur gleichen Zeit, ab dem Jahr 1993, verzeichneten die Niederlande gerade eine sehr gute Wirtschaftsentwicklung. Allmählich wurde für Bevölkerung und Wirtschaft deutlich, dass die straffe Wirtschaftspolitik der 1980er Jahre, mit Lohnmäßigung, hohen Einsparungen und anderen Maßnahmen, wirklich etwas geändert hat, und zwar in positiver Hinsicht. Das erneute Vertrauen spie-

---

6 1983 hat man schon damit angefangen, aber seit 1994 ist dieses Programm ein Schwerpunkt. Es hat in vielen Bereichen, von der Sozialversicherung bis zur Elektrizitätsproduktion, zum Teil drastische Änderungen gegeben.

Tabelle 2: Wirtschaftsentwicklung Deutschlands und der Niederlande, 2001–2007 (Quelle: Daten des CPB)

	Wachstum BSP		Arbeitslosigkeit		Budgetdefizit	
	D	NL	D	NL	D	NL
2001	1.2	1.4	7.4	3.5	-2.8	-0.3
2002	0.1	0.1	8.2	4.1	-3.7	-2.0
2003	-0.2	-0.1	9.1	5.4	-4.0	-3.1
2004	1.6	1.7	9.5	6.5	-3.7	-2.1
2005	0.9	0.9	9.5	6.5	-3.3	-0.6
2006	2.0	2.8	8.8	6.0	-3.3	-0.9
2007	1.5	3.0	7.8	5.0	-2.5	-0.4

gelte sich deutlich in höherem Konsumverhalten und in Investitionen wider. Die Arbeitslosigkeit sank immer stärker bis unter 3 %; in kaum 20 Jahren gab es 50 % mehr Arbeitsplätze. Im Jahr 1983 gab es etwa fünf Millionen Arbeitsplätze, um das Jahr 2000 waren es schon 7,5 Millionen. Am Ende des Millenniums war die Arbeitsmarktlage so entspannt, dass die Lohnmäßigungspolitik nicht mehr durchsetzbar war. Im privaten und öffentlichen Bereich fühlte man sich gezwungen, höhere Löhne zu bezahlen. Dadurch stieg die Arbeitslosigkeit wieder auf bis etwa 6 % an.

In den letzten Jahren hat sich die Wirtschaftsentwicklung der beiden Länder wieder stark angenähert, allerdings nun auf relativ niedrigem Niveau. Wie in Deutschland war in den Niederlanden das Wachstum sehr mäßig. Ebenso war die Haushaltslage ziemlich schwierig. Einzig bei der Arbeitslosigkeit blieb die Lage in den Niederlanden unvermindert günstiger, wie Tabelle 2 zeigt. Diese Tabelle verdeutlicht auch, dass die Prognosen für die Jahre 2006 und 2007 für die Niederlande günstiger sind als für Deutschland.

Fazit

Als Fazit lässt sich festhalten, dass nach 1945 die Wirtschaftsentwicklungen Deutschlands und der Niederlande bemerkenswert lang analog verliefen. In den 1950er und 1970er Jahren war die deutsche Entwicklung etwas besser, in den 1990er Jahren die niederländische. In den letzten Jahren verliefen sie wieder sehr ähnlich, nun jedoch auf beiden Seiten mit eher schlechten Resultaten. Im Jahr 2006 scheint die Wiederbelebung der Konjunktur in den Niederlanden etwas stärker zu sein. Dennoch ist diese prinzipiell starke Parallelität der Entwicklungen sicherlich etwas Besonderes. Der Zusammenhang der konjunkturellen Entwicklung zwischen diesen beiden Ländern war größer als jener der Niederlande beziehungsweise Deutschlands mit anderen Nachbarländern mit vergleichbaren Größenverhältnissen und zu denen ähnlich wichtige Wirtschaftsbeziehungen bestanden.

Nach 1945 haben sich die deutsche und die niederländische Wirtschaft erstaunlich schnell erholt von der dramatischen Lage des Krieges. Bis Ende der 1960er Jahre verzeichneten beide Länder eine hervorragende Wirtschaftsentwicklung. Von diesem Zeitpunkt ab verlief die Entwicklung weniger günstig, wobei anfänglich speziell die niederländische Wirtschaft in Schwierigkeiten geriet. Nach dem Jahr 1983 hat sich in den Niederlanden aber vieles im positiven Sinne verändert. Zugleich schien es immer noch, als ob die deutsche soziale Marktwirtschaft jede Rezession mehr oder weniger gut überleben könnte. Doch mit der Belastung der Wiedervereinigung wurden auch in Deutschland die Schwachstellen der Wirtschaftsordnung immer deutlicher. Erst in den letzten Jahren hat man auch in Deutschland angefangen, notwendige Maßnahmen durchzuführen, um die wirtschaftliche Lage grundlegend zu verbessern. Vielleicht stehen wir am Vorabend einer schon lange erhofften Wiederbelebung der deutschen Wirtschaft.

In jedem Fall bleibt festzuhalten, dass sich die Wirtschaftsbeziehungen zwischen Deutschland und den Niederlanden seit dem Krieg sehr erfolgreich entwickelt haben. Noch immer ist Deutschland für die Niederlande der bei weitem wichtigste Handelspartner. Umgekehrt sind auch die Niederlande für Deutschland ein wichtiger Vertragspartner. Dennoch ist zu bemerken, dass bei neun Nachbarländern und damit verbundenen wichtigen Wirtschaftsbeziehungen, beispielsweise zu Frankreich, die Handelsbeziehungen zu den Niederlanden von deutscher Seite aus etwas weniger bedeutsam, aber dennoch wichtig sind.

Man könnte erwarten, dass in einem stark integrierten Europa auch die grenzüberschreitenden Ströme von Arbeitnehmern stark zugenommen haben sollten, aber dies war bisher nicht der Fall, auch nicht zwischen Deutschland und den Niederlanden. Die unterschiedlichen Arbeitsmarktbedingungen, Sozial- und Steuersysteme sowie die kulturellen Unterschiede sind dabei bedeutende Hemmnisse. Zugleich merkt man jedoch, dass solche Probleme für besser informierte, oft auch besser ausgebildete Arbeitnehmer leichter zu überwinden sind, was zeigt, dass prinzipiell Möglichkeiten bestehen. Bei allen Bemühungen, auf nationaler und europäischer Ebene den Arbeitsmarkt, die Sozialversicherung und die Steuersysteme anzugleichen, darf man hoffen, dass die Arbeitsmigration zwischen Deutschland und den Niederlanden in Zukunft erleichtert werden wird. Zugleich ist zu erwarten, dass die Nachfrage in den Niederlanden nach gut ausgebildeten Arbeitnehmern immer wichtiger und weiter zunehmen wird. Man fürchtet, dass das inländische Angebot nicht schnell genug anwächst, um der zunehmenden Nachfrage gerecht zu werden. Unter diesem Gesichtspunkt sind die Aussichten für Deutsche, in den Niederlanden einen Arbeitsplatz zu finden, positiv einzuschätzen.

Wenn die erwartete Wiederbelebung der niederländischen Wirtschaft eintritt, könnte dadurch eine stärkere Arbeitsmigration aus Deutschland die Folge sein. Diese Option wiederum kann sowohl jungen als auch älteren arbeitssuchenden Menschen in Deutschland helfen, schneller neue Erfolg versprechende berufliche Perspektiven zu entwickeln.

Wie gering auch immer, könnte dies einen Beitrag zu einer Verbesserung des Arbeitsmarktes und damit der gesamten Wirtschaftsentwicklung in Deutschland leisten. Das wäre auch für die Niederlande eine gute Sache. Bleibt zu hoffen, dass diese Entwicklung kein Traum bleibt, sondern schnell Wirklichkeit wird.

Literatur

Davelaar, E., Tissing, H. A., Swaters, M. T. H., Blokzijl, K. F. (2004). Grensoverschrijdende vacaturevervulling, Vanuit het perspectief van Nederlandse arbeidsorganisaties. Den Haag, blz. 25.

Den Boogert, G. H. (2004). Arbeidsmigratie begrensd: Een studie over arbeidsmigratie van Duitsland naar Nederland: kenmerken, motivatie en barrières. Scriptie EUR, Rotterdam.

Deutsche Bundesbank (2005). Kapitalverflechtung mit den Ausland, Statistische Sonderveröffentlichung Nr. 10.

OECD (2005). Taxing wages 2004–2005. Paris, Table II.10.

Axel Hagedorn

Unterschiede zwischen dem deutschen und dem niederländischen Rechtssystem

Vorbemerkung

Jeder Expatriat wird schon zu Beginn seines Auslandsaufenthaltes mit juristischen Fragen konfrontiert. Es finden Verhandlungen mit dem Arbeitgeber über den Arbeitsvertrag statt. Eine Wohnung ist erforderlich und je nach dem, ob diese gemietet oder gekauft wird, können unterschiedliche juristische Fragen auftauchen.

Wenn der Expatriat eine Stellung als Geschäftsführer oder Vorstand annimmt, sind gesellschaftsrechtliche Fragen von Bedeutung. Der Expatriat benötigt dann Informationen über die Stellung des Geschäftsführers in einer niederländischen GmbH oder die Stellung des Vorstandes, zum Beispiel im Verhältnis zum Aufsichtsrat. Ebenso wichtig sind Haftungsfragen, wie im Bereich der börsennotierten Unternehmen die Corporate Governance. Einige dieser Fragen sollen hier für den Leser aufbereitet werden, ohne dass eine abschließende Beurteilung möglich ist.

Diese Rechtskenntnisse können dem Expatriat in vieler Hinsicht helfen. Viel wichtiger erachtet der Autor jedoch Hinweise zur Rechtspraxis. Wie in allen Rechtssystemen ist nämlich nicht so entscheidend, was im Gesetz steht, sondern wie mit diesem Recht in der Praxis umgegangen wird. Unterschiede zwischen dem niederländischen und dem deutschen Rechtssystem sind auch besonders in dieser Rechtspraxis zu erkennen. Es ist darauf hinzuweisen, dass es zwar deutschsprachige Literatur zu einzelnen Aspekten des niederländischen Rechts gibt (Hagedorn u. Rhein, 2004; Mincke, 2002; Gotzen, 2000), aber praktisch keine Literatur zu allgemeinen

Unterschieden in den beiden Rechtssystemen (siehe aber die Veröffentlichung von Blankenburg 1997 im Abschnitt Zivilverfahren).

Zur Einführung werden einige Beispiele zu Unterschieden in der Rechtspraxis genannt:

Das niederländische Rechtssystem kennt wie auch das deutsche den Grundsatz von Treu und Glauben (*redelijkheid en billijkheid*). Während im deutschen Recht dieser Grundsatz aber lediglich als letzter Notanker gebraucht wird, damit völlig unakzeptable Ergebnisse einer Gesetzeslage aufgefangen werden können, zieht sich dieser Grundsatz durch das gesamte niederländische Rechtssystem. Dies hat zur Konsequenz, dass in Klageverfahren sehr häufig weniger die Rechtsposition vorangestellt wird, sondern die Einzelfallgerechtigkeit in dem Sinne, dass die jeweilige Partei unredlich benachteiligt wurde oder beispielsweise einen Vertrag nicht abgeschlossen hätte, wenn das unredliche Ergebnis der Partei vorher bekannt gewesen wäre. Diese Tendenz der niederländischen Rechtssprechung, dem Einzelfall Rechnung zu tragen, fällt im niederländischen Rechtssystem sehr auf.

Die deutsche Rechtssprechung dagegen ist bemüht, jeden Rechtsfall einer allgemeinen Systematik unterzuordnen, und lässt darum wesentlich weniger Raum für die Einzelfallgerechtigkeit.

Im Strafrecht unterliegt die Staatsanwaltschaft in den Niederlanden dem Opportunitätsprinzip. Es steht der Staatsanwaltschaft damit frei, ob sie Straftaten verfolgt, während in Deutschland die Staatsanwaltschaft aufgrund des Legalitätsprinzips verpflichtet ist, strafrechtlichen Hinweisen nachzugehen. Der freiere Umgang mit der Drogenpolitik in den Niederlanden basiert hierauf und macht die begrenzte Duldung von soften Drogen, sogenannte *gedoogdbeleid* erst möglich. In den Niederlanden wird sehr viel später als in Deutschland zum strafrechtlichen Mittel gegriffen, weil man mehr an Aufklärung glaubt als an Repression. Es werden deshalb auch Verstöße aller Art häufig geduldet (*gedoogd*), weil man zum Beispiel den Verfolgungsaufwand unverhältnismäßig hoch findet oder schlichtweg weniger Beamte zur Verfügung hat als in Deutschland. Überhaupt sind gerichtliche Strafen im Verhältnis zu Deutschland wesentlich geringer.

Außerdem ist man bemüht, rechtliche Konflikte zivilrechtlich zu lösen. Die zivilrechtliche Haftung von Autofahrern gegenüber Fahrradfahrern, insbesondere kindlichen und jugendlichen, wird zum Beispiel unterstellt und kann nur über einen sehr schwierigen Exkulpationsbeweis aufgehoben werden. Es wird hierbei angenommen, dass dies das Fahrverhalten der Autofahrer positiv beeinflusst.

Ein deutscher Staatsbürger vermeidet es in aller Regel, Steuerinformationen bei der Steuerbehörde anzufragen, geschweige denn, die Steuerbehörde wegen einer steuerlichen Frage direkt telefonisch zu kontaktieren. Der deutsche Steuerbeamte sieht den Steuerzahler nämlich nicht als Kunden, sondern eher als Steuergegner. Die deutsche Steuerbehörde sieht sich auch nicht als Dienstleistungsunternehmen. In den Niederlanden kann ein jeder Bürger oder Unternehmer sich mit seinen Fragen an die Steuerbehörde wenden und wird in aller Regel eine korrekte Auskunft erhalten. Die niederländische Steuerbehörde sieht sich auch als ein Dienstleistungsunternehmen und bildet ihre Mitarbeiter darauf aus. Die Reklamekampagne der Steuerbehörde lautet dann auch: *Leuker kunnen wij het niet maken, makkelijker wel* (übersetzt: Angenehmer können wir es nicht machen, leichter schon). Es geht in den Niederlanden nicht darum, so viel Geld wie möglich vom Steuerzahler zu erhalten, sondern darum, die vom Gesetz vorgeschriebenen Steuern zu erhalten. Natürlich ersetzt dies in vielen Fällen nicht den Steuerberater, aber die Informationsgewinnung für den Steuerzahler ist dadurch wesentlich direkter möglich.

Nach diesen allgemeinen Beispielen sollen nun einige besondere Rechtsgebiete besprochen werden.

Arbeitsrecht[1]

Das niederländische Arbeitsrecht unterscheidet sich in einigen Punkten sehr wesentlich vom deutschen Recht. Der Einfachheit halber wurde dieses sehr wichtige Thema in verschiedene Unterpunkte unterteilt, damit der Leser sich besser orientieren kann.

Kündigung und Kündigungsschutz

Das niederländische Arbeitsrecht zeichnet sich durch besonders große Arbeitnehmerfreundlichkeit aus. Dementsprechend groß ist der Kündigungsschutz.

Kündigungsfristen

Die gesetzlichen Kündigungsfristen betragen gemäß Art. 7:672 BW (niederländisches bürgerliches Gesetzbuch) für arbeitgeberseitige Kündigungen bei Arbeitsverhältnissen bis zu fünf Jahren einen Monat, bei Arbeitsverhältnissen, die mindestens fünf aber weniger als zehn Jahre angedauert haben, zwei Monate, bei Arbeitsverhältnissen zwischen zehn und 15 Jahren drei Monate und ab 15 Jahren vier Monate.

Für die arbeitnehmerseitige Kündigung ist eine Frist von einem Monat vorgesehen, unabhängig von der Dauer der Beschäftigung. Die Kündigungsfrist kann arbeitsvertraglich verlängert werden. In diesem Fall muss die Kündigungsfrist für den Arbeitgeber doppelt so lang sein wie die für die arbeitnehmerseitige Kündigung geltende Frist. Ansonsten ist die vertragliche Regelung unwirksam, und es gelten die gesetzlichen Bestimmungen.

---

1 An dieser Stelle möchte ich mich bei meiner Bürokollegin B. Gabriel bedanken, die ebenfalls beide Zulassungen besitzt und diesen Teil weitestgehend bearbeitet hat.

Kündigungsschutz

Bei der arbeitgeberseitigen Kündigung muss auf eine Besonderheit des niederländischen Rechts hingewiesen werden. Diese liegt darin, dass grundsätzlich jede Kündigung durch den Arbeitgeber der vorherigen behördlichen Genehmigung bedarf. Ausnahmen gelten insbesondere für die Kündigung während der Probezeit, die fristlose Kündigung und die Kündigung von eingetragenen Geschäftsführern. Für Geschäftsführer, die übrigens (unabhängig von ihrer gesellschaftsrechtlichen Position) in der Regel als Arbeitnehmer einzuordnen sind, gelten einige Besonderheiten, auf die später eingegangen werden soll. Wird die Beendigung des Arbeitsverhältnisses angestrebt, kommt als Alternative zur Kündigung die Einleitung eines gerichtlichen Aufhebungsverfahrens (*ontbindingsprocedure*) oder der Abschluss eines Aufhebungsvertrages in Betracht.

Im Rahmen des behördlichen Genehmigungsverfahrens überprüft die Behörde (CWI, *centrum voor werk en inkomen*) nach Anhörung des Arbeitnehmers, ob die Kündigung gerechtfertigt ist. Als Kündigungsgrund kommen betriebsbedingte Gründe in Betracht und solche, die in der Person des Arbeitnehmers oder in seinem Verhalten liegen. Bei der Kündigung aus betriebsbedingten Gründen muss anhand von Betriebszugehörigkeit, Alter et cetera eine Auswahl nach sozialen Gesichtspunkten stattfinden, die ebenfalls im Rahmen des Genehmigungsverfahrens überprüft wird. Nach Genehmigung kann der Arbeitgeber unter Einhaltung der Kündigungsfrist ordentlich kündigen.

Hält der Arbeitnehmer die Kündigung trotz Erteilung der Genehmigung für ungerechtfertigt, kann er gemäß Art. 7:681, 682 BW auf dem Gerichtsweg Weiterbeschäftigung oder Schadensersatz wegen »offensichtlich unbilliger Kündigung« (*kennelijk onredelijk ontslag*) verlangen.

Die Aufhebung eines Arbeitsverhältnisses durch eine gerichtliche Entscheidung gemäß Art. 7:685 BW kommt nur aufgrund »dringender Gründe« in Betracht. Dies ist der Fall, wenn Gründe vorliegen, die eine fristlose Kündigung rechtfertigen würden, aber auch dann, »wenn sich die Umstände derart verändert haben, dass eine weitere Fortsetzung des Arbeitsverhältnisses billigerweise nicht mehr in Betracht kommt«. Eine solche Veränderung kommt unter anderem dann in Betracht, wenn einer der zum Genehmigungsverfahren angegebenen Kündigungsgründe vorliegt, aber auch, wenn das Vertrauensverhältnis zwischen den Parteien nachhaltig gestört ist.

Häufig wird an den Arbeitnehmer aufgrund der Trennung eine Abfindung zu zahlen sein. Dies ist insbesondere (aber nicht nur dann!) der Fall, wenn der Grund für die Beendigung der Zusammenarbeit dem Arbeitgeber zuzurechnen ist. Zur Berechnung der Abfindung siehe den gesonderten Abschnitt.

Befristete Arbeitsverträge

Das niederländische Gesetz erlaubt den Abschluss befristeter Verträge, ohne dass es einen besonderen Grund für die Befristung bedürfte. Es gibt allerdings zwei Begrenzungen. Erstens wandelt sich das befristete Arbeitsverhältnis automatisch um in ein unbefristetes, wenn die Gesamtbeschäftigungsdauer bei demselben Arbeitgeber 36 Monate überschritten hat. Nichtbeschäftigungszeiten von weniger als drei Monate werden dabei mitgerechnet. Zweitens darf ein befristetes Arbeitsverhältnis innerhalb dieser 36 Monate nicht mehr als zweimal verlängert werden. Sobald das vierte Arbeitsverhältnis in der Kette beginnt, findet ebenfalls eine automatische Umwandlung in ein unbefristetes Arbeitsverhältnis statt. War der Arbeitnehmer – wie häufig – zum Teil über ein Leiharbeitunternehmen beschäftigt, so werden auch diese Beschäftigungszeiten jeweils mitgerechnet. Falls ein befristetes Arbeitsverhältnis ohne Widerspruch fortgesetzt wird, wird es automatisch entsprechend der bisherigen Vereinbarungen und um denselben Zeitraum, wie bei der vorherigen Befristung, maximal aber um ein Jahr verlängert. Nach 36 Monaten Beschäftigung insgesamt beziehungsweise drei Kettenarbeitsverträgen wandelt sich das befristete Arbeitsverhältnis auch hier um in ein unbefristetes.

Probezeit

Im Rahmen eines unbefristeten Arbeitsvertrages kann maximal eine Probezeit von zwei Monaten vereinbart werden. Bei befristeten Verträgen bis zu einer Dauer von weniger als zwei Jahren kann eine Probezeit von einem Monat vereinbart werden, ab einer Dauer von zwei Jahren eine Probezeit von zwei Monaten.

Die Kündigung während der Probezeit kann ohne Einhaltung einer Kündigungsfrist per direkt erfolgen. Einer Genehmigung bedarf es hier nicht. Gründe müssen für die Kündigung nicht angegeben werden, der Arbeitgeber ist aber nach entsprechender Aufforderung durch den Arbeitnehmer dazu verpflichtet, die der Kündigung zugrunde liegenden Gründe darzulegen. Bei Angabe des Kündigungsgrundes ist darauf zu achten, dass manche Gründe – beispielsweise Kündigung wegen Schwangerschaft – als diskriminierend erachtet werden. Dies kann zur Anfechtbarkeit der Kündigung führen.

Weihnachts- und Urlaubsgeld

Anders als im deutschen Arbeitsrecht besteht nach niederländischem Arbeitsrecht ein gesetzlicher Anspruch auf Urlaubsgeld in Höhe von acht Prozent des Brutto-Jahresgehaltes. Dieses Urlaubsgeld wird grundsätzlich im Juni eines Jahres ausgezahlt. Arbeitsvertraglich kann unter bestimmten Voraussetzungen auch vereinbart werden, dass das Urlaubsgeld im Lohn inbegriffen ist, in der Praxis ist dies aber nur selten der Fall.

Weihnachtsgeld oder ein 13. Monatsgehalt sind in den Niederlanden dagegen viel weniger verbreitet als in Deutschland. Immer noch ein *must* in vielen niederländischen Betrieben ist das »Weihnachtspaket« (*kerstpakket*). Dabei handelt es sich um ein Geschenk, das der Arbeitgeber seinen Arbeitnehmern zu Weihnachten überreicht, vielfach eine Sammlung luxuriöser Lebensmittel oder typische Geschenkartikel. Das Weihnachtspaket ist ein Relikt aus kargen Zeiten, in denen sich Arbeitnehmer noch über besondere Lebensmittel zur häuslichen Weihnachtsfeier freuten. Trotz aller Veränderungen ist das Weihnachtspaket heute immer noch sehr beliebt.

Krankheit und Lohnfortzahlung im Krankheitsfall

Mit kranken Arbeitnehmern geht das niederländische Arbeitsrecht grundlegend anders um als das deutsche. Das fängt schon damit an, dass sich ein kranker Arbeitnehmer in den Niederlanden nicht per Arztattest krankschreiben lässt, sondern seine Krankheit nur meldet. Der Arbeitgeber meldet die Krankheit dann dem Betriebsarzt, der den ganzen Krankheitsprozess begleitet.

Arbeitgeber und Arbeitnehmer sind gehalten, zusammen mit dem Betriebsarzt auf eine kurzfristige Reintegration des Arbeitnehmers in den Arbeitsprozess hinzuwirken. Insbesondere muss bei länger andauernden Erkrankungen ein Reintegrationsplan erstellt werden. Kommt eine der Parteien ihren Reintegrationsverpflichtungen nicht nach, sind Sanktionen möglich. Beim Arbeitgeber ist dabei unter anderem an die Verlängerung der Lohnfortzahlungsverpflichtung und Bußgelder zu denken; beim Arbeitnehmer ist der Lohnstopp bis hin zum Verlust des Anspruchs auf Lohn möglich.

Die Lohnfortzahlungsverpflichtung des Arbeitgebers beträgt grundsätzlich 104 Wochen – dies erklärt, warum viele Arbeitgeber eine Versicherung hinsichtlich dieser Kosten abschließen. Während des ersten Krankheitsjahres hat der Arbeitnehmer nach der gesetzlichen Regelung Anspruch auf 70 Prozent seines Gehalts bis zu einem bestimmten Maximum; während des zweiten Jahres muss mindestens der sogenannte gesetzlich festgelegte Minimallohn gezahlt werden. Oft jedoch wird jedenfalls für das erste Jahr in Arbeitsverträgen oder Tarifverträgen die Lohnfortzahlung zu 100 Prozent vorgeschrieben.

Wichtig zu wissen ist auch, dass ein allgemeines Kündigungsverbot für kranke Arbeitnehmer während der ersten 24 Monate ihrer Krankheit besteht. Dies bedeutet aber nicht, dass keinerlei Beendigung des Arbeitsverhältnisses während der Krankheit möglich ist. Das Arbeitsverhältnis kann natürlich noch immer durch Zeitablauf oder gerichtliche Aufhebung beendet werden, in beidseitigem Einverständnis oder aber auch durch arbeitnehmerseitige Kündigung enden.

Urlaubsansprüche

Bei Vollbeschäftigung (40 Stunden) hat der Arbeitnehmer einen Anspruch auf 20 Urlaubstage. Die meisten Arbeitgeber gewähren jedoch entweder freiwillig oder aufgrund eines Tarifvertrages mehr Urlaubstage als gesetzlich vorgesehen. Üblich sind 23 bis 27 Urlaubstage, also im Verhältnis zu Deutschland weniger Urlaubstage.

Abfindungen

Wie bereits erwähnt, ist der Arbeitgeber bei Auflösung des Arbeitsverhältnisses häufig zur Zahlung von Abfindungen verpflichtet. Die Rechtsprechung hat im Rahmen des Aufhebungsverfahrens eine Formel zur Berechnung der Abfindung entwickelt, wie dies auch in Deutschland der Fall ist.

Auch diese sogenannte *kantonrechtersformule* (Arbeitsrichterformel) wird außerhalb des Aufhebungsverfahrens gerne als Richtschnur verwendet, zum Beispiel im Rahmen von Verhandlungen zum Abschluss eines Auflösungsvertrages.

Entsprechend dieser Formel werden die Dienstjahre (A) mit dem Brutto-Monatsgehalt, zuzüglich fester Gehaltsbestandteile (B) und einem Korrekturfaktor (C) multipliziert. Das Ergebnis (X) entspricht der zu zahlenden Abfindung (X = A x B x C).

Dienstjahre ab dem 40. Lebensjahr zählen 1,5-fach; solche ab dem 50. Lebensjahr 2-fach. Grundsätzlich beträgt der Korrekturfaktor (C) »1«, kann aber – abhängig von der Frage, welcher Seite die Beendigung des Arbeitsverhältnisses zuzurechnen ist, herauf- oder herabgesetzt werden.

Zu den festen Gehaltsbestandteilen, die neben dem Bruttogehalt (B) in die Berechnung einzubeziehen sind, gehören unter anderem strukturelle Bonus- und Provisionszahlungen.

Es gilt zu beachten, dass es sich bei der dargelegten Berechnungsformel nur um eine Richtschnur handelt und dass die Gerichte mit der Auslegung der interpretationsfähigen Elemente der Formel recht flexibel umgehen.

Teilzeit

In den Niederlanden ist Teilzeitarbeit ein weit verbreitetes Phänomen. Seit einiger Zeit besteht auch ein gesetzlich festgelegter Anspruch auf Teilzeitarbeit. Das entsprechende Gesetz (*wet aanpassing arbeidsduur*) gilt nicht für Unternehmen, die weniger als zehn Arbeitnehmer beschäftigen. Das Arbeitsverhältnis muss schon seit mindestens einem Jahr bestehen. Nach der gesetzlichen Regelung kann der Arbeitgeber den vom Arbeitnehmer geltend gemachten Anspruch auf Reduzierung seiner Arbeitsleistung nur aufgrund schwerwiegender betrieblicher Erfordernisse ablehnen. Umgekehrt besteht – unter denselben Voraussetzungen – auch ein Anspruch des teilzeitbeschäftigten Arbeitnehmers auf Erweiterung der Arbeitsleistung. Bisher knüpft die Rechtsprechung recht enge Voraussetzungen an das Vorliegen von schwerwiegenden betrieblichen Erfordernissen.

Schwangerschaft

Eine schwangere Arbeitnehmerin hat das Recht auf 16 Wochen Schwangerschaftsurlaub. Sie kann sowohl vor als auch nach der Schwangerschaft diesen Urlaub nehmen. Dieser Schwangerschaftsurlaub ist durch die schwangere Arbeitnehmerin auf eine Periode vor und eine Periode nach der Schwangerschaft aufzuteilen. Vor dem ausgerechneten Schwangerschaftstermin beginnt der Schwangerschaftsurlaub nach Wahl der Arbeitnehmerin vier bis sechs Wochen vor dem ausgerechneten Termin. Entsprechend beträgt die Zeit nach dem ausgerechneten Termin zwischen zehn und zwölf Wochen. Nach Ablauf dieser Periode besteht im Übrigen ein zusätzlicher Kündigungsschutz von noch weiteren sechs Wochen für die Arbeitnehmerin.

Arbeitsunfähigkeit

Ein Arbeitnehmer, der zwei Jahre krank geschrieben ist, wird erwerbsunfähig. Bei einer Erwerbsunfähigkeit von 100 Prozent erhält der Arbeitnehmer 70 Prozent des letzten Gehaltes mit einem Maximum von EUR 30.660 (2007) pro Jahr. Allerdings werden häufig Erwerbsunfähigkeitsversicherungen abgeschlossen, damit die Einkommensverluste im Falle der Erwerbsunfähigkeit aufgefangen werden.

Arbeitsunfall

Nach niederländischem Recht trägt der Arbeitgeber grundsätzlich das Risiko für Arbeitsunfälle, es sei denn, dass er nachweisen kann, genügende Vorsorgemaßnahmen getroffen zu haben. Hierfür schalten viele Arbeitgeber den sogenannten Arbo-Dienst ein. Dies sind Privatunternehmen, die den Arbeitsplatz auf Unfallrisiken prüfen und auch den Verlauf von Krankmeldungen im Betrieb überwachen, sodass Risikofaktoren schnell erkannt werden können und ihnen abgeholfen werden kann.

Mitbestimmung

In den Niederlanden benötigt ein Betrieb ab 50 Mitarbeitern einen Betriebsrat. Der Betriebsrat hat teilweise eine beratende Funktion und ist teilweise zustimmungsbefugt. Genaueres ist in dem Gesetz für Betriebsräte (*wet op de ondernemingsraden*) geregelt. Eine Beratungsfunktion hat der Betriebsrat etwa bei Übernahmen oder beim Verkauf von Teilen des Unternehmens. Der Arbeitgeber braucht die Zustimmung des Betriebsrates bei Regelungen über Pensionen, Urlaub, Gehaltssysteme et cetera.

Tarifverträge

Häufig werden die Beziehungen zwischen den Parteien auch durch Tarifverträge (mit-)bestimmt. Eine Reihe von Tarifverträgen ist für allgemein verbindlich erklärt worden. Diese binden Arbeitnehmer und Arbeitgeber auch dann, wenn keine der Parteien Mitglied eines Arbeitgeberverbandes oder einer Gewerkschaft ist.

Stellung des Geschäftsführers

Der eingetragene Geschäftsführer einer niederländischen Gesellschaft mit beschränkter Haftung (*besloten vennootschap met beperkte aansprakelijkheid*, abgekürzt B.V.) ist in aller Regel nicht nur Gesellschaftsorgan, sondern auch Arbeitnehmer, wenn er ein Gehalt bezieht. Durch die Verquickung von Arbeitsrecht und Gesellschaftsrecht gelten für Geschäftsführer einige Besonderheiten, von denen die auffälligsten kurz besprochen werden sollen.

Der Gesetzgeber sieht B.V.-Geschäftsführer als weniger schutzwürdig an als normale Arbeitnehmer und hat daher festgelegt, dass vor der Kündigung eines B.V.-Geschäftsführers keine vorherige behördliche Zustimmung (vgl. hierzu oben Kündigungsschutz) notwendig ist.

Auch kann die gesellschaftsrechtliche Stellung des Geschäftsführers relativ einfach durch Abberufung gelöst werden – insoweit besteht durchaus Vergleichbarkeit mit dem deutschen Recht. Werden hierbei jedoch nicht alle im Gesellschaftsvertrag und dem Gesetz niedergelegten Förmlichkeiten beachtet, kann sich dies auf die arbeitsrechtliche Situation auswirken. Dies bedeutet insbesondere, dass der Geschäftsführer vor der Abberufung angehört werden und zur Anhörung fristgerecht eingeladen werden sollte. Geschieht dies nicht, kann dies zur Folge haben, dass der Abberufungsbeschluss des befugten Gesellschaftsorgans anfechtbar ist. Letztlich wird dies selten der Fall sein, dennoch führt die Nichteinhaltung der gesellschaftsrechtlichen Formvorschriften im Falle der Kündigung oder Abberufung des B.V.-Geschäftsführers in der Praxis meist zu höheren Abfindungen zugunsten des B.V.-Geschäftsführers.

Ein weiterer Unterschied zu normalen Arbeitnehmern besteht darin, dass für Arbeitsprozesse zwischen Arbeitgebern und Geschäftsführern nicht das Amtsgericht (*rechtbank, sector kanton*) zuständig ist, sondern das Landgericht (*rechtbank*).

Wegen der vielfältigen Besonderheiten können – noch mehr als im normalen Konfliktfall – sowohl der B.V.-Geschäftsführer als auch die Gesellschaft bei drohender Beendigung der Zusammenarbeit stark profitieren, wenn sie sich anwaltlich beraten lassen.

Mietrecht

Vorab sollte sich jeder Expatriat überlegen, ob er eine Wohnung mietet oder nicht sogar ein Objekt kauft. Anders als in Deutschland, wo der Kauf einer Eigentumswohnung in der Regel nur einmal im Leben erfolgt, ist der Kauf von Wohnungen und Häusern auch bei jungen Menschen in den Niederlanden sehr viel häufiger.

Dies liegt an der Steuergesetzgebung, nach der alle Zinsen für die Wohnungsfinanzierung von der Einkommenssteuer bis zu 30 Jahre abgezogen werden können. Auch bei einem kürzeren Aufenthalt in den Niederlanden kann es sich deshalb lohnen, ein Haus zu kaufen, anstatt es zu mieten. Selbstverständlich hängt dies vom Kaufpreis, dem Wohnungsmarkt und den Finanzierungsbedingungen ab, aber die Option sollte auf jeden Fall geprüft werden. Dies vorausgeschickt, gibt es einige Punkte, die bei einem Wohnraummietverhältnis in den Niederlanden wichtig sein können.

Zunächst einmal gilt es darauf zu achten, dass auch bei einem Wohnraummietverhältnis auf Zeit in den Mietvertrag aufgenommen wird, dass der Mieter unter Einhaltung einer Kündigungsfrist kündigen kann. Dies ist in den Standardverträgen nämlich häufig nicht aufgenommen und kann ansonsten für den Expatriat zur unangenehmen Konsequenz führen, der festen Bindung an den gesamten Zeitraum des Mietvertrages.

Wenn der Mieter in der Wohnung bauliche Veränderungen durchführen will, dann empfiehlt es sich, hierfür eine Zustimmung einzuholen. Wenn der Mieter eine Zustimmung zu der baulichen Veränderung hat, braucht er am Ende der Mietzeit den alten Zustand nicht wiederherzustellen. Außerdem kann er unter Umständen einen Vermögensvorteil, den der Vermieter durch die bauliche Veränderung genossen hat, vom Vermieter zurückverlangen.

Anders als im deutschen Mietrecht enthalten in der Regel die allgemeinen Bedingungen bei Wohnraummietverhältnissen eine Bestimmung, dass kleine Instandhaltungskosten durch den Mieter zu tragen sind. Diese Kosten sind auch nicht auf einen bestimmten Betrag im Jahr begrenzt. Allerdings ist der Vermieter grundsätzlich verpflichtet, jeden Mangel an der Mietsache zu beheben. Hier liegt das Problem in der Abgrenzung im Einzelfall. Bei Mängeln an der Mietsache ist, anders als im deutschen Recht, der Mieter nicht ohne Weiteres zur Minderung und zu einer Zurückbehaltung berechtigt, sondern muss erst ein gerichtliches Urteil erstreiten, bevor er Miete einbehalten darf.

Wie auch in Deutschland ist es anzuraten, bei Übergabe der Mietsache am Ende des Mietverhältnisses mit dem Vermieter zusammen ein gemeinsames Protokoll zu erstellen und zu unterschreiben, damit spätere Beweisprobleme über den Zustand der Wohnung durch den Mieter weitestgehend ausgeschlossen sind. Allerdings gilt hier, wie auch in Deutschland, dass gerade die schwarzen Schafe unter den Vermietern bei einer solchen Abnahme kaum oder gar nicht mitarbeiten oder zum Beispiel das Protokoll nicht unterschreiben.

Schließlich sei noch darauf hingewiesen, dass bei der Anmietung von Wohnungen über einen Makler üblicherweise eine Monatsmiete als Maklercourtage genommen wird.

Zivilgerichtsbarkeit

Gerichtsaufbau

Ähnlich wie in der deutschen Gerichtsbarkeit gibt es Amtsgerichte, Landgerichte, Oberlandesgerichte und als höchstes Gericht den *Hoge Raad*, vergleichbar mit dem Bundesgerichtshof. Allerdings sind die Amtsgerichte als eine Unterabteilung den Landgerichten zugeordnet. Im Unterschied zur deutschen Gerichtsbarkeit gibt es kein Verfassungsgericht. Diese Funktion wird ebenfalls durch den *Hoge Raad*, aber nicht in einer Sondergerichtsbarkeit, sondern im Rahmen der normalen Verfahren übernommen. Anders als bei der deutschen Gerichtsbarkeit gibt es auch keine separaten Arbeits-, Finanz- oder erstinstanzlichen Verwaltungsgerichte.

Besonders zu erwähnen ist eine niederländische Besonderheit, nämlich die *ondernemingskamer*, die beim Oberlandesgericht in Amsterdam angesiedelt ist. Dieser besondere Senat beim Oberlandesgericht hat eine Sonderzuständigkeit für gesellschaftsrechtliche Probleme zwischen Parteien. In den letzten Jahren hat die *ondernemingskamer* Amsterdam häufig im Rampenlicht gestanden, weil beispielsweise Minderheitsgesellschafter über die *ondernemingskamer* Gesellschafterbeschlüsse gekippt haben oder aber über einen durch das Gericht benannten Sachverständigen Untersuchungen etwa über Missmanagement eingeleitet wurden.

Zivilverfahren

Allgemein

Blankenburg (1997) hat aufgezeigt, dass im Verhältnis in den Niederlanden wesentlich weniger prozessiert wird als in Deutschland. Es lässt sich hier nicht abschließend beurteilen, woran dies liegt. Dennoch lassen sich einige potenzielle Gründe anführen. Grundsätzlich hat der Autor in seiner täglichen Praxis als Rechtsanwalt und *advocaat* festgestellt, dass die Niederländer aufgrund ihrer Handelsmentalität eher geneigt sind, einen Konflikt im Wege der gütlichen Einigung beizulegen. Hierbei hilft sicherlich auch, dass – anders als im deutschen Recht – die unterliegende Partei nicht alle ihre Rechtsanwaltskosten von der Gegenseite erstattet bekommt, sondern nur einen relativ kleinen Teil. Dies kann jedoch in Deutschland auch der Fall sein, wenn Rechtsanwälte über Stundentarife arbeiten und nicht über das tabellarische System des deutschen Rechtsvergütungsgesetzes, was es in den Niederlanden überhaupt nicht gibt.

Ein weiterer Grund könnte darin liegen, dass vorgerichtliche Streitbeilegung in den Niederlanden verbreiteter ist als in Deutschland und durch verschiedene Institutionen unterstützt wird (Blankenburg, 1997). Hier soll auch Erwähnung finden, dass Rechtsanwälte, bevor sie einen Prozess anstrengen, aufgrund ihrer Standesregeln ausdrücklich dazu verpflichtet sind, zunächst eine gütliche Einigung anzustreben. Eine vergleichbare Regelung gibt es in den deutschen Standesregeln für Rechtsanwälte nicht.

Klageverfahren

Das niederländische Zivilklageverfahren unterscheidet sich in einigen Punkten von einem deutschen Zivilrechtsverfahren, wobei der Autor sich auf einige Besonderheiten beschränken möchte. Während im deutschen Zivilprozess in der Regel nach der Klageschrift und der Klageerwiderung eine mündliche Verhandlung bei Gericht stattfindet, erfolgt in den Niederlanden eine weitere schriftliche Stellungnahme beider Parteien, bevor eine mündliche Verhandlung anberaumt wird. Während mündliche Verhandlungen im Zivilprozess bei deutschen Gerichten in der Regel sehr kurz sind, nämlich in der Regel nicht länger als eine halbe Stunde dauern, wird in den Niederlanden in dieser mündlichen Verhandlung häufig noch durch die Rechtsanwälte plädiert, wie es im deutschen Strafverfahren üblich ist. Da Rechtsanwälte in den Niederlanden pro Stunde bezahlt werden, zeigt sich schon hier, dass ein Zivilverfahren sehr kostenintensiv ist.

Bei den Fristen, die den Parteien für die Einreichung von Schriftsätzen gewährt werden, ist es in den Niederlanden leichter, vom Gericht eine Fristverlängerung zu erhalten, als in Deutschland – wenn man auch konstatieren muss, dass diese Praxis in den Niederlanden durch eine Prozessreform eingeschränkt wurde.

Gegen Urteile in erster Instanz kann, wie im deutschen Rechtssystem, Berufung eingelegt werden und gegen ein Urteil in zweiter Instanz gegebenenfalls eine Revision beim *Hoge Raad.* Anders als im deutschen Zivilprozess findet die Zustellung von Schriftsätzen, beispielsweise der Klage, durch die Parteien selbst und nicht durch das Gericht statt.

»kort geding«

Eine Besonderheit des niederländischen Rechts, die nicht nur den Laien, sondern auch den fachkundigen Ausländer überrascht, ist das *kort geding*, ein vorläufiges Rechtsschutzverfahren. Manchmal wird das *kort geding* mit der im deutschen Recht bekannten einstweiligen Verfügung übersetzt. Dies ist deshalb mit Vorsicht zu genießen, weil das *kort geding* sich in verschiedenen Punkten wesentlich von der einstweiligen Verfügung unterscheidet.

Das *kort geding* ist ein sehr verkürztes Klageverfahren des vorläufigen Rechtsschutzes. Der Kläger muss deshalb die Eilbedürftigkeit begründen und der Sachverhalt muss sich für ein *kort geding* eignen, das heißt in aller Regel, dass zum Beispiel keine Zeugen gehört werden.

Da es sich um ein vorläufiges Rechtsschutzverfahren handelt, kann die unterlegene Partei immer noch in einem sogenannten Hauptsacheverfahren ihr Anliegen weiter betreiben. In der gerichtlichen Praxis hat sich gezeigt, dass die Urteile in diesem Verfahren, die in die Zuständigkeit des Landgerichtspräsidenten fallen, eine große Akzeptanz genießen und zur Befriedigung des Parteienstreites beitragen, ohne das es noch zu einem Hauptverfahren kommt.

Der Urteilsausspruch erfolgt bereits innerhalb von sechs bis acht Wochen, da es sich hier um ein summarisches Verfahren handelt, das häufig nur aus einer Klage und anschließend einer mündlichen Verhandlung besteht, in dem die beklagte Partei Stellung bezieht. Wegen dieser Schnellheit ist das *kort geding* in den Niederlanden sehr verbreitet. Anders als das deutsche einstweilige Rechtsschutzverfahren können nämlich mit einem solchen *kort geding* häufig auch Geldansprüche durchgesetzt werden. Das *kort geding* wird inzwischen in allen Rechtsbereichen eingesetzt.

Sicherungspfändung (*conservatoir beslag*)

Das niederländische Recht gibt dem Gläubiger die Möglichkeit, eine Sicherungspfändung (*conservatoir beslag*) auszuüben, die oft mit dem deutschen Arrest verglichen wird. Tatsache ist aber, dass diese beiden Rechtsinstitute sich in der Rechtspraxis wesentlich voneinander unterscheiden. Während nach deutschem Recht der Arrest nur möglich ist, wenn die spätere Vollstreckung eines Urteils vereitelt oder wesentlich erschwert werden würde, spielt dies im niederländischen Recht keine Rolle. Jeder Gläubiger kann mit einem Antrag bei Gericht innerhalb weniger Stunden einen Beschluss erhalten, mit dem Vermögensgegenstände wie zum Beispiel Grundeigentum, Bankkonten oder Vorräte zur Sicherung gepfändet werden. Eine Zwangsvollstreckung aus diesen gepfändeten

Objekten ist nur möglich, wenn ein Urteil in einem Hauptsacheverfahren vorliegt.

Das niederländische Verfahren wird auch dadurch wesentlich vereinfacht, dass die Glaubhaftmachung nicht eine eidesstattliche Versicherung wie im deutschen Recht voraussetzt, sondern lediglich ein schlüssiger Vortrag gegebenenfalls mit entsprechenden Dokumenten dem Gericht dargelegt wird.

Da das Gericht den Beschluss in der Regel ohne Anhörung (Ausnahme Lohnpfändungen) des Anspruchsgegners erlässt, ist diese Sicherungspfändung ein sehr beliebtes und effektives Mittel, Rechtsstreitigkeiten ohne langwierige Prozesse zu einer vergleichsweisen Regelung zu bringen. Der Schuldner hat bei einer erfolgreichen Sicherungspfändung nämlich kein Interesse mehr, langwierige und kostspielige Prozesse zu führen, wenn das Prozessrisiko erheblich ist.

Der Anspruchsgegner, der einer Sicherungspfändung unterworfen wurde, hat die Möglichkeit, in den bereits besprochenen *kort geding* Verfahren die Aufhebung der Sicherungspfändung zu beantragen. Hierzu muss er das Gericht in dem summarischen Verfahren überzeugen, dass der Antragsteller im Klageverfahren seine Forderung nicht wird durchsetzen können. Dies ist naturgemäß sehr schwierig und die Gerichte neigen in den Niederlanden auch eher dazu, eine Sicherungspfändung bestehen zu lassen, da sie gerade zur Sicherung dienen soll. In der Praxis bietet der Schuldner nach einer erfolgreichen Sicherungspfändung zum Beispiel in Grundeigentum eine Bankbürgschaft an.

Schließlich ist darauf hinzuweisen, dass der Anspruchsteller sich schadensersatzpflichtig macht, wenn sich im späteren Gerichtsverfahren der Anspruch als nicht begründet herausstellt.

Gesellschaftsrecht (*vennootschapsrecht*)

Ähnlich wie im deutschen Recht gibt es Personengesellschaften wie den Einzelhandelskaufmann, die Gesellschaft bürgerlichen Rechts, die Offene Handelsgesellschaft und die Kommanditgesellschaft jeweils mit niederländischen Besonderheiten. Hier soll nur auf die Gesellschaft mit beschränkter Haftung nach niederländischem Recht (*besloten vennootschap met beperkte aansprakelijkheid*, abgekürzt B.V.) und die Aktiengesellschaft (*naamloze vennootschap*, abgekürzt N.V.) eingegangen werden.

Die *besloten vennootschap* ist vergleichbar mit einer GmbH nach deutschem Recht, kennt aber auch einige wichtige Unterschiede. Ähnlich wie im deutschen Recht muss ein Mindestkapital bei der Gründung einer B.V. gezahlt werden und wird die Gründungsakte notariell beurkundet. Allerdings benötigt man in den Niederlanden auch eine sogenannte Unbedenklichkeitsbescheinigung des Ministeriums (*verklaring van geen bezwaar*). Diese Bescheinigung soll zum Beispiel verhindern, dass die Satzungen der Gesellschaft mit dem Gesetz nicht in Einklang stehen und die beteiligten Personen die Gewähr für eine ordnungsgemäße Nutzung der Gesellschaft bieten.

Anders als im deutschen Recht werden die Beteiligungen in genauen Stückzahlen der Geschäftsanteile ausgedrückt und nicht nach Prozentsätzen.

Als Geschäftsführer kann bei einer niederländischen B.V. – anders als bei einer deutschen GmbH – auch eine Kapitalgesellschaft, also zum Beispiel eine deutsche GmbH, eingetragen werden. Für die Geschäftsführerhaftung sind dann letztlich der oder die Geschäftsführer der Kapitalgesellschaft verantwortlich und haftbar. In der niederländischen Rechtspraxis wird häufig eine Holding B.V. als Geschäftsführer eingetragen, zumal wenn es lediglich eine natürliche Person als Gesellschafter gibt. Dies kann steuerrechtliche und insolvenzrechtliche Vorteile mit sich bringen.

Auffällig ist aber auch, dass die Satzung/der Gesellschaftsvertrag einer niederländischen B.V. grundsätzlich wesentlich länger und schwieriger formuliert ist, als dies bei einem Gesellschaftsvertrag einer deutschen GmbH der Fall ist.

Wie in der deutschen GmbH sind Geschäftsanteile nicht frei verhandelbar, sondern zunächst den Mitgesellschaftern einer B.V. anzubieten. Schließlich ist noch erwähnenswert, dass auch eine niederländische B.V. einen Aufsichtsrat haben kann.

Die niederländische Aktiengesellschaft wird durch einen Vorstand geleitet und die Geschäftsanteile sind grundsätzlich frei verhandelbar. Nur wenn die niederländische N.V. eine bestimmte Größe überschritten hat, ist ein Aufsichtsrat verpflichtet.

Für beide Gesellschaftsformen gilt, dass in der Gründungsphase neben der Gesellschaft auch die in ihrem Namen auftretenden Personen gesamtschuldnerisch für die Verbindlichkeiten haften, bis die Gesellschaft ordnungsgemäß angemeldet ist und das Mindestkapital eingezahlt ist. Diese persönliche Haftung jedenfalls endet in dem Augenblick, in dem die Gesellschaft die Handlungen ausdrücklich oder stillschweigend bestätigt und die eingegangene Verpflichtung erfüllt. Ansonsten droht die Gründerhaftung, insbesondere wenn die Gesellschaft innerhalb eines Jahres insolvent wird.

Für börsennotierte Unternehmen ist in den Niederlanden vor wenigen Jahren ein Corporate Governance Kodex gesetzlich verabschiedet worden, der sich ohne Gesetzeskraft auch auf nicht börsenorientierte Unternehmen in der Praxis auszuwirken scheint. Nach diesem *Code Tabaksblat*, benannt nach dem bekannten Wirtschaftsführer, werden zum Beispiel der Übergang vom Vorstand in den Aufsichtsrat eines Unternehmens, die Vielzahl der Aufsichtsratsmandate, aber auch die Abfindungssummen von ausscheidenden Vorstandsmitgliedern beschränkt. Grundsätzlich lässt sich festhalten, dass der Kodex – schon aufgrund der gesetzlichen Einführung – in den Niederlanden mehr Bedeutung hat als in Deutschland.

Schlussbemerkung

Diese Übersicht kann keine abschließende Beurteilung sein, aber gibt dem interessierten Leser hoffentlich einen geeigneten Einstieg in die Problematik und motiviert ihn, sich weiter mit Rechtsunterschieden zwischen Deutschland und den Niederlanden zu beschäftigen. Nicht zu vergessen sind steuerrechtliche Fragen, wenn beispielsweise ein Salarysplitting infrage kommt. Auch kennen die Niederlande für Expatriates einen ermäßigten Einkommenssteuersatz. Gerade Deutschen ist anzuraten, sich in den Niederlanden nicht auf ihre deutschen Erfahrungen zu verlassen, da die Kulturunterschiede und damit auch Unterschiede im Rechtssystem und der Rechtspraxis zwischen diesen beiden Ländern sehr viel größer sind als allgemein hin angenommen wird.

Literatur

Blankenburg, E. (1997). Patterns of Legal Culture. The Netherlands compared to neighbouring Germany. Amsterdam.

Gotzen, P. (2000). Niederländisches Handels- und Wirtschaftsrecht (2.Aufl.). Heidelberg.

Hagedorn, A., Rhein, E. (2004): Niederländisches Insolvenzrecht. In U. Jahn, A. Sahm (Hrsg.), Insolvenzrecht in Europa (4. Aufl., S. 305–328). Heidelberg.

Mincke, W. (2002): Einführung in das niederländische Recht. München.

Ton Nijhuis

Die politische Kultur in den Niederlanden im Vergleich zu Deutschland

Vorbemerkung

Ist die niederländische politische Kultur vergleichbar mit jener in Deutschland? Die Antwort ist abhängig vom jeweiligen Standpunkt der Betrachtung. Aus den vielen internationalen Vergleichsstatistiken und Untersuchungen, die ziemlich regelmäßig erscheinen, ergibt sich meistens, dass sich Deutschland und die Niederlande in fast allen Bereichen sehr ähnlich sind. Außer vergleichbaren politischen Institutionen, Wertorientierungen und gesellschaftlichen Strukturen gibt es auch Parallelen in der Entwicklung des Versorgungsstaates. Verglichen mit anderen Ländern Europas (und erst recht mit Ländern außerhalb Europas) reduzieren sich die Unterschiede zwischen beiden Ländern zu Nuancen.

Wenn wir aber die beiden Länder etwas näher betrachten, wirken sie umso verschiedener: Gerade weil die Länder sich so ähneln, stechen die Unterschiede stark hervor. Ein Schritt über die Grenze und man merkt, dass man sich in einem anderen Land befindet. Und was die politische Kultur betrifft: Ein Besuch beim niederländischen und beim deutschen Parlament oder das Zappen zwischen niederländischen und deutschen politischen Fernseh- oder Rundfunkdiskussionen zeigt, dass Welten dazwischen liegen. So werden in Deutschland politische Debatten oft energisch und grundsätzlich geführt, während in den Niederlanden der Hang zur Mitte besteht, wo man die Kompromisse findet. In den Niederlanden besteht überdies weniger als in Deutschland die Neigung, Problemlagen zu politisieren. Entsprechend erscheint das Land bei der Reform des Wohlfahrtsstaates oder bei ethischen Problemen auch etwas risikobereiter. Kurzum: Wenn wir die beiden Staaten genauer miteinander vergleichen, überwiegen doch die Unterschiede.

In diesem Beitrag wird der Kontrast der niederländischen politischen Kultur zu jener in Deutschland verdeutlicht. Daher konzentriert sich dieser Beitrag vor allem auf die Unterschiede in der politischen Kultur zwischen den beiden Nachbarn. Auf diese Weise sollen die Besonderheiten der niederländischen politischen Kultur herausgestellt werden. Besonderes Gewicht sollen dabei die Unterschiede im Verhältnis von Gesellschaft und Staat haben, zwischen der niederländischen Kompromisskultur und der deutschen Streitkultur, die unterschiedlichen Rollen, die die politischen Parteien in den beiden Ländern spielen, auch eingedenk der sprichwörtlichen niederländischen Toleranz und Offenheit. Schließlich wird gefragt, ob die politischen Morde an Pim Fortuyn und Theo van Gogh diese Tradition in Gefahr gebracht haben.

Eine andere Geschichte

Politische Kultur wird hier umfassender verstanden als die »civic culture« wie bei Almond und Verba (1963) oder die in der Bevölkerung vorherrschenden Werte und Normen bezüglich des politischen Systems. Hier geht es vor allem um das Verhältnis zwischen historisch gewachsenen politischen Strukturen, die auf spezifische Weise damit verbunden sind, wie die unterschiedlichen Gruppen und Akteure miteinander umgehen, ferner um die historische Erfahrung, die in Weltbilder, Erwartungen, Werte und Normen gegossen ist. Es ist gerade diese Wechselwirkung zwischen historisch gewachsenen Institutionen, Strukturen und Handlungsmustern einerseits und gefestigten historischen Erfahrungen und Erwartungen andererseits, die die spezifischen nationalen politischen Strukturen prägen. Daher ist politische Kultur in hohem Maße von Pfadabhängigkeiten geprägt. Die Differenzen zwischen den politischen Kulturen sind bedingt durch die unterschiedlichen Erfahrungen, die in politische und gesellschaftliche Institutionen, Handlungsmuster und Umgangsformen gegossen sind.

Die historischen Erfahrungen der Deutschen und der Niederländer, die prägend für die heutige politische Kultur sind, gehen stark auseinander. Dabei geht es nicht allein um die beiden Weltkriege. Die unterschiedlichen Wege reichen viel weiter zurück, bis in das 17. Jahrhundert. Gelegentlich erscheint die Geschichte des einen Landes als das genaue Gegenteil des anderen: Deutschland und die Niederlande als Frau und Mann im Wetterhäuschen.

Die niederländische Geschichte durchlief einen Modernisierungsprozess, der von einem sehr hohen Maß an Kontinuität und Stabilität gekennzeichnet ist. Große Konflikte fehlen ebenso wie Bürgerkriege: In den vergangenen zwei Jahrhunderten haben sich keine Zäsuren gebildet, die nicht von außen kamen. Die deutsche Geschichte dagegen erweist sich als Kontinuität von Diskontinuitäten, eine Geschichte der Konflikte, Brüche und »verpassten Chancen«, die im Selbstbewusstsein der Nation tiefe Spuren hinterlassen haben. Die Niederlande gehören zu den früh unabhängigen Ländern, hatten jedoch eine späte Staatsentwicklung. Die Bürgerrepublik entstand im 16. und 17. Jahrhundert, während erst Ende des 18. und im 19. Jahrhundert von einem mehr oder weniger zentralisierten Staat gesprochen werden kann. Das 17. Jahrhundert ist das goldene Zeitalter, in dem sich die Niederlande politisch, wirtschaftlich und kulturell gesehen auf einem Höhepunkt befanden, wogegen diese Epoche in der deutschen Geschichte ein Tiefpunkt war, an dem das Land aufgrund des Dreißigjährigen Krieges ruiniert war.

Die deutsche Kultur hatte eine Blütezeit am Ende des 18. und im 19. Jahrhundert und trägt mehr den Stempel der Romantik. Deutschland hatte eine sehr späte nationale Staatsbildung, die zeitlich mit dem ebenfalls späten, aber sehr schnell verlaufenden Industrialisierungsprozess zusammentraf, während in den Niederlanden die Herausbildung von Staat und Nation vor der Industrialisierung stattfanden. In Deutschland scheiterte die Revolution im Jahre 1848, während die Niederlande in diesem Jahr ein liberales Grundgesetz bekamen, auf der die heutige Verfassung basiert.

In Deutschland übte der Landadel noch lange Zeit großen Einfluss auf die Landesverwaltung aus, während in den Niederlanden der Adel schon seit der Unabhängigkeit seinen Einfluss größtenteils eingebüßt hatte. Die Niederlande waren immer eine bürgerliche Gesellschaft. Auch der Einfluss, den die vielen Kolonien auf die niederländische Gesellschaft und Kultur hatten, darf nicht unterschätzt werden. Dies hat zu dem Selbstbild der Niederlande als ein kleines, aber nicht provinzielles, sondern weltoffenes und tolerantes Land beigetragen. Die relativ erfolgreiche Integration der Emigranten aus den früheren Kolonien, vor allem der Emigranten aus Niederländisch-Ostindien, hatte außerdem einen großen Einfluss auf die spätere Integrationspolitik bei neuen Emigrantengruppen. In Deutschland spielten die Kolonien hingegen nur eine geringe Rolle.

Die Niederlande konnten sich bis zum Zweiten Weltkrieg von fast allen internationalen Konflikten fernhalten und einen neutralen Kurs fahren. Verglichen mit der Weimarer Republik waren sie ein Musterbeispiel der Ruhe. Freilich bauten beide Länder nach dem Zweiten Weltkrieg eine neue Existenz auf, jedoch unter sehr unterschiedlichen Konditionen. Genau genommen weisen erst ab dem Ende der 1960er Jahre die beiden nationalen Gesellschaftsordnungen größere Ähnlichkeiten auf.

Diese wohl sehr grobe Gegenüberstellung könnte man mit weiteren Beispielen ergänzen. Es zeigt sich aber, wie unterschiedlich die Geschichte beider Länder verlaufen ist. Jetzt geht es um die Frage, welche Wirkungen die unterschiedlichen Erfahrungen auf die Entwicklung der politischen Kultur beider Länder gehabt haben, sowohl im Hinblick auf die Institutionen als auch bezüglich der Kernwerte, die die politische Kultur beider Länder kennzeichnen.

Staat und Gesellschaft in der deutschen und niederländischen Geschichte

Unterschiede in der politischen Kultur zwischen Deutschland und den Niederlanden lassen sich in erheblichem Maße erklären durch die unterschiedlichen Ideen von Art und Funktion des Staates und durch die jeweilige gegenseitige Durchdringung von Staat und Gesellschaft.

Die Erwartungen der Bürger gegenüber dem Staat sind in Deutschland höher als in den Niederlanden. Diese Unterschiede im Verhältnis zwischen Bürger und Staat sind von entscheidender Bedeutung für die Verschiedenartigkeit der politischen Kulturen beider Länder.

Sowohl in der niederländischen als auch in der deutschen Sprache kennt man das Wort »Staat«. Obwohl das Konzept auf den ersten Blick auf die gleichen politischen Institutionen Bezug nimmt, hat der Begriff in beiden Ländern doch eine völlig unterschiedliche Bedeutung. Sein Gefühlswert unterscheidet sich, und sein Bedeutungsfeld ist ein ganz anderes. Die semantischen Unterschiede zwischen beiden Staatskonzepten lassen sich nicht nur begriffshistorisch erklären; sie sind die Folge großer Unterschiede des Charakters des Staats und des Verhältnisses zwischen Staat und Gesellschaft. Das historisch gewachsene Verhältnis zwischen Staat und gesellschaftlichen Teilbereichen und Institutionen wie Markt, Kirche und Öffentlichkeit weist in beiden Ländern häufig große Unterschiede auf.

Der Staat genießt in den Niederlanden kein hohes Ansehen. Er ist unentbehrlich, wenn es darum geht, einige Dinge praktisch zu regeln, aber er hat keinen besonderen Status. Man zieht es in den Niederlanden vor, von den Behörden (*Overheid*) zu sprechen. *Overheid* ähnelt dem deutschen Wort Obrigkeit, hat aber eine völlig andere Konnotation und hat nicht diesen etwas autoritären Klang, wie bei der Zusammensetzung beider Begriffe in das Wort Obrigkeitsstaat.

In Deutschland dagegen hat das Konzept »Staat« im neunzehnten Jahrhundert einen nahezu metaphysischen Klang bekommen.

Der Staat ist Gegenstand von Verehrung und Verachtung. Ein Begriff wie »Staatstreue« hat in den Niederlanden kaum Aussagekraft. Auch das Gegenteil, die Staatsverachtung, der Staat als das ultimative Übel, das mit Feuer und Schwert bekämpft werden muss, ist in den Niederlanden unbekannt.

Dieses von Deutschland sehr unterschiedliche Nachdenken über den Staat und über das Verhältnis zwischen Zivilgesellschaft und Staat entstammt einer langen Tradition, die bis ins 17. Jahrhundert zurückreicht. Anders als in Deutschland war in den Niederlanden schon früh die Rede von einer unabhängigen Republik. Sie war aber kein starker Einheitsstaat, sondern ein loses Bündnis der sieben Provinzen, das sich durch ein hohes Maß an Autonomie der einzelnen Provinzen und Städte auszeichnete. Der nationale Staat blieb als Verwaltungsapparat immer sehr begrenzt. Dies bedeutete auch, dass der Staat für das Erlangen sozialen Ansehens keine attraktive Option war. Das niederländische Bildungsbürgertum strebte darum, anders als das deutsche, nicht nach einer behördlichen oder verwaltungsamtlichen Karriere innerhalb des Staatsapparates, in der Hoffnung, damit gesellschaftliches Ansehen zu erlangen. Diese Bindung des deutschen Bürgertums an den Staat wird außerdem noch dadurch verstärkt, dass auch die meisten freien Berufe aus vom Staat kontrollierten Funktionen bestanden.

In den Niederlanden hatten Staat und Militär nicht die Funktion des Verteilers von Karrieremöglichkeiten. Außerdem erteilte der Staat keine begehrenswerten Titel, die einen Teil des gehobenen Bürgertums dazu verleiten könnte, sich, wie in Frankreich, dem Staat zu kommittieren. Bildung wurde und wird in den Niederlanden hoch geschätzt, jedoch vor allem, wenn diese einer weiteren kommerziellen Laufbahn dient. Wenn wir sagen dürfen, dass die deutsche Bürgergesellschaft dem Staat untergeordnet war, dann war der niederländische Staat der Bürgergesellschaft untergeordnet. Zuerst kam nicht der Staat, sondern die Gesellschaft. Sie stand im Vordergrund und bestimmte die politischen Kategorien.

Anders als in den Niederlanden fielen in Deutschland Einigung und Staatsbildung größtenteils zusammen. Und anders als in den

Niederlanden fiel in Deutschland die Staatsbildung mit einer Periode beispiellosen wirtschaftlichen, technischen und wissenschaftlichen Fortschritts zusammen. Der Staat spielte bei diesem so erfolgreichen Nachholmanöver eine aktive Rolle, mit der Konsequenz, dass, ebenfalls anders als in den Niederlanden, der Staat als ein wichtiger, tatkräftiger Apparat betrachtet wurde, der die Gesellschaft lenken soll. In diesem Sinn ist die außergewöhnlich starke Identifizierung mit dem Staat doch vor allem ein Produkt des Wilhelminischen Reiches. In den Niederlanden stellte der Staat keineswegs das höchste Ziel und die Verkörperung der sittlichen Werte dar, auf die sich die Gesellschaft stützt. Staatsphilosophien und Machtdenken fehlen in der Geschichte der niederländischen Politik.

In Deutschland waren die protestantischen Kirchen, das Bürgertum und zivilgesellschaftliche Organisationen stark auf den Staat orientiert, und sie akzeptierten die führende Rolle des Staates in der Gesellschaft als Selbstverständlichkeit. In den Niederlanden dagegen waren Kirche, Bürgertum und gesellschaftliche Organisationen tendenziell antistaatlich. Nicht der Staat, sondern die Kirche war der Träger sittlicher Normen und Werte. Das bedeutete auch, dass der Staat in den Bereichen Bildung, Gesundheitswesen, Sozialwesen, Kultur und Sport wenig zu suchen hatte. Der Staat musste sich auf die Rolle eines minimal regulierenden Organs und einer finanzierenden Instanz beschränken, welche den verschiedenen Konfessionen die Freiheit gab, sich maximal zu entfalten. Etwas karikaturhaft formuliert könnte man sagen, dass sich in Deutschland die Gesellschaft am Staat und in den Niederlanden der Staat an der Gesellschaft orientierte. Und diesen Unterschied spürt man bis zum heutigen Tag. Bezeichnend hierfür ist auch die große Verantwortung, die Gewerkschaften und Arbeitgeberorganisationen an den Tag legen, wenn es darum geht, die Wirtschaft gesund zu machen und die Arbeitslosigkeit zurückzudrängen, wie auch das relativ große gegenseitige Vertrauen zwischen den sozialen Partnern. Sie selbst sehen sich, anders als in Deutschland, nicht primär als strategische Gegner, die ausschließlich auf die Interessenvertretung der eigenen Klientel aus sind. Der Vertrag von

Wassenaar (zwischen Arbeitgebern und Gewerkschaften im Jahr 1982), der lange Zeit die Basis für das niederländische Poldermodell war, in dem die Gewerkschaften sich auf einen längeren Verzicht auf Lohnerhöhung festlegten und die Arbeitgeber versprachen, sich für den Erhalt von Arbeitsplätzen anzustrengen, umfasste genau gezählt anderthalb Seiten Text. Das ist etwas anderes als das misslungene deutsche »Bündnis für Arbeit«, das von Schröder angestrebt wurde. Der Erfolg des Vertrags und des Poldermodells hatte nicht zuletzt auch mit dem gegenseitigen Vertrauen zwischen den sozialen Partnern zu tun.

Die Niederlande gehören mit den skandinavischen Ländern zu den sogenannten *high trust societies*, während Deutschland sich irgendwo in der Mitte befindet, wenn es um das Vertrauen der Bürger zueinander, zu gesellschaftlichen Einrichtungen und der Politik geht.

Trotz aller Unterschiede zwischen den vier politischen Milieus in den Niederlanden, den Säulen, wie sie auch genannt werden, die sich am Ende des 19. Jahrhunderts bildeten, waren Liberale, Reformierte, Katholiken und Sozialisten sich über eine Sache einig: Die Rolle des Staates musste klein gehalten werden. »Souveränität im eigenen Kreis« war das Motto. Der Staat repräsentierte nicht das Gemeinwohl. Er war keine sittliche Instanz und hatte keine Aufgaben, wenn es darum ging, für das geistige und moralische Niveau der Gesellschaft zu sorgen. Es war eher umgekehrt: Die Säulen benutzten den Staat für ihre eigene Entwicklung. Sie sorgten für ihre eigenen Mitglieder von der Wiege bis zur Bahre.

Die gegenseitige Durchdringung von Staat und Gesellschaft hat sich also in den Niederlanden und Deutschland in bestimmten Bereichen ganz unterschiedlich entwickelt. Die Durchdringung der Gesellschaft durch den Staat war als Folge des versäulten Systems in den Niederlanden viel geringer als in Deutschland, während die Durchdringung des Staates durch die Gesellschaft viel stärker war. Gesellschaftliche Organisationen waren immer stärker bei der Gestaltung von politischen Entscheidungsprozessen einbezogen.

Bis auf den heutigen Tag spielt dieses andere Verhältnis zwischen Staat und Gesellschaft eine durchschlagende Rolle für die unterschiedlichen Ausprägungen von politischer Kultur in beiden Ländern. In Deutschland schauen Bürger eher zum Staat, wenn wirtschaftliche und gesellschaftliche Probleme anstehen. Der Staat soll die Lösung bringen. Der Staat wird mehr als in den Niederlanden als die Instanz gesehen, die eine Vorreiterrolle spielen sollte. Eine große Schlagzeile auf Seite eins einer Zeitung mit »Wo bleibt der Bundeskanzler«, wenn dieser sich in einer Krise zu spät meldet, ist in den Niederlanden undenkbar. Eher hört man den Aufruf: »Wo bleibt die Königin?« Das (protestantische) Königshaus fungiert eigentlich erst seit dem Zweiten Weltkrieg wirklich als nationales Bindeglied. Vor dieser Zeit war man vor allem in katholischen Kreisen dem Haus von Oranien gegenüber eher reserviert. Es sieht so aus, als ob das Königshaus als nationales Symbol in den letzten Jahren, als Folge eines zunehmenden Misstrauens in die Politik, noch stärker geworden ist, was sich übrigens mit einer allgemeinen republikanischen Einstellung gut zu vertragen scheint.

Es wird in den Niederlanden weniger nach Den Haag geblickt als in Deutschland nach Berlin. Dies bedeutet auch, dass gesellschaftliche Problemstellungen in Deutschland viel schneller politisiert werden als in den Niederlanden. Wo in den Niederlanden die Neigung besteht, Probleme so oft wie möglich als technische Fragen zu formulieren und dafür eben auch pragmatische Antworten zu finden, dominiert in Deutschland die Tradition, gesellschaftliche Probleme sofort als politische zu begreifen und sie zum Gegenstand des Streits zwischen Regierung und Opposition zu machen.

Konsensdemokratie und politischer Streit

Hier stoßen wir auf einen anderen wichtigen Unterschied zwischen der deutschen und der niederländischen politischen Kultur. Beide Länder kennen die Konsensdemokratie, in der alle betroffenen Parteien ausführlich eingebunden werden. Es wird nach Lösungen gesucht, die eine möglichst breite Zustimmung finden.

Außerdem ist ein Konsens in der Sache zu erwähnen: ein hohes

Maß an Übereinstimmung zwischen den politischen Parteien und den politischen Eliten über Kernbereiche der Politik sowie ein Konsens über die wichtigsten institutionellen Merkmale der Politik, die Regeln im politischen Spiel und die Formen der Konfliktbeilegung.

In den Niederlanden ist Konsensdemokratie gekennzeichnet durch eine sachorientierte Politik, pragmatische Verträglichkeit, durch Spitzentreffen, an denen betroffene gesellschaftliche Gruppen teilnehmen, durch Vertraulichkeit der Gespräche, wodurch die Konflikte nicht in die Öffentlichkeit getragen werden, sowie durch eine Depolitisierung unterschiedlicher Meinungen.

Anstatt Fragen zu politisieren, gibt es noch immer die Neigung, sie vorpolitisch durch die zahllosen Beratungsorgane zu lösen, die im Laufe der Zeit ins Leben gerufen worden sind. Die Niederlande kennen eine starke Versammlungskultur, in der nicht verhandelt wird, sondern beratschlagt, gemeinsam überlegt (*overlegd*) wird. Das Wort *overleg* ist eigentlich nicht ins Deutsche zu übersetzen, aber es bedeutet in etwa »gemeinsam überlegen und entscheiden«, so wie an einem Runden Tisch. Das beinhaltet zumindest, dass man sich darüber einig ist, dass man sich einigen muss (»agree to agree«, und nicht »agree to disagree«) und dass keine prinzipiellen Stellungnahmen einbezogen werden. Kompromisse werden positiv bewertet; sie sind nicht »faul«. Es ist ein ganzer Jargon entstanden, der beschreibt, wie Konflikte entdramatisiert und weggeräumt werden können, wie »schlichten«, »fügen«, »massieren«, »glatt streichen«, »ebnen« und »kneten«. Diese Termini haben keine negative Bedeutung. Im Gegenteil, gerade prinzipielle Stellungnahmen, Beharrlichkeit und Standhaftigkeit werden schnell mit Verweis auf Mangel an Flexibilität abgewiesen.

Auch in der Öffentlichkeit herrscht die anti-prinzipielle Gemäßigtheit vor. Die Neigung in der manichäistische Züge aufweisenden deutschen Öffentlichkeit, von Konflikt zu Konflikt zu rennen, fehlt in den Niederlanden vollkommen.

Deutschland dagegen kennt zwar auch eine Konsensdemokratie, hat aber doch eine politische Kultur, die viel eher als Streitkultur umschrieben werden kann. In der politischen Debatte wird nicht nach einer flexiblen Mittelposition gesucht, sondern nach sauberen, klaren Standpunkten. Nicht die Gemeinsamkeit dominiert in der politischen Debatte, sondern die Differenz. Obgleich es, anders als in den Niederlanden, ein hohes Maß an Übereinstimmung über die Formen und Regeln des Zusammenlebens gibt, werden doch selbst kleine Unterschiede gerne zu großen, unüberbrückbaren prinzipiellen Meinungsunterschieden hochstilisiert.

Die in Deutschland vorherrschende Neigung, alle Probleme unmittelbar zu politisieren, wird noch verstärkt durch die Wechselwirkung zwischen Öffentlichkeit, Medien und Politikern, die eine Politisierungsspirale erzeugt. In den Niederlanden dagegen ist eher die Rede von einer Entpolitisierungsspirale. Die niederländische Öffentlichkeit und Presse sind weniger schnell geneigt, nach Den Haag als jenem Zentrum zu blicken, woher die Antwort kommen muss. Politiker fühlen sich hier deshalb weniger schnell angesprochen und verspüren auch weniger Druck zu reagieren. Problemstellungen werden dadurch politisch nicht so aufgeladen und können teilweise als nicht-politisches, als technisches Problem angegangen werden.

Ein gutes Beispiel dieses Unterschiedes in der politischen Kultur ist die BSE-Krise im Januar 2001. In der Bundesrepublik wurde diese Krise in der Öffentlichkeit sofort in politische Termini übertragen und somit als politisches Problem bezeichnet. Die Medien und die Bürger erwarteten daraufhin auch eine politische Reaktion. Diese Antwort erfolgte schnell, und zwar beispielsweise in der Form des Abtretens zweier Minister (Andrea Fischer, Bündnis 90/Die Grünen und Karl-Heinz Funke, SPD) und der Umformung des Bundesministeriums für Landwirtschaft in das Bunesministerium für Ernährung, Landwirtschaft und Verbraucherschutz. In kürzester Zeit hatte sich BSE zu einem brisanten politischen Problem entwickelt. Dies im Gegensatz zu den Niederlanden, wo niemand sich dazu berufen fühlte, die BSE-Krise auch als politisches Problem auf die Tagesordnung zu setzen. Kurzum: Dasselbe Problem entwickelte sich in der deutschen politischen Kultur zu einem heiklen politischen Thema, während es in der niederländischen politischen Kultur als Problem, welches pragmatisch durch neue Verfahren gelöst werden musste, behandelt wurde.

In Deutschland wird versucht, Probleme zu politisieren, um sich damit gegeneinander abzugrenzen und zu profilieren. Diese durchgängige Politisierung resultiert in einer politischen Kultur, die gekennzeichnet ist durch einen politischen Dauerstreit und durch harte politische Debatten. Dies steht in deutlichem Kontrast zur politischen Kultur der Niederlande, die bis zum Auftauchen des 2002 ermordeten populistischen Politikers Pim Fortuyn eher als behäbig zu bezeichnen war und immer den Kompromiss im Auge hat. Fortuyn hatte einen sehr Konfrontativen politischen Stil, und das wurde von vielen Wählern auch als Erleichterung gesehen, als eine Befreiung vom bedrückenden, bewegungslosen und technokratischen politischen System in Den Haag. Aber auch Fortuyn konnte dieses Charakteristikum der niederländischen Politik nicht nachhaltig untergraben. Seine Partei ist nur noch marginal, und der politische Stil ist wieder der alte.

Keine Mehrheitsdemokratien

Weder Deutschland noch die Niederlande werden nach mehrheitsdemokratischen Prinzipien regiert. Es ist also immer die Rede von Regierungskoalitionen. Das Ergebnis hiervon ist, dass keine Partei in der Lage ist, ihr eigenes Programm zur Gänze durchzusetzen, da ihr dazu die parlamentarische Mehrheit fehlt. Es ist unumgänglich, mit dem Koalitionspartner zu Kompromissformeln zu finden. Dieser Zwang zum Kompromiss hat eine prägende Wirkung auf die politische Kultur. Dinge können nie so auf die Spitze getrieben werden, dass sie den Weg zu einer Verständigung verstellen. Dieser Einfluss ist in den Niederlanden viel stärker als in Deutschland, weil in den Niederlanden im Prinzip alle großen Parteien miteinander eine Regierung bilden können. Genau betrachtet finden wir hier erneut eine echte politische Bruchlinie:

Die Oppositionsparteien von heute können morgen Koalitionspartner sein. Es kommt darum grundsätzlich nicht infrage, etwas gegen die Oppositionsparteien durchzusetzen, auch wenn man die Mehrheit dazu hätte.

Hierdurch hat sich in den Niederlanden die lang zurückreichende Tradition entwickelt, dass grundsätzliche (z.B. ethische) Fragen nicht zu stark politisiert werden, und dass nach einem breiten Kompromiss gestrebt wird. Solange ein solcher Kompromiss nicht gefunden werden kann, ruht die weitere Gesetzgebung. Stattdessen müssen die Richter durch Rechtsprechung im Einzelfall die Grenzen der allgemeinen gesellschaftlichen Normen und Werte bestimmen, wie dies etwa bei der Abtreibung und der Sterbehilfe, aber auch beim Streikrecht der Fall war. Diese Dinge werden in den Niederlanden durch die einfachen Richter erledigt. In den Niederlanden kennt man kein Verfassungsgericht, das die Vereinbarkeit mit dem Grundgesetz prüfen kann wie das Bundesverfassungsgericht in Karlsruhe. Das Rechtssystem wird, mit anderen Worten, dazu benutzt, um drängende politische Probleme, für die noch kein Kompromiss gefunden werden konnte, zu entpolitisieren. Diese Rolle und Funktion des Richters wird sowohl vereinfacht als auch gestärkt, weil die Niederlande gekennzeichnet sind durch eine starke pragmatische Rechtskultur, im Gegensatz zur mehr legalistischen deutschen Rechtskultur.

Parteiendemokratie

Ein bedeutender Unterschied zwischen Deutschland und den Niederlanden besteht darin, dass die Bundesrepublik eine echte Parteiendemokratie ist. Anders als in Deutschland ist in den Niederlanden die Partei kein herausragendes starkes und mächtiges Organ im politischen System. Diese Differenz ergibt sich nicht daraus, dass besonders viele Menschen Parteimitglieder sind. Der Anteil der Parteimitglieder an den Wahlberechtigten liegt in beiden Ländern unter vier Prozent. Nein, der große Unterschied ist, dass in Deutschland die Parteien und die ihnen angegliederten wissenschaftlichen Dienste, wie die SPD-nahe Friedrich-Ebert-Stiftung und die CDU-nahe Konrad-Adenauer-Stiftung, über sehr große Budgets verfügen können. Dort, wo niederländische Parteibüros eine Handvoll Mitarbeiter haben, arbeiten in den Büros der deutschen Parteien Hunderte von Angestellten. Diese Unterschiede in der Infrastruktur der Parteien haben große Auswirkungen auf die jeweilige politische Kultur: In Deutschland dominieren die Parteien die politische Debatte. Sie haben viele Experten zu den unterschiedlichsten Bereichen in Dienst, die im Namen ihrer Partei ihre Analysen und Ansichten in den unterschiedlichen Medien lancieren können. Das ist in den Niederlanden nicht der Fall. Hier haben es die Parteien relativ schwer, es mangelt an Geld, Infrastruktur und Mitarbeitern, um sich so aktiv wie die deutschen Parteien in die öffentlichen Debatten einmischen zu können. Dadurch wird die öffentliche Diskussion in den Niederlanden viel deutlicher als in Deutschland durch nicht parteipolitisch eingebundene Intellektuelle geführt. Dies geschieht dann eher über die Medien als über organisierte Gruppen. Daher strukturieren sich solche Debatten auch viel weniger an parteipolitischen Linien, als dies in Deutschland der Fall ist. Den Parteien gelingt es nicht, den Debatten ihren Stempel aufzudrücken. Auch dies trägt zu einer relativen »Entparteipolitisierung« öffentlicher Debatten über gesellschaftliche Fragen bei.

Niederländische politische Kultur als Kultur von Toleranz und Duldung

Die Niederlande haben sich selbst immer als eine offene und tolerante Gesellschaft bezeichnet. Für die gesellschaftliche Selbstbeschreibung ist das Bild, oder wenn man so will, der Mythos von der toleranten, freiheitsliebenden Republik seit dem 17. Jahrhundert von nicht zu überschätzender Wichtigkeit. Keine einzelne Bevölkerungsgruppe oder Partei hatte eine absolute Mehrheit und konnte der Gesellschaft ihren Stempel aufdrücken. Es wurde immer auf Minderheiten Rücksicht genommen. Das Land hat seit dem 17. Jahrhundert den Ruf, offen zu sein für Immigranten. Die unterschiedlichen Bevölkerungsgruppen genießen ein hohes Maß an Freiheit für eigene Lebensentwürfe. Das Allgemeinwohl wird nicht durch den Staat, sondern innerhalb der gesellschaftlichen Säulen definiert. Diese Souveränität im eigenen Kreis bedeutet auch, dass man sich nicht um die anderen Säulen oder gesellschaftlichen Gruppen kümmert. Sie sollen ihren eigenen Lebensstil pflegen. Dies wird auch durch die anderen gutgeheißen. Dies führte dazu, dass es innerhalb der Säulen eine starke soziale Kontrolle gab und dass abweichendes Verhalten korrigiert, aber deviantes Verhalten von Mitgliedern anderer Säulen ignoriert wurde. Dies sollte sich zu einer Tradition entwickeln, die als »civic inattention« bezeichnet werden kann. »Civic inattention« heißt, dass Mitbürger zwar wahrgenommen werden, dass aber nicht weiter darauf geachtet wird, was sie tun. Dieses Einander-in-Ruhe-Lassen bedeutet, einander nicht zu beachten. Niederländer stören sich weniger an abweichendem Verhalten.

Die Gepflogenheit in den Niederlanden, nicht den Willen der Mehrheit durchzusetzen, bedingt die Suche nach Kompromissen. Wenn kein Kompromiss möglich ist, weil die unterschiedlichen Standpunkte zu weit auseinander liegen, wird die Situation geduldet. Dinge, die gesetzlich eigentlich verboten sind, wie früher die Abtreibung, Euthanasie und Drogen, werden mehr oder weniger geduldet. Die Duldung ist in den Niederlanden, genau betrachtet, das letzte Mittel, um der (politischen) Konfrontation aus dem Wege zu gehen. Hierdurch entsteht eine Grauzone, worin niemand mehr genau weiß, was nun eigentlich erlaubt ist und was nicht und wer dafür verantwortlich gemacht werden kann. So kann gesellschaftlich experimentiert werden, ohne dass es zu prinzipiellen (ethischen) Vereinbarungen kommen muss.

Dies ist auch deshalb möglich, weil die Niederlande eine pragmatische Rechtskultur kennen, worin das Opportunitätsgebot einen wichtigen Platz einnimmt. Dieses Opportunitätsprinzip beinhaltet, dass staatliche Instanzen wie die Polizei nicht eingreifen sollen, wenn das Gesetz zwar übertreten wird, aber aus pragmatischen oder gesellschaftlichen Gründen die Exekution des Rechts nicht für opportun erachtet wird. Nicht gegen alles, was gegen das Recht verstößt, muss auch vorgegangen werden. Dinge können auch geduldet werden.

Es ist diese Kombination von Duldung einerseits und von Wegsehen andererseits, die den toleranten Charakter der niederländischen Gesellschaft beschädigt hat. Gruppen (früher: Säulen) haben einander aus sicherem Abstand ignoriert. Man wurde nicht auf andersartiges Verhalten angesprochen, solange man niemandem lästig wurde. In der Öffentlichkeit wurden Menschen in den Niederlanden weniger rasch zur Ordnung gerufen als in Deutschland.

In einer verhältnismäßig homogenen Gesellschaft funktionierte dieses Prinzip relativ problemlos, weil es innerhalb einer geringen Bandbreite angewandt wurde. Mit dem Auftreten einer großen Zahl ausländischer Arbeitnehmer mit ihren Familien geriet dieses Prinzip unter Druck. Der erste Reflex des niederländischen Zusammenlebens war es, diese ausländischen Mitbürger als eine Art neue Säule aufzufassen. Eine neue Bevölkerungsgruppe, die sich selbst organisieren sollte und die als andere Lebensweise zu tolerieren war. Nun ist Toleranz nicht in jeder Hinsicht ein positiver Begriff. Man kann auch das tolerieren, was man eigentlich ablehnt. In der Praxis entwickelte sich das Tolerieren häufig zu einem Negieren von Problemen, die viele Bürger und Politiker im Zusammenhang mit Ausländern sahen. Dadurch entwickelte sich latent eine Unzufriedenheit mit einer damit verbundenen Explosionskraft, die durch den Mord an Fortuyn in sehr drastischer Weise zum Ausdruck kam.

Das Prinzip des Duldens ist seit Fortuyn immer mehr in Zweifel gezogen worden. Dulden heißt primär wegschauen, nicht in Konfrontation treten. Es ist eine Haltung, die nicht dazu zwingt, zu diskutieren und nicht zu einer Debatte über das Verständnis zueinander führt. Die Duldung führt eben nur dazu, dass man das Verhalten anderer, das man eigentlich ablehnt, akzeptiert, und nicht dazu, dass man den anderen akzeptiert. Seit dem Aufkommen der multikulturellen Gesellschaft werden die Grenzen dieser

Duldungshaltung gut sichtbar. Die Duldung anderer Lebensformen trug weder zu Integration noch zu Akzeptanz bei. Es wird nicht danach gestrebt, Gruppen von Ausländern auch tatsächlich in die Gesellschaft zu integrieren oder die Kultur von Immigrantengruppen als gleichberechtigt zu akzeptieren. Eigentlich steht die Duldung der Integration im Weg, weil sie den Dialog zwischen den Kulturen im Keim erstickt. Sie führt auch nicht zu einem tatsächlichen Verständnis, zu gegenseitiger Wertschätzung. Im Gegenteil, sie führt zu Gleichgültigkeit und Desinteresse. Um einer Konfrontation aus dem Weg zu gehen, muss man auch eine Vorstellung von den Denkmustern und der Lebenswelt der anderen entwickeln. Toleranz macht sie ununterscheidbar, führt zu Selbstgenügsamkeit.

Als die Probleme zu groß wurden, um darüber hinwegzusehen, ging die niederländische Debatte in die Richtung, dass nichts mehr toleriert werden und eine völlige Integration verlangt werden sollte.

Der Mythos der jahrhundertealten Tradition der Toleranz und Offenheit ist in kurzer Zeit zerstört worden. Das Pendel schlug daraufhin sogar manchmal in die andere Richtung aus. Null-Toleranz wurde zu einem beliebten Ausdruck. Auch das traditionell hohe politische und soziale Vertrauen wurde angeknackst. Und darüber hinaus kam die traditionelle Kompromisspolitik mit all ihren besonderen Instrumenten in die Kritik. Die »alte« Politik, so wie sie nun genannt wurde, wurde kritisiert als zu technokratisch und zu weit von der Bevölkerung weg. Allerdings nahm nach dieser »Revolte« des Bürgertums schnell das politische Leben wieder seinen gewohnten Lauf. So einfach lässt sich eine alte Tradition nicht über Bord werfen. Dennoch können wir beobachten, dass nach Pim Fortuyn und dem Mord an dem Filmemacher Theo van Gogh das nationale Selbstbild einen Knacks bekommen hat. Es ist ins öffentliche Bewusstsein vorgedrungen, dass die niederländische Gesellschaft und Politik nicht besser in der Lage ist, die dringendsten Problemen dieser Zeit, wie zum Beispiel die soziale Kohäsion, zu lösen, und dass schon gar nicht die Rede von einer typisch niederländischen Lösung sein kann. Dies hat zu einer zunehmenden Unsicherheit geführt, die politisch zum Ausdruck kommt in starken Schwankungen bei den Wahlen und einer stark zugenommen Empfindlichkeit für alles, was nicht gefällt, vor allem, wenn es um Sachverhalte im Zusammenhang mit der Integrationsproblematik geht. Die lockere Kultur, die den Niederlanden, sicher auch von Deutschen, so oft zugeschrieben wird, ist einem Zustand permanenter Irritation gewichen. Dies kommt nicht nur in der politischen Debatte zum Ausdruck, welche viel schärfer geführt wird, sondern auch in einer niedrigeren Toleranzgrenze im gegenseitigen Umgang. Ob diese Wende zeitlich begrenzt oder permanent ist, kann uns nur die Zukunft zeigen.

Literatur

Almond, G. A., Verba, S. (1963). The civic culture: political attitudes and democracy in five nations. Princeton, N. J.

Literatur zur Vertiefung

Dunk, H. W. von der (1999). Deutsch-Niederländische Nachbarschaft: vier Beiträge zur politischen Kultur. Münster.

Lademacher, H. (1990). Zwei ungleiche Nachbarn: Wege und Wandlungen der deutsch-niederländischen Beziehungen im 19. und 20. Jahrhundert. Darmstadt.

Lademacher, H. (1993). Die Niederlande: politische Kultur zwischen Individualität und Anpassung. Berlin.

Lademacher, H., Loos, R., Groenveld, S. (Hrsg.) (2004). Ablehnung, Duldung, Anerkennung: Toleranz in den Niederlanden und in Deutschland: ein historischer und aktueller Vergleich. Münster.

Wielenga, F. (2000). Vom Feind zum Partner: die Niederlande und Deutschland seit 1945. Münster.

Wielenga, F., Taute, I. (2004). Länderbericht Niederlande. Schriftenreihe der Bundeszentrale für politische Bildung, No. 339. Bonn.

Bernd Müller

Schluss mit lustig – Migration und Integration in den Niederlanden

Einleitende Bemerkungen

In diesem Beitrag wird das Thema Zuwanderung und Integration in seiner Entwicklung und in seiner Bedeutung für die gegenwärtige Debatte in den Niederlanden dargestellt und bewertet. Eine große Hilfe bietet dafür der im Herbst 2005 durch das Sozialkulturelle Planungsbüro in Den Haag vorgelegte Integrationsbericht für die Niederlande (vgl. Sociaal en Cultureel Planbureau 2005). Diese Bilanz der niederländischen Integrationsleistung zeigt, wie differenziert diese Integration betrachtet werden muss, um den einzelnen Gruppen von Zuwanderern gerecht zu werden. Interessant ist angesichts dieses Resümees sicherlich, wie klar in der niederländischen Gesellschaft Problemgruppen identifiziert werden können.

Das Bild der Niederlande als gelungenes Einwanderungs- und Integrationsprojekt, das weltweit beispielhaft ist, bröckelt. Das ist nicht erst seit 2002 der Fall, als bei den Kommunalwahlen in den großen Städten die rechtspopulistischen Multikulti-Gegner angeführt von ihrem charismatischen Leiter Pim Fortuyn ihren politischen Durchbruch hatten. Zu lange waren in dem Land, das auch gerne international mit seiner toleranten Tradition wirbt, wichtige kulturelle Unterschiede und Konflikte unter den Teppich gekehrt worden. Jetzt scheint »Schluss mit lustig« zu sein. Dabei geht es vor allem gegen eine Haltung, die mit einer idealistischen Multikulti-Ideologie assoziiert werden kann. Es ist natürlich auch vorbei mit der fröhlichen Werbung für multikulturelle Eintracht aus den achtziger Jahren, wo schöne junge Menschen unterschiedlichster Hautfarben den Betrachter von Plakatwänden mit den Worten anstrahlten »Wir sind allesamt Amsterdamer«. Jetzt haben Schlagworte wie »Null-Toleranz«, »Genug ist Genug« und »Das Boot ist voll« Hochkonjunktur.

Selbst heftige verbale Entgleisungen in Talkshows, bei Diskussionsveranstaltungen und in der Presse werden mit dem Euphemismus belegt, dass die politische Korrektheit und die damit einhergehenden Tabus endlich durchbrochen werden müssen. Zielscheibe solcher Einlassungen sind fast immer islamische Bevölkerungsgruppen, denen dabei oft pauschal jegliche Integrationsfähigkeit in die »Westliche« Gesellschaft abgesprochen wird. In solchen meist sehr emotional geführten Diskussionen werden die wichtigen Differenzierungen, wie von islamisch/islamitisch zu islamistisch, schnell verwischt. Moslems werden dann stigmatisiert und mangels eigener »holländischer« Identität zu einer Gegenidentität stilisiert. Die Diskussion konzentriert sich dann bald auf die Rolle der Frauen, Jugendkriminalität, Intoleranz gegenüber anderen Religionen und beispielsweise gegenüber Homosexualität. Auch wenn dies nicht repräsentativ für die gesamte Debatte in den niederländischen Medien sein mag, entsteht von Außen betrachtet der Eindruck, dass Muslime sehr schnell und pauschal beurteilt werden und in eine gefährliche Nähe zu Terror und Massenmord gerückt werden. Dabei hat die bislang ausgesprochen liberale Einbürgerungspolitik in den Niederlanden dazu geführt, dass es in der Debatte um ethnische Hintergründe von Menschen geht, die einen niederländischen Pass haben. Auch der Mörder des Journalisten und Künstlers Theo van Gogh war Niederländer.

Aus der Perspektive der Alteingesessenen spielen »nicht-westliche« Migranten die Rolle der »anderen«, also der Gegenidentität. Dabei ist in der erst zögerlich geführten Debatte über den Kern der eigenen Identität noch lange nicht klar, was denn mit dem niederländischen »wir« gemeint wäre. Auf dieser Ebene wird hier eine ähnliche Diskussion wie in Deutschland geführt.

In der öffentlichen Meinung hat es einen radikalen Umbruch gegeben, der von der Enttäuschung über den frustrierten »Multikulti-Idealismus« der siebziger und achtziger Jahre getragen wird. Jahrzehntelang wurden die Probleme von Integration und Zuwanderung unter den Teppich gekehrt und mit politischer Korrektheit schön geredet. Das führte beinahe zwangsläufig zum Kollaps. Vor allem die Bevölkerung der großen Städte war es Anfang des neuen Jahrtausends einfach leid, weiterhin die Probleme zu ignorieren, die sich aus der Kombination von Segregation und Gettoisierung ergaben.

Zunächst einmal gibt es massive Probleme, die sich auch tatsächlich auf Zuwanderer der zweiten und dritten Generation mit muslimischem Hintergrund konzentrieren. Es gibt sie ja, die Stadtteile mit rechtsfreien Räumen, mit jugendlichen Gangs, die inzwischen auch die reichen Stadtteile heimsuchen. Dort fühlen sich zum Beispiel Alte, Frauen und Homosexuelle zunehmend bedroht. Der niederländische Verfassungsschutz AIVD (Algemene Inlichtingen- en Veiligheidsdienst) berichtet über die Verankerung des internationalen Jihad in eigenständigen niederländischen Netzwerken (Ministerie van Binnenlandse Zaken en Koninkrijkrelaties, 2006). Vor dem Hintergrund dieses ganz konkreten Gefahrenpotenzials entwickelt sich eine diffuse Angst vor einer schwer definierbaren Gruppe »Fremder«, die durch politische einseitig interessierte Gruppierungen und sensationslüsterne Medien noch geschürt wird. Junge Muslime und der Islam als Religion und Kulturkreis werden dabei zur kollektiven Identifikationsfigur für diesen Schrecken. Junge Migranten wiederum fühlen sich pauschal verurteilt und mit einem ungerechtfertigen Klischee belegt. Dass Migranten darüber hinaus auch gerne pauschal mit einer als überproportional empfundenen Nutzung der Sozialsysteme identifiziert werden, verschärft die Debatte noch um ein Weiteres. Die Gräben werden immer tiefer und es entsteht ein hochexplosives Gemisch aus Angst, Beleidigung und jeweils tiefer Verletztheit, das in Wellen die Gemüter bewegt und regelmäßig auch wieder abebbt.

Bei den Kommunalwahlen von 2002 gab es in den Niederlanden einen Erdrutsch zugunsten der Rechtspopulisten mit Signalwirkung für alle anderen Europäischen Länder mit einer vergleichbaren Problematik. Aus der Protestwahl gegen das Weggukken und gegen die idealistisch-ideologische Soße der linksintellektuellen politischen Elite entwickelte sich zunächst in weiten Teilen der Öffentlichkeit eine pauschale Anti-Haltung, die aber inzwischen langsam differenziert und relativiert wird.

Der radikale Umbruch der öffentlichen Meinung hinterlässt auch in der Politik tiefe Spuren. Es hat ein tief greifender Paradigmenwechsel in der allgemeinen Haltung und in der Politik beim Thema Migration und Integration stattgefunden. Politiker über alle Parteigrenzen hinweg überbieten sich mit Vorschlägen zur Verschärfung der Gesetze, die Parallelgesellschaften im Allgemeinen und speziell die Kriminalität jugendlicher Zuwanderer bekämpfen sollen. Bei den Kommunalwahlen im März 2006 haben die migrationsfeindlichen Populisten in der Nachfolge Fortuyns zwar große Einbußen hinnehmen müssen, durch die dominante Medienpräsenz ihrer Thesen haben sie aber insgesamt gesehen nur wenig an Einfluss eingebüßt. Sie vertreten in Bezug auf Zuwanderung und Integration Politikvorstellungen, die vor allem auf restriktive Zuwanderungspolitik und Zwangsintegration zielen. Die pauschale Anti-Haltung gegenüber dem Islam wird dabei zur Metapher für diffuse Vorstellungen von orientalischer Überfremdung und Verdrängung des eigenen – ursprünglich niederländischen – Normen und Wertekanons. Es wird eine idealisierte »Hollandidylle« wiederbelebt, die schon lange als abgeschrieben galt. Dieser nostalgischen Sehnsucht nach einer guten, alten und heilen Welt der Wahlbevölkerung laufen aber in den letzten Jahren auch viele andere politische Gruppierungen zumindest in abgeschwächter Form nach.

Wie kommt es, dass ausgerechnet in den Niederlanden das Thema derart hochkocht? Politische Morde und brennende Schulen und Moscheen gehören schließlich nicht zu dem, was man in den Niederlanden selbst und in Deutschland bei den Nachbarn für möglich gehalten hätte. Was ist aus dem gesellschaftlichen Konsens geworden, den wir in Deutschland immer so neidisch idealisieren?

Im Mutterland von Toleranz und gesellschaftlichem Konsens

ist die öffentliche Meinung in Bezug auf Integration und Migration komplett umgeschlagen. Seit 2002 haben eher die Hardliner das Wort und inzwischen auch teilweise die politische Macht. Die Stimmung hat sich aber nicht erst mit dem rasanten Aufstieg von Pim Fortuyn und nach seiner Ermordung durch einen linken Aktivisten geändert und schließlich gegen die Zuwanderer gekehrt. Es gärte schon lange unter der friedlichen Oberfläche, die in Wahrheit eher leichtfertige Duldung, Überforderung, Desinteresse und Weggucken der Politik und Verwaltung war.

Als zwei Jahre nach dem Mord an Fortuyn auch Theo van Gogh von einem Niederländer mit marokkanischem Hintergrund umgebracht wurde, hat das die öffentliche Meinung noch weiter emotionalisiert. Die Lage hatte sich zusehends verschärft. Zunächst haben populistische Sprüche, die platte Propaganda einer sehr schlichten Anti-Haltung gegenüber dem Islam die politische Debatte seitens der Alteingesessenen beherrscht. Die Wellen der Empörung sind aber inzwischen wieder weitgehend geglättet, wobei die Diskussion weiterhin heftig geführt wird. Sie ist aber inzwischen durch eine ganze Reihe wissenschaftlicher und geheimdienstlicher Studien unterfüttert und verläuft in sehr viel differenzierteren Bahnen.

Die zugewanderten Niederländer stilisieren sich wiederum häufig in einer Opferrolle. Die soll an ein schlechtes Gewissen auf der Grundlage politischer Korrektheit appellieren, was bereits daran scheitert, dass nun gerade diese politische Korrektheit so sehr überstrapaziert ist, dass sie eher ins Gegenteil umschlägt. Eine zunehmend registrierte Gewaltbereitschaft und nachgewiesene Zugehörigkeiten zu Terrornetzwerken bei jugendlichen Migranten mit islamischem Hintergrund (Ministerie van Binnenlandse Zaken en Koninkrijkrelaties, 2006) schaukelt die Emotionen weiter hoch.

Inzwischen melden sich aber zunehmend differenzierte und kluge Köpfe zu Wort, die versuchen, die hohen Wellen des über die Medien angefachten und politisch instrumentalisierten Volkszorns auf beiden Seiten wieder etwas zu schlichten. Immer häufiger finden wissenschaftlich fundierte Debatten statt, die langsam auch ihren Weg in eine breite politische Öffentlichkeit finden. Es erscheint kaum eine Meinungsseite in den großen Zeitungen, es wird kaum eine Magazinsendung in Hörfunk und Fernsehen ausgestrahlt in der nicht ausführlich und immer nuancenreicher über dieses Thema debattiert wird.

Die Diskussion hat sich auch thematisch erweitert. Es geht meines Erachtens nach um mehr als um einen Politikwechsel bei der technischen Bewältigung von Integration und Migration. In unserem Nachbarland findet seit ein paar Jahren ein tiefgehender kultureller Wandel im Bewusstsein der eigenen und spezifisch niederländischen Identität statt. Was ist eigentlich Niederländisch und wie viel davon ist der Kern einer gemeinschaftlichen kulturellen Identität, die es unbedingt zu verteidigen gilt? Wie viel »Holland« ist die alteingesessene Bevölkerung bereit, zugunsten der zugewanderten Kulturen aufzugeben? Die Zuwanderung ist dabei vielleicht nur der Auslöser für einen politisch-kulturellen Selbstfindungsprozess, der schon im Zusammenhang mit der in den Niederlanden an jeder Ecke spürbaren Globalisierung einhergehen muss. Die Fragen von Zuwanderung und Integration fungieren als Folie, auf der das allgemeine gesellschaftliche Bedürfnis nach eigener Identität sehr emotional debattiert wird. Dabei spielen sozialpsychologische Phänomene wie das Prinzip von Identität durch Gegenidentität eine wichtige Rolle.

Zuwanderung in den Niederlanden

Es wird in der Diskussion über Integration in den Niederlanden immer grundsätzlich zwischen Alteingesessenen und Zugezogenen unterschieden. In der offiziellen niederländischen Sprachregelung werden diese beiden Bevölkerungsgruppen Autochthone und Allochthone genannt. Das ist aus der Sicht der Alteingesessenen die Gegenüberstellung des »wir« gegenüber den »anderen«. Die Perspektive ist wichtig, weil die Diskussion zumindest am Anfang maßgeblich von Autochthonen geführt wurde. Die Identifizierung als »anderer« ist schon ein Aspekt der gelungenen oder eben eher misslungenen Integration. In der Begrifflichkeit verbirgt sich ein

System der Ausgrenzung. Die den Zuwanderern durch die alteingesessene Bevölkerung auferlegte Identität bekommt als Identifikation die Qualität eines Stigmas.

Hinter der Differenzierung in Autochthone und Allochthone steckt das Selbstbild alteingesessener Niederländer, gerne Gutes zu tun und das dann aber auch zeigen zu wollen. Zum Selbstbild der niederländischen Kultur gehört auch, sich als eine freigiebige, offenherzige und liberale Gesellschaft zu sehen, die seit Jahrhunderten Verfolgten aus aller Welt Zuflucht bietet. Das steht keineswegs im Widerspruch dazu, dass Allochthone gleichzeitig seit langem auch als zugereiste Profiteure dieser Kulturtradition und des Sozialstaates angesehen werden. Die Vorstellung, dass »wir« (Niederländer) gute Menschen sind, muss auch im Zusammenhang mit der calvinistisch protestantischen Ethik gesehen werden. Sie ist ein wesentlicher Teil der kulturellen Identität und trotz aller Säkularisierung latent noch immer ein wesentliches Bindemittel dieser Gesellschaft (vgl. Thomas und Schlizio in diesem Band). Aber wie auch immer sie motiviert sein mag, auf eine solche Kulturtradition, die von der Aufnahme französischer Hugenotten und iberischer Juden im 17. Jahrhundert über die Verfolgten des Naziregimes in Deutschland bis hin zu den Flüchtlingen der Gegenwart reicht, kann man ja auch wirklich stolz sein.

Bei den Allochthonen müssen zurzeit zunächst einmal vier Gruppen voneinander unterschieden werden. Da gibt es die niederländischen Staatsbürger, die ihre ethnischen und kulturellen Wurzeln in den ehemaligen Kolonien haben und größtenteils beinahe reibungslos integriert sind. Eine zweite Gruppe bilden die Arbeitsmigranten, die mit ihren Familien wegen der günstigeren Arbeitsbedingungen aus den Ländern rund ums Mittelmeer kamen und nun schon teilweise in der dritten Generation in den Niederlanden leben. Es gibt außerdem noch die vielen Ausländer aus den reichen Ländern, die in den Niederlanden studieren, sich als Künstler oder in anderen Berufen niederlassen haben. Und schließlich gibt es die Flüchtlinge und ehemaligen Asylbewerber, die vor allem aus den Krisenregionen im Nahen und Mittleren Osten sowie aus Afrika in die Niederlande gekommen sind.

Die zahlenmäßig größte Gruppe der Allochthonen wird von den Alteingesessenen als koloniale Erblast angesehen. Sie lässt sich wiederum in vier Bevölkerungsgruppen aufteilen.

Da sind zunächst die Menschen mit einem indonesischen Hintergrund, die als ehemalige Angestellte, Beamte oder Soldaten der niederländischen Kolonialherrschaft in den 1950er Jahren aus der Republik Indonesien ausgewiesen wurden. Diese Menschen waren schon in Indonesien der Kultur des »Mutterlandes« sehr zugetan und haben sich nach der Übersiedlung schnell und ohne besondere Schwierigkeiten assimiliert. In ihren Reihen erwies sich wiederum die chinesischstämmige Minderheit als besonders erfolgreich.

Die Bereitschaft zur Integration lag bei den Molukkern zunächst völlig anders. Sie stellten einen großen Teil der niederländischen Kolonialarmee in Indonesien, die 1945 bis 1949 zwei blutige Kriege gegen die Befreiungsarmee Sukarnos führte. Nach der vom UNO-Sicherheitsrat gegen die Niederlande durchgesetzten Unabhängigkeit besetzte die frisch gebackene Republik den molukkischen Archipel. Die molukkischen Soldaten der Kolonialarmee flüchteten mit ihren Familien in die Niederlande, wo sie erst einmal die Entlassungspapiere bekamen. Danach wurden die meisten von ihnen in den ehemaligen Konzentrationslagern der deutschen Besatzungsmacht interniert. Sie wollten sich bis in die 1990er Jahre hinein nicht assimilieren, weil sie seit ihrer Ankunft in den Niederlanden das Versprechen der Regierung hatten, eines Tages wieder auf ihre Heimatinseln zurückkehren zu können. Nach den spektakulären Zugentführungen in den siebziger Jahren wurde mit großem finanziellem Aufwand ein sehr erfolgreiches Programm zur Integration dieser Bevölkerungsgruppe aufgelegt. Wesentlich war dabei, dass die Molukker weiterhin als Gruppe zusammenleben konnten und dass ihre kulturelle Identität auch in den Niederlanden erhalten blieb.

Die dritte Gruppe kommt aus dem westlichen Teil des niederländischen Kolonialreichs, aus dem Nachlass der Westindischen Kompanie (West Indische Compagnie), also der Handelsgesellschaft mit den amerikanischen Kolonien. Die Westindische Kompanie hat von Amsterdam aus im Handel mit den Plantagen im damaligen Niederländisch Guayana (heute Surinam) und den niederländischen Antillen große Reichtümer erwirtschaftet. Als die Kolonie Guayana im Jahr 1975 nach drei Jahrhunderten der Kolonialherrschaft aus Gründen der politischen Korrektheit von der niederländischen Regierung ohne jegliche Vorbereitung in die Unabhängigkeit entlassen wurde, bedeutete das für das kleine Land trotz der großen Entwicklungshilfe durch die Niederlande eine wirtschaftliche und nach dem Staatsstreich des Militärs auch eine politische Katastrophe. Etwa die Hälfte der surinamischen Bevölkerung (es handelt sich um rund 328.000 Menschen) flüchtete mit ihrem niederländischen Pass ins »Mutterland« und wurde dort vor allem in den beiden großen Städten Rotterdam und Amsterdam in Sozialwohnungen am Stadtrand untergebracht. Es entstanden sehr schnell »schwarze« Stadtteile mit allen dazugehörigen sozialen Problemen.

Das geschah auch mit den Niederländern, die aus den Niederländischen Antillen ins »Mutterland« kamen. Sie hatten von Anfang an mehr Schwierigkeiten mit der Integration als die Surinamer, weil auf ihren Inseln (Aruba, Curaçao, Bonaire) Papiemento gesprochen wird, eine Sprache, die dem Spanischen näher ist als dem Niederländischen. Die 130.000 Zuwanderer waren also nicht nur durch ihre Hautfarbe *anders*, sondern trotz der Fremdsprache Niederländisch an antillianischen Schulen auch durch ihren muttersprachlichen Hintergrund benachteiligt.

Bei den mediterranen Migranten ist die Integration bei Zuwanderern aus Italien, Spanien, Griechenland und dem ehemaligen Jugoslawien beinahe idealtypisch gelungen. Die zweite und dritte Generation ist einfach ein Teil der niederländischen Gesellschaft geworden. Viele kulturelle und vor allem kulinarische Mitbringsel haben die niederländische Kultur durch mediterrane Annehmlichkeiten bereichert.

Die Muslime mit türkischem und marokkanischem Hintergrund haben sich (im Gegensatz zu den ebenfalls muslimischen Indonesiern) aber in großer Zahl einer Assimilierung entzogen. Ihre traditionelle Kleidung prägte in einigen Stadtteilen der großen Städte Rotterdam, Den Haag, Utrecht und Amsterdam das

Straßenbild. Die Arbeitsmigranten und ihre Nachkommen aus Marokko (315.000) und der Türkei (358.000) werden dann auch als eine der wichtigen »Problemgruppen« identifiziert. Mit dieser Gruppe werden Phänomene wie Segregation, Gettobildung und vor allem hohe Kriminalität bei Jugendlichen assoziiert. Als Ursache wird in der öffentlichen Diskussion immer wieder der Islam als nicht integrierbare Kulturtradition angeführt. Der offizielle Stempel, der dieser schwer integrierbaren Bevölkerungsgruppe (431.000) aufgedrückt wird, ist die Zugehörigkeit zu den »nicht-westlichen Migranten«. Diese Assoziationskette und die pauschale Stigmatisierung rufen erst Populisten und dann den Volkszorn gleichermaßen auf den Plan.

Die große Zahl der »westlichen« Ausländer hat sich in die Gesellschaft integriert. Man trifft sie in allen Branchen, an allen Fakultäten und in allen Kultureinrichtungen. Man sieht sie auf Partys, Empfängen und Festivals, wo sie gern gesehene Gäste sind, denn sie unterstreichen das Image der weltoffenen und polyglotten Kultur. Getrübt wird dieses Bild der westlichen Ausländer lediglich durch die Reste der westlichen Drogenszene (es gibt noch einige meist italienische oder deutsche Heroinsüchtige) und durch den illegalen Migrantenstrom aus Mittel- und Osteuropa.

Eine weitere »Problemgruppe« bilden die Flüchtlinge und Asylbewerber. Sie wollen und sollen sich gar nicht unbedingt integrieren, weil sie so schnell wie möglich wieder in ihr Herkunftsland zurückgeführt werden sollen. Das ist aber nur bei einem relativ kleinen Teil dieser Menschen möglich. Die meisten von ihnen kommen aus Ländern, in denen eine Entspannung der politischen Lage oder das Ende von Not und Elend nicht in Sicht ist. Innerhalb dieser Gruppe gibt es aber wiederum sehr große Kulturunterschiede und ein enormes Bildungsgefälle. Die Sprachprobleme sorgen noch zusätzlich für Ausgrenzung.

Unterschiede bei der Integration

Obwohl es große Unterschiede zwischen den unterschiedlichen ethnischen Gruppen gibt, herrscht in den Niederlanden allgemein die Auffassung, dass es um die Integration von Migranten in die Gesellschaft nicht allzu gut bestellt sei. Die Situation für Zuwanderer auf dem Arbeitsmarkt wird zusehends als prekär betrachtet. Die Zahl der Arbeitslosen und der Sozialhilfeempfänger bei diesem Teil der Bevölkerung steigt auch tatsächlich dramatisch. Viele Zuwanderer sind wegen ihrer schlechten Schulausbildung und der geringen Niederländischkenntnisse Opfer der Flaute auf dem Arbeitsmarkt. Dass die Kriminalität bei jugendlichen Migranten besonders hoch ist, vervollständigt das negative Bild. Die gegenseitige Akzeptanz der Alteingesessenen und der neuen Bevölkerungsgruppen ist sehr gering. Es gibt eine Tendenz, zwischen den Alteingesessenen und der zugewanderten Bevölkerungsgruppe Kontakte zu vermeiden, ganz besonders, wenn es um persönliche Beziehungen geht. Mangelnde Kommunikation und Segregation gibt es aber nicht erst seit den letzten Jahren. Alteingesessene Niederländer unterstützen diese Tendenz, indem sie Zugewanderte lieber auf Distanz halten.

Trotz der vielen allochthonen Abgeordneten im Parlament und in den Stadt- und Gemeinderäten, in der Verwaltung und in den Medien geht der Regierungsbericht zur Integration davon aus, dass es auf sozialkultureller Ebene wenig Anzeichen für eine Annäherung gibt. Ganz besonders gilt das für Türken und Marokkaner, die schon seit Jahren lieber in den eigenen gesellschaftlichen Kreisen verkehren. Die zunehmende Gettoisierung in den großen Städten unterstützt diese Tendenz. Aber wie bereits erwähnt, zeigen auch Autochthone wenig Interesse an den Fremden. Die kulturellen und vor allen Dingen religiösen Unterschiede zwischen den Migranten insbesondere aus nicht westlichen Ländern, also aus Asien und Afrika, und den Alteingesessenen werden als immens betrachtet. Auch hier wird die moslemische Bevölkerung weitgehend pauschal als Problemgruppe identifiziert.

Es gibt aber auch positive Entwicklungen. Zuwandererkindern

gelingt es in zunehmendem Maße, eine höhere Schulbildung und Hochschulausbildung zu absolvieren. Im allochthonen Bevölkerungsteil hat sich eine ansehnliche Mittelschicht etabliert. Auch darin zeigt sich der inzwischen angestiegene Bildungsstandard. Seine Entwicklung wird von offizieller Seite als langsam aber stetig bezeichnet.

Hinter diesem allgemeinen, eher positiven Bild verbergen sich aber große Unterschiede bei den Integrationsprozessen verschiedener ethnischer Gruppen. Hier lassen sich unterschiedliche Cluster von Gruppen unterscheiden. Die allgemein bei den Migranten positiv beurteilte Entwicklung ist bei der Integration vieler Türken, Marokkaner, Somalier und auch bei einem Teil der Antillianer noch nicht erkennbar. Ihre Arbeits- und Einkommenssituation ist schlecht, die Kriminalität ist hoch und sie sind sehr auf die eigenen Gruppen fixiert. Innerhalb dieser Gruppen gibt es wiederum große Unterschiede im Normen- und Wertesystem. Marokkanische Gemeinschaften richten sich in ihren Kontakten sehr viel mehr auf die eigenen Gruppierungen als zum Beispiel auf Angehörige türkischer Migrantenkreise. In ihren gesellschaftlichen Vorstellungen sind sie im Allgemeinen westlicher orientiert als die türkischstämmigen Zuwanderer. Andererseits spielt aber der Islam bei den marokkanischen Zuwanderern eine größere Rolle als bei den türkischen Migranten. So ergibt sich eine Gemengelage spezieller kultureller Eigenschaften, die die marokkanische Gruppe von den türkischen Migranten unterscheidet und auch im Vergleich zu allen anderen ethnischen Minderheitsgruppen eine Sonderrolle einnehmen lässt.

Türkischstämmige Zuwanderer sind in ihrem Alltagsleben wie die Marokkaner stark auf die Mitglieder ihrer eigenen Herkunftsgruppe konzentriert. Sie identifizieren sich in einem höheren Maße mit ihrem ethnischen Hintergrund, also dem Herkunftsland Türkei – oder genauer gesagt, dem Bild davon aus der Sicht der Diaspora. Untereinander sprechen sie überwiegend türkisch, was dazu führt, dass türkische Kinder die größten Sprachprobleme im Grundschulbereich haben. Es gelingt den wenigsten, diesen Rückstand in der Schullaufbahn wieder einzuholen. Auf dem Arbeitsmarkt haben Türken aber dennoch etwas bessere Chancen als Marokkaner.

Insgesamt gesehen schneiden bei den ethnischen Minderheiten die Surinamer noch am besten ab. Den Alteingesessenen gegenüber gibt es aber immer noch ein erhebliches Gefälle. Es gibt durchschnittlich eine höhere Arbeitslosigkeit, mehr Sozialhilfeempfänger, mehr Armut. Auch bei Bildung und Ausbildung sind sie im Hintertreffen. Die surinamischen Zuwanderer sind als Gruppe in den letzten Jahren nicht weiter gewachsen. Das hat ihre Integration in die niederländische Gesellschaft unterstützt. Surinamer haben oft auch sehr gemischte Kontakte, das heißt, dass sie sowohl mit Surinamern als auch mit Alteingesessenen umgehen. Viele von ihnen fühlen sich in ihrer kulturellen Identität inzwischen gleichermaßen als Surinamer und als Niederländer.

Ein Teil der Antillianer, nämlich diejenigen, die schon lange in den Niederlanden wohnen oder der zweiten Generation angehören, entsprechen in diesem Punkt der surinamischen Bevölkerungsgruppe.

Eine positive Entwicklung gibt es bei iranischen Migranten, die eine hoch ausgebildete und sehr auf westliche Zivilisation hin orientierte Gruppe sind. Sie haben zwar immer noch Schwierigkeiten auf dem Arbeitsmarkt, aber insgesamt gesehen ist ihre Situation sehr viel besser als die von vielen anderen Flüchtlingsgruppen. An dieser ethnischen Minderheit kann man feststellen, wie sehr die Haltung von Migranten gegenüber der autochthonen Kultur und Gesellschaft Auswirkung auf ihre Integrationsfähigkeit hat.

Der hohe Ausbildungsgrad und die westliche Orientierung der meisten Iraner bedeutet für sie, dass sie viel leichter mit Alteingesessenen in Kontakt kommen und vergleichsweise bessere Chancen auf dem Arbeitsmarkt haben als andere Flüchtlinge. Noch deutlicher zeigt sich das am Schulerfolg ihrer Kinder, die durchschnittlich auf demselben Niveau sind wie die Kinder alteingesessener Niederländer. Es sieht danach aus, als würde sich die zweite Generation Iraner reibungslos in die niederländische Gesellschaft integrieren. Auf dem Arbeitsmarkt wirkt sich lediglich die Tatsache negativ aus, dass viele als junge Erwachsene in die Niederlande gekommen sind und Sprachprobleme haben beziehungsweise über Abschlüsse verfügen, die in den Niederlanden nicht anerkannt werden.

Die Integration von Migranten aus dem ehemaligen Jugoslawien deckt sich in den meisten Aspekten mit denen der iranischen Zuwanderer.

Afghanische und irakische Migranten haben es da bedeutend schwerer. Ihr relativ kurzer Verbleib in den Niederlanden und ihre schlechte wirtschaftliche Situation spielen dabei eine wichtige Rolle. Hinzu kommt, dass das Ausbildungsniveau durchschnittlich sehr viel niedriger ist als zum Beispiel bei den Iranern. Wie viele andere Flüchtlingsgruppen haben sie zwar schlechte Aussichten auf dem Arbeitsmarkt, sind in ihrer Haltung aber der niederländischen Gesellschaft und Kultur eher zugewandt als zum Beispiel Türken und Marokkaner.

Problembereiche

Schon bei dieser kurzen Übersicht zeigt sich, wie breit die Palette von kulturellen Hintergründen und Integrationssituationen gefächert ist. Es geht sowohl um eine wirtschaftliche als auch um eine sozialkulturelle Integration. Neben den ethnischen Hintergründen gibt es eine Vielzahl von Faktoren, die eine mehr oder weniger erfolgreiche Integration beeinflussen. Sie sollen im Folgenden kurz dargestellt werden.

Die demografische Entwicklung fällt bei der autochthonen und der allochthonen Bevölkerung unterschiedlich aus. Draus ergeben sich weitere Probleme. Nicht-westliche Migranten bilden zehn Prozent der niederländischen Bevölkerung. Sie haben aber in den letzten drei Jahrzehnten für die Hälfte des Bevölkerungswachstums gesorgt. Die größte Steigerung zeigt sich seit den neunziger Jahren bei der Gruppe der marokkanischen Zuwanderer.

Obwohl die Einwanderung durch Asylbewerber stetig fällt, wird es voraussichtlich weiter einen überproportionalen Anstieg der nicht-westlichen Allochthonen geben. Das kommt durch das große Bevölkerungswachstum in der zweiten Generation dieser Zuwanderer und durch die Zuwanderung im Rahmen der Familienzusammenführung und der Heiratsmigration. Etwa 40 Prozent dieser Bevölkerungsgruppe ist in den Niederlanden geboren.

Aber auch die Familien der allochthonen Bevölkerung schrumpfen stetig. Sie gleichen sich damit in ihrer Lebensweise immer mehr den Formen der alteingesessenen Bevölkerung an. Diese Entwicklung lässt sich insbesondere bei antillianischen, jugoslawischen und surinamischen Frauen beobachten. Dagegen heiraten marokkanische, türkische und somalische Frauen im Durchschnitt aber immer noch früh und bekommen in jungem Alter Kinder. Bei irakischen und afghanischen Frauen ist die durchschnittliche Kinderzahl ebenfalls hoch.

Seit 1998 müssen Zuwanderer ein Einbürgerungsprogramm von eineinhalb Jahren absolvieren. Die Programme sind entweder mit dem Schwerpunkt auf Integration in den Arbeitsmarkt oder auf Ausbildung hin ausgelegt. Zwei Drittel der Migranten haben die Programme bis zum Ende absolviert. Die Kenntnisse in der niederländischen Sprache erwiesen sich danach allerdings im Durchschnitt als so niedrig, dass es nur bei einem Drittel der Absolventen für die umgangssprachliche Kommunikation ausreicht.

Die Einbürgerungsprogramme für Zuwanderer, die vor 1998 in die Niederlande gekommen sind, erwiesen sich als noch weniger erfolgreich. Es haben überhaupt nur zehn Prozent dieser Migrantengruppe an den Programmen teilgenommen; die Quote der Abbrecher war außerordentlich hoch. Das wird dem freiwilligen Status dieser Programme zugeschrieben. Seit März 2006 ist für Migranten ein Einbürgerungstest obligatorisch. In einem Katalog von hundert Fragen werden sie auf Grundkenntnisse der niederländischen Geschichte und Kultur sowie auf Kernaspekte des niederländischen Politikverständnisses hin überprüft.

Der Bildungs- und Ausbildungsstand der nicht-westlichen Zuwanderer ist laut dem offiziellen niederländischen Integrationsbericht (Sociaal en Cultureel Planbureau, 2005) wesentlich niedriger als der der autochthonen Bevölkerung. Bei den ethnischen Minderheiten bilden wiederum die türkischen, marokkanischen und somalischen Migranten das Schlusslicht. Manche Flüchtlingsgruppen liegen dagegen auf dem Niveau der Surinamer und Antillianer, die durch ihre kolonialgeschichtlichen Affinitäten viele Vorteile haben, zum Beispiel als Surinamer in der sprachlichen Kompetenz und allgemein in Fragen niederländischer Kultur. Bei den Afghanen und Irakern gibt es große Unterschiede zwischen einer Gruppe sehr hoch ausgebildeter Menschen und einer Gruppe mit besonders niedrigem Bildungsstand. Der Ausbildungsrückstand dieser letzten Gruppierung hat aber in den vergangenen Jahren abgenommen.

Die erste Generation türkischer und marokkanischer Zuwanderer hat durchschnittlich einen ausgesprochen niedrigen Ausbildungsstand. Sie haben zum großen Teil nur sehr wenig oder gar keine Schulbildung. Das gilt besonders für Frauen. Das Problem zeigt sich auch bei Heiratsmigranten und bei Migranten, die als Jugendliche in die Niederlande gekommen sind, die sogenannte Zwischengeneration mit geringem Ausbildungsstand. Bemerkenswert ist, dass diese Gruppe über ausgesprochen schlechte Sprachkenntnisse verfügt, schlechter sogar als bei den meisten Flüchtlingen, die nur relativ kurze Zeit in den Niederlanden leben.

Beim Vergleich dieser Gruppen muss natürlich immer auch der Migrationshintergrund berücksichtigt werden. Die Ausgangslage für die Bildungskarrieren junge Einwanderer ist natürlich durch das Elternhaus geprägt. Diese Voraussetzungen sind bei Familien, die aus zum Beispiel Anatolien stammen, ganz anders, als bei Familien mit intellektuellem oder kolonialgeschichtlichem Hintergrund.

Das Ausbildungsniveau verbessert sich bei der zweiten Generation nicht-westlicher Migranten deutlich. Dennoch gibt es bei den türkischen und marokkanischen Jugendlichen eine Mehrheit ohne Schulabschluss.

Bei den Schulkarrieren der Migrantenkinder zeigen sich insgesamt große Unterschiede. Türkische Jugendliche schneiden dabei von allen Gruppen am schlechtesten ab. Marokkanische Schüler holen mit großen Schritten auf und haben die antillianischen Jugendlichen bereits überholt. Die Ursache dafür wird dabei weniger in einer verbesserten Situation bei den Marokkanern gesehen als in einer Verschlechterung des allgemeinen Bildungsstandes bei den zugewanderten Antillianern. Obwohl sie innerhalb der allochthonen Gruppen die besten sind, schneiden surinamische Schüler im Vergleich zu den Kindern aus der autochthonen Bevölkerung immer noch relativ schlecht ab. Insgesamt sind die durchschnittlichen Schulleistungen aller Migrantengruppen niedriger als die unterste Stufe des Ausbildungsniveaus der Schüler aus alteingesessenen Familien.

Innerhalb der Flüchtlingsgruppen bilden die somalischen Kinder in der Schule eine Problemgruppe. Durch das durchschnittlich hohe Ausbildungsniveau der Eltern schneiden dagegen die Kinder iranischer Zuwanderer besonders gut ab.

Weil vor allem türkische, marokkanische und in zunehmendem Maße auch antillianische Kinder schon im Kindergarten mit großen sprachlichen Defiziten beginnen, kommen sie trotz großer Kompensationsleistungen noch immer mit einem deutlichen Rückstand in die Grundschulen. Dabei gibt es auch noch einen Unterschied zwischen »schwarzen« und »weißen« Schulen, an denen Kinder aus Zuwandererfamilien unterschiedlich hohe Erfolge haben. Interessanterweise schneiden Zuwandererkinder in »schwarzen« Schulen, die zwar ein durchschnittlich niedrigeres Lernniveau haben, besser ab als in »weißen« Schulen. Das wird damit erklärt, dass in den Schulen mit hohem Migrantenanteil Lerndefizite durch kompensatorischen Unterricht systematischer aufgefangen werden, als das in Schulen in wohlhabenden Stadtteilen geschieht.

Nur 20 % der allochthonen Kinder gehen auf eine höhere Schule. Und auch innerhalb des Hauptschulniveaus bilden die Zuwandererkinder das Schlusslicht. Als Schlussfolgerung wird durch das Sozialkulturelle Planungsbüro der Niederlande (Sociaal en Cultureel Planbureau, 2005) angemerkt, dass es vermutlich das Sprachdefizit ist, das diesen Kindern die Chancen auf bessere Schulleistungen und damit auf entsprechende Schulkarrieren verbaut. Interessanterweise sind in den weiterführenden Schulen die Mädchen durchweg besser als die gleichaltrigen Jungen, deren Fehlzeiten bedeutend höher sind und von denen es nur wenige auf die Stufe einer höheren Schulausbildung schaffen.

Insgesamt schneiden aber Kinder mit Migrationshintergrund laut der PISA-Zusatzstudie von Mai 2006 (OECD, 2006) in den Niederlanden durchweg wesentlich besser ab als vergleichbare Kinder in Deutschland.

Schlussbemerkung

Die akuten Integrationsprobleme vor allem von Parallelgesellschaften stellen sich in den Niederlanden so wie in Deutschland besonders in den großen Städten und dort wiederum in den Stadtteilen, in denen die Segregation weit fortgeschritten ist. Anfänglich wurden vor allem Stadtteile mit vorwiegend surinamischer und antillianischer Bevölkerung als Problemzonen identifiziert. Dort wurden teilweise spektakuläre Integrationsprogramme durchgeführt, die auch in Deutschland als bahnbrechend und vorbildlich angesehen wurden. Diese Projekte erwiesen sich im Lauf der neunziger Jahre aber teilweise als sozialpolitische Feigenblätter, die keineswegs dazu in der Lage waren, die eigentlichen Probleme von Segregation und Gettobildung zu bewältigen. Die Wohnbevölkerung in den großen Städten entwickelte in den achtziger Jahren eine Eigendynamik in der Konzentration auf bestimmte Stadtteile. Diese Segregation entstand unter anderem im Rahmen der Verteilungspolitik bei den Sozialwohnungen und fand durch das große Gefälle bei den Mietpreisen auf dem freien Markt statt. Aus ethnischen Schwerpunktsiedlungen wurden Stadtteile mit überwiegenden Anteilen sozial schwacher Migranten. Kulturelle Einrichtungen wie beispielsweise orientalische Wochenmärkte entwickelten eine weitere Magnetfunktion. Das Ergebnis war, dass sich zunehmend nach ethnischen Hintergründen sortierte Wohnviertel bildeten.

Fatalerweise ging diese Entwicklung mit einer politischen Kultur der Duldung kleiner Straftaten einher. Danach wurde aus der Duldungspolitik in vielen Fällen ein achselzuckendes Weggucken.

Das geschah unter den stark ideologisierten Vorzeichen politisch korrekter Toleranz. In den neunziger Jahren gab es daraufhin in Amsterdam, Rotterdam und Den Haag Stadtviertel, in denen rechtsfreie Räume entstanden. Der Kriminalität wurde in der Spannbreite jugendlicher Kleinkriminalität bis hin zum organisierten Verbrechen Tür und Tor geöffnet.

Zunächst fand das aber unter Ausschluss der Öffentlichkeit statt und wurde als Problem der »schwarzen« und der türkischen oder der marokkanischen Gemeinschaft betrachtet. Erst als die Jugendbanden aus den Gettos herauskamen und begannen, autochthone Bewohner und Besucher der schicken Innenstädte auszurauben, und als sich dann vermehrt auch Polizisten zu Wort meldeten und auf den Notstand in diesen Vierteln hinwiesen, wurde das Problem erkannt. Aber die Übergriffe zum Beispiel auf Touristen und auf Homosexuelle im Stadtzentrum von Den Haag, Utrecht und Amsterdam wurden zunächst einmal in den Mühlen der allgegenwärtigen politischen Korrektheit zermahlen. Es wurde lange Zeit nicht konsequent auf Lösungen hingearbeitet.

Wie am Anfang dieses Beitrages bereits ausgeführt wurde, rief das schließlich die Rechtspopulisten auf den Plan, die aber erst in einer charismatischen Persönlichkeit wie Fortuyn ein medienwirksames Sprachrohr bekamen. Mit seiner geschickten Agitation in Fernsehshows und der Veralberung der gängigen politischen Korrektheit, durch die sich Linke wie Konservative, unterschiedlichste Bildungsniveaus und auch Migranten gleichermaßen angesprochen fühlten, gelang es ihm, erst Aufmerksamkeit und dann politischen Einfluss zu erlangen. Besonders wirksam waren seine gezielten Tabubrüche bezüglich seiner Herkunft aus wohlhabenden Verhältnissen (mit Bentley und eigenem Fahrer) und als Homosexueller, der öffentlich bekannte, dass er sich gerne jugendlicher marokkanischer Prostituierter bediene. Er wurde spätestens nach seinem Tod zum Symbol des empörten Volksempfindens, und viele seiner eher simplen politischen Vorstellungen werden immer noch in weiten Kreisen und vor allem in den Medien als die »Ideale von Pim« verklärt.

Als negative Identifikationsfigur, sozusagen als Gegenkultur zum »gesunden (holländischen) Volksempfinden« wird in der gegenwärtigen Debatte meist pauschal der Islam angeführt. Der wie seine Anhänger mit der westlichen, also niederländischen Kultur und deren Politikverständnis nicht vereinbar wäre. Innerhalb der niederländischen Kultur sind der Islam und vor allem seine radikalen Anhänger eine Erscheinung, die dem allgemeinen Trend gegenläufig ist. Während die in den Niederlanden über Jahrzehnte staatstragenden gesellschaftlichen Säulen, aus denen sich ein wesentlicher Anteil der gesellschaftlichen Identität herleiten ließ, ersatzlos zusammengebrochen sind, entsteht eine neue starke Säule als gesellschaftliche Identifikationsfigur der Muslime. Die alteingesessene Bevölkerung zeigt sich verunsichert auf der Suche nach dem gesellschaftlich-politisch-kulturellen Selbst. Sind wir nun Holländer, Limburger, Niederländer, Europäer oder Kosmopoliten? Die häufig pauschale Identifizierung des Islam als Gegenidentität zu einer nicht näher definierten niederländischer »Kernkultur« erscheint als angstbesetzt. Auch die einseitige Verknüpfung der identifizierten »Problemgruppen« mit sehr holzschnittartigen Vorstellungen von einer islamischen Kultur, wie sie in der öffentlichen Diskussion in den Niederlanden gegenwärtig zum guten Ton gehört, wirkt eher hilflos. Im politischen Tagesgeschäft führt das zu kleinkarierter Volkstümelei als Abgrenzung gegen eine Fremdheit, die als unzumutbar dargestellt wird.

Es ist aus meiner Sicht bedauerlich, dass die nahe liegende und immer wieder notwendige Debatte über die eigene kulturelle Identität in den Niederlanden zurzeit hinter einer Debatte um solche Gegenidentitäten zurücktritt. Diese Diskussion wird dabei in keiner Weise der großzügigen Aufnahme verfolgter Menschen aus aller Welt und der großartigen Integrationsleistung gerecht, die die Niederlande in ihrer Geschichte vollbracht haben. Die politische Öffentlichkeit der Niederlande verzettelt sich in parlamentarischen Debatten, Zeitungs- und Zeitschriftenartikeln und insbesondere in einer endlosen Reihe von Fernsehtalkshows häufig immer noch in Fragen der Vereinbarkeit islamischer Kultur mit dem Normen- und Wertekanon der westlichen und aufgeklärten Welt. Dabei verliert sich die Diskussion oft sehr emotional in skandalisierten Teilaspekten wie Beschneidung bei Mädchen in Afrika, Zwangsheirat türkischer Mädchen und Homosexuellenhass im Amsterdamer Grachtenring. Es werden auch häufig soziologische, philosophische und kulturanthropologische Fragen mit Kategorien verquickt, die aus der Werbung abgeleitet sind. Es entsteht ein Mischmasch aus Geisteshaltungen, Warenästhetik und Modeerscheinungen. Soweit die Debatte im Fernsehen geführt wird – und das ist in den Niederlanden wie in Deutschland ein wesentlicher Faktor der öffentlichen Meinungsbildung –, haben sozialwissenschaftliche Analysen wegen ihrer Kompliziertheit kaum eine Chance. Dazu kommt noch, dass differenzierte Sichtweisen von den populistischen Meinungsmachern häufig mit einer überholten und ideologischen »Multikulti-Idylle« identifiziert und als altmodisch und überholt abgetan werden.

Nach der Aufgeregtheit der Jahre seit 2002 wendet sich aber das Blatt zusehends. Die Zeit scheint für viele niederländische Intellektuelle reif zu sein, zu einer rational begründeten und sowohl pragmatischen als auch ergebnisorientierten Debatte zurückzukehren. Es melden sich immer häufiger Vertreter aller wissenschaftlichen Disziplinen, Experten aus der Wirtschaft, Verwaltung und aus der Politik zu Wort, die in der Debatte Differenziertheit und Ausgewogenheit ebenso einfordern wie schnelles und konsequentes Handeln bei der Legislative und bei der Exekutive.

Abschließend kann festgestellt werden, dass die drängenden Fragen der wechselseitigen Anforderungen an Integration bei Alteingesessenen und Zuwanderern in den Niederlanden die selben sind wie in Deutschland. Obwohl die Hintergründe und historischen Traditionen von Migration in beiden Ländern sehr unterschiedlich sind, und auch die öffentliche Debatte darüber bislang sehr unterschiedlich geführt wurde, geht es jetzt um die gleichen Probleme: Was prägt in unseren Ländern die kulturelle Identität in ihrer ganzen Vielschichtigkeit? Was ist der Normen- und Wertekanon, den die Alteingesessenen unbedingt behaupten wollen? Und was und wie viel von all dem ist eine niederländische oder deutsche Gesellschaft bereit, im Zusammenhang mit Zuwanderung, aber auch im Rahmen der Globalisierung preiszugeben?

Aber wo sind andererseits auch für Migranten die Grenzen bei der Wahrung ihrer kulturellen Identität? Dabei geht es um Zumutbarkeit, Toleranz und das Recht auf Kultur genauso wie um die Religionsfreiheit und ihre Grenzen im westeuropäischen Rechtsstaat. Damit sind wir sowohl in der niederländischen als auch in der deutschen Diskussion beim Kanon der unabdingbaren Werte und Normen angelangt. Die ja auch für die alteingesessenen Bevölkerungen unserer Länder zur Debatte stehen. Diese Wertedebatte wird dabei zum Kern der Auseinadersetzung über Integration in Deutschland und den Niederlanden, aber natürlich auch darüber hinaus.

Literatur

Sociaal en Cultureel Planbureau / Wetenschappelijk Onderzoek- en Documentatiecentrum / Centraal Bureau voor de Statistiek (Hrsg.) (2005). Jaarrapport Integratie 2005. Den Haag.

Ministerie van Binnenlandse Zaken en Koninkrijkrelaties (Hrsg.) (2006). De gewelddadige Jihad in Nederland. Actuele trends en islamistisch-terroristische dreiging. Den Haag.

OECD (Hrsg.) (2006). Internationale Schulleistungsstudie PISA – Wo haben Schüler mit Migrationshintergrund die größten Erfolgschancen: Eine vergleichende Analyse von Leistung und Engagement in PISA 2003. Kurzzusammenfassung. Berlin.

Huib Ernste

Grenzüberschreitung als »Unternehmen«

Einleitende Bemerkungen

Der Übergang von einer eher national organisierten Wirtschaft und Gesellschaft zu einer europäischen oder sogar weltumspannenden Lebens- und Produktionsform wird heutzutage als unvermeidlich und als logischer Fortschritt bezeichnet. Ebenso wird davon ausgegangen, dass wir als Menschen und Arbeitskräfte daran teilhaben und ihn sogar vorantreiben. Nicht nur die Wirtschaft und die Kultur werden immer internationaler, sondern auch »wir« selbst. Ein Großteil der Fernsehsender, die wir im eigenen Wohnzimmer empfangen, kommt aus dem Ausland. Die Produkte, die wir im Supermarkt kaufen, haben meistens schon eine Weltreise hinter sich. Die Unternehmen, mit denen wir uns beschäftigen, haben oft Niederlassungen oder Geschäftspartner im Ausland. Unsere Ferien verbringen wir nur noch in den seltensten Fällen in der direkten Heimatgegend. Wir sind, ob wir es wollen oder nicht, bereits voll und ganz dabei, uns zu internationalisieren. Heute wird man schon fast als Kosmopolit geboren. Aus dieser Entwicklungstendenz heraus gilt es beinahe als Selbstverständlichkeit, dass man früher oder später für die Ausbildung oder zu Arbeitszwekken für längere oder kürzere Zeit ins Ausland zieht und sich dort niederlässt. Was logisch und selbstverständlich erscheint, hat jedoch tiefschürfende Konsequenzen und verlangt ganz bestimmte Fähigkeiten und Einstellungen, damit der Aufenthalt im fremden Land ermöglicht wird und erfolgreich sein kann. In diesem Beitrag, der etwas essayistisch und beabsichtigt meinungsbildend, aber trotzdem in eine unfangreiche Denk- und Forschungstradition verankert ist, möchte ich beleuchten, was mit uns passiert, wenn wir die Grenze überschreiten. Ausgangspunkt dabei ist, dass jede Grenzüberschreitung die Frage »Wer bin ich?« mit sich bringen wird und dass neue Antworten auf diese Frage gesucht werden müssen. Dies führt auch dazu, dass man sich fragen wird, ob man sowohl das, was man einmal war, als auch das, was man als neu dazubekommen hat, gleichzeitig beibehalten und pflegen kann, quasi in Form eines transnationalen Lebensstils. Vielleicht ist es jedoch nicht so sehr eine Frage vom Beibehalten-Können, sondern vielmehr eine Frage nach dem Sinn und Zweck der Grenzüberschreitung. Liegt nicht gerade der Mehrwert der Grenzüberschreitung weniger in dem »so zu werden wie die neuen Nachbarn«, sondern in dem teilweise »anders sein als meine neuen Nachbarn«? Man scheint »Unternehmer« werden zu müssen, um diesen *unique selling point* (zu Deutsch: Alleinstellungsmerkmal) eines Migranten und überhaupt des »Grenzüberschreitens« zu einem marktfähigen Nutzen umzuformen.

Was passiert mit mir, wenn ich mich jenseits der Grenze in den Niederlanden ansiedle?

Der Umzug in die Niederlande kann für einen Deutschen ein ziemliches Unterfangen sein: Die neue Umgebung ist noch weitestgehend unbekannt und in vielerlei Hinsicht anders, als man es aus dem Heimatland Deutschland gewöhnt ist. Vieles, was auf den ersten Blick ähnlich erscheint, wird sich nach genauerer Betrachtung häufig als anders erweisen. Dies sind teils nur Kleinigkeiten, aber ihr Anders-Sein hebt sich dann unter Umständen solchermaßen hervor, dass es in den Augen des deutschen Zuzüglers riesig erscheint. Auskunftsschalter gibt es überall in Europa, aber man wird schnell feststellen können, dass Schalterpersonal in den Niederlanden zwar auf Fragen eine Antwort bereithat, aber häufig nicht kompetent erscheint. In den Niederlanden wird allgemein nach eher pragmatischen Gesichtspunkten gehandelt. An erster Stelle steht, dass man irgendwie durchkommt. Gut geschultes und eingeführtes Personal ist eben teuer. Mit dem gleichen Pragmatismus ist gleichzeitig auch vieles möglich, was offiziell nicht geplant oder gar erlaubt ist. Zudem gibt es in den Niederlanden in solchen und vergleichbaren Sparten entsprechend viele Jobs für jüngere Leute. Solche Unterschiede kann man also sowohl positiv als auch negativ bewerten; man kann sich tüchtig daran aufreiben oder es gelassen hinnehmen und für sich nutzen. Selbstverständlich sind solche Beispiele immer etwas schablonenhaft und nie repräsentativ für eine ganze Nation. Ein etwas nuancierteres Bild der niederländischen Gesellschaft wird von Hans van der Horst (2000) geschildert.[1]

Es ist aber nicht nur die Umgebung, die anders oder neu ist. Schon bald merkt man, dass man sich auch selbst anders fühlt, sich anders verhält, anders auf Erwartungen von Anderen reagiert und auch selbst Anderes von den Anderen erwartet. Kurzum, man findet sich in einer völlig neuen Rolle. Das Geflecht von Beziehungen zu anderen Personen, aber auch zu unserer Umwelt hat sich radikal geändert. Man muss wieder neu eine Position, einen Platz, eine Rolle finden, die zu einem passt, wo man (mehr oder weniger) zu Hause ist, in der man sich souverän und sicher bewegen kann. Was und wer wir sind, hat seine Selbstverständlichkeit verloren und muss neu gefunden und erfunden werden. Unsere Identität ist direkt mit unserer Umwelt verbunden. Wir sind nicht eine Person, die sich zufällig an einem anderen Ort befindet, sondern wir sind immer schon gewissermaßen ein Teil von dem, »wo wir sind«. Für viele Leser bedeutet das dann, Deutsche in den Niederlanden zu sein. Gerade in dieser Situation, in der man sich an-

---

1 Etwas weniger seriös, aber umso witziger, ist der Bestseller »The Undutchables: An Observation of the Netherlands, Its Culture And Its Inhabitants« von Colin White und Laurie Boucke mit begleitendem Website: http://www.undutchables.com und Schürings (2003). Als Handleitung dient auch Vossestein (2005) und Linthout (2003). Moldenhauer und Vis (2001) geben eine Übersicht gegenseitiger Stereotypen.

strengt, sich anzupassen und sich in der neuen Situation zurechtzufinden kann es als eine Beleidigung empfunden werden, wenn von einem gesagt wird, man sei in gewisser Hinsicht »typisch deutsch«. Man empfindet die Aussage als Hinweis auf ein zu starkes Schubladendenken, das das eigene Bemühen um eine neue Identität unberücksichtigt lässt oder sogar zurückweist. Umgekehrt ist es zum Beispiel erfreulich zu bemerken, dass man nach langen Anstrengungen, die niederländische Sprache zu erlernen, nach einem Einkauf auf dem Markt im niederländischen Dialekt, anstatt in dem für Ausländer angepassten *algemeen beschaafd Nederlands* (Hoch-Niederländisch) verabschiedet wird. Man wird dann offenbar zu den »Lokalen« gerechnet. Man hat eine neue Identität erreicht.[2]

Gerade in solchen Situationen wird man sich bewusst, dass man Identitäten nicht nur selber macht. Wir bestimmen nicht unsere Identität selbst, sondern wir bestimmen, wer wir sind in direkter Interaktion mit unserer sozialen und physischen Umwelt. In diesem Sinne könnte man sagen, dass wir unsere Identität auch nur in sehr beschränktem Maße selber bestimmen können und eben weitgehend auch fremdbestimmt sind. Es sind die Anderen, die uns mit einem Label versehen und uns unseren Platz in der Gesellschaft zuweisen. Vielfach ist man sich dieser Tatsache aber im Alltag in Deutschland gar nicht bewusst. Alles scheint dort selbstverständlich und als zwingend vorgegeben zu sein. Wir wissen, wer wir sind und finden uns in unserer Situation zurecht. Wir brauchen nicht darüber nachzudenken, dass »wir« dabei auch wesentlich von anderen und von der Situation determiniert sind. Wir machen uns vor, es sei unsere eigenständige Wahl, so zu sein, wie wir sind, weil wir uns in den immer wiederkehrenden vertrauten Situationen selbst auch immer wieder auf gleiche Art und Weise reproduzieren, ohne groß darüber nachzudenken. Unsere

---

2 In einer Dissertation der Radboud Universität Nijmegen wird die Rolle der Sprache bei der Integration und Akzeptanz nochmals unterstrichen (Peeters-Bijlsma, 2005).

Position, das, was wir sind, und wie wir uns verhalten, ist weitgehend festgelegt. Wie selbstverständlich sind wir Mitglieder der eigenen Nation – als Deutsche in Deutschland und als Niederländer in den Niederlanden.

Gerade diese Selbstverständlichkeit wird aber an einem fremden Ort, in einem neuen noch unbekannten sozialen Kontext gestört und zerstört. Obwohl die Niederländer und die Deutschen gute Nachbarn sind, sind solche Unterschiede und Störungen erheblich (in vielen Beiträgen dieses Sammelbandes wird dies thematisiert). Gerade in solchen Momenten merkt man, wie sehr man sich in den vielen Jahren seines Lebens in Deutschland andauernd darin geübt hat, sich zurechtzufinden, seine Identität auszufeilen und sich in seiner Rolle zu bewähren. Man hat eine unglaublich feine Sensibilität entwickelt, um sich in der Welt orientieren zu können. Im eigenen Land kennen wir normalerweise die Wege (oder wissen, wie wir neue Wege finden können), wir wissen, was von uns erwartet wird (und können das haargenau an der Situation ablesen), wir können einschätzen, was gemeint ist, auch wenn wörtlich vielleicht etwas anderes gesagt wird, wir können die Stimmung peilen und verstehen den verschachtelten Humor gewisser Situationen. Wir wissen, wie weit wir gehen können und wann man zu weit gegangen ist. Was ist normal?

All dies ist in den Niederlanden und in anderen fremden Situationen anfangs für Deutsche unklar. Die Sensibilität, die gerade auch mitbestimmt, wer wir sind, funktioniert im Ausland oft nicht mehr. Man ist in vieler Hinsicht desorientiert. Das reicht von einerseits banalen Alltäglichkeiten wie »Wo ist die nächste Drogerie?« und »Bis zu welcher spätabendlichen Stunde kann ich noch jemanden zu Hause anrufen?« bis zu »Wie ist es gemeint, wenn auf meine Sprachfehler hingewiesen wird?« oder »Kann ich mich in der Sitzung einfach zu Wort melden?«. Sicherlich, gewisse Basisfunktionen beherrschen wir noch. Wir wissen, wie wir bei der Tankstelle das Auto volltanken lassen können, aber die Selbstverständlichkeit, die Vertrautheit, das Feingefühl für viele Situationen ist verschwunden. Der Verlust der (vermeintlichen) Autonomie, der eigenen Identität, der Rolle, die man zu spielen hat, schlägt einem ins Gesicht. Es braucht viel Energie, all dies erneut abzutasten und ein angemessenes Gefühl für die neuen Situationen im Ausland zu entwickeln.

Es scheint äußerlich so einfach zu sein. Schließlich jetten viele international tätige Manager täglich um die Welt und kommen wunderbar zurecht. Auch scheint es in den Ferien, in der Fremde, gut zu klappen. Was man dabei aber häufig übersieht, ist die Tatsache, dass dies besondere Situationen sind und dass diese Aktivitäten in einem besonderen Raum stattfinden. Es sind Räume, die an keinen spezifischen Ort gebunden sind. Es sind Durchgangsräume, die von ihrem eigenen Kontext so gut wie losgelöst sind. In der Fachsprache spricht man auch von »Non-Places« (Augé, 1995). Alle Flughäfen auf der Welt sehen einander ähnlich, an den Hotelzimmern in den großen internationalen Hotelketten kann man nicht erkennen, ob man in Singapur, Berlin oder in Rotterdam ist, überall kann man mit der gleichen Kreditkarte zahlen und viele Dinge funktionieren auf ähnliche Art und Weise, inklusive der oben erwähnten Tankstelle. Diese Räume sind gerade für ein spezielles Publikum entwickelt und gestaltet worden. Sie tragen die spezifische Kodierung, die der (durchreisende) Manager kennt und die ihm sagt, wie man sich darin zurechtfindet. Nicht ohne Grund findet man an solchen Orten auf Anzeigetafeln vielfach Piktogramme anstelle von Schriftzügen. Sie sind unabhängig von Sprache und Herkunft allgemein verständlich. Auch für die Rucksackferien in ferne und entlegene Ecken der Welt haben wir eine Art »Lonely Planet«-Code entwickelt und etabliert, der es uns ohne Weiteres ermöglicht, uns dort fast mit der gleichen Selbstverständlichkeit zu bewegen wie zu Hause. Wir fühlen uns vertraut in unserer Rolle als gut gerüsteter Tourist oder Geschäftsreisender. Vieles von dem, was an jenen Orten fremd sein könnte, geht dabei an uns vorbei und wird gar nicht als solches wahrgenommen, ist zum Hintergrund, zur Kulisse oder zur Sehenswürdigkeit geworden, die wir distanziert und gewissermaßen unbeteiligt von der sicheren Position des »Durchreisenden« an uns vorbeiziehen lassen.

Wenn man aber in die Fremde übersiedelt, gehört man nicht

mehr zu dieser Klasse der »Durchreisenden«. Man taucht jetzt völlig in die neue Umgebung ein und muss nicht nur im Rahmen bestimmter Arbeitstätigkeiten damit zurechtkommen, sondern auf allen Fronten zugleich. Die Verunsicherung ist dementsprechend groß. Sogar die augenscheinlich mit allen Wassern gewaschenen Kosmopoliten kommen dann ins Schleudern. Schließlich handelt es sich nun nicht mehr um »Durchgangsräume«, sondern man erfährt, dass man an einem Ort ist, wo man sich neu finden und Wurzeln schlagen muss. Die internationale Kreditkarte reicht nun nicht mehr aus. Auch genügt es nicht, einen Gesprächspartner zu finden, der ein wenig Deutsch versteht oder mit dem man sich allenfalls in der *Lingua Franca* englisch unterhalten kann. Nein, die Unterlagen der Steuerbehörde und die Rechnung der Elektrizitätsgesellschaft sind auf Niederländisch verfasst. Was sagt man zur »Kollektantin«, wenn sie zur abendlichen Stunde plötzlich vor der Türe steht und Geld sammelt und auf niederländisch fragt, ob Sie etwas übrig haben für *Jantje Beton.*[3] Wenn man in den Niederlanden einer beruflichen Aktivität nachgeht, kann man es nicht mehr unbeteiligt an sich vorübergehen lassen, wenn man die Witze, die am Arbeitsplatz erzählt werden, nicht versteht. Für einen Touristen mag der örtliche Humor unwichtig sein, jetzt fühlt man sich aber als Arbeitnehmer schnell hilflos und ausgeschlossen. Als aus dem Ausland Zugezogener wird man von Kollegen oder Nachbarn eingeladen, aber was soll man dabei als Gastgeschenk mitnehmen? Oder ist es in den Niederlanden im Hinblick auf die viel gerühmte »Lockerheit« gar nicht nötig, etwas mitzubringen?

Man kann versuchen, diese neuen Erfahrungen und Eindrücke auf zwei unterschiedliche Arten zu bewältigen. Einerseits kann man versuchen, die Identität zu wechseln. Man versucht zum Beispiel als Deutscher in den Niederlanden, sich völlig an den niederländischen Lebensstil anzupassen und sich genauso zu verhalten

---

3 Die regelmäßige Sammelaktionen, wofür zur Abendessensstunde Kollektanten unterwegs sind, ist in gewissermaßen ein typisch niederländisches Phänomen. *Jantje Beton* ist eine Hilfsorganisation, die Aktivitäten für Kinder in rückständigen Nachbarschaften unterstützt.

wie ein Niederländer. Auch ein Unternehmer kann bei seiner Internationalisierungsstrategie einen solchen Kurs fahren, indem er eine Filiale in den Niederlanden eröffnet und diese völlig nach niederländischer Art und Weise ausstattet und vielleicht sogar mit niederländischem Personal besetzt. Für das deutsche Mutterunternehmen käme dies einer Kooperation mit einem vollständig niederländischen Partner gleich. Im (theoretischen) Extremfall könnte man sich sogar vorstellen, in der niederländischen Unternehmerwelt völlig aufzugehen und die eigene ursprüngliche Identität zu verlieren. Kurzum, man überschreitet die Grenze und wird zu jemand anderem. Man wechselt die Identität, so wie man die Kleider wechselt. Dabei verliert man auch jeden Halt in der vorherigen Identität. An den spezifischen Identitäten, Rollenmustern und Kulturen dies- und jenseits der Grenze ändert dies eigentlich nichts. Man »assimiliert« jedoch in der neuen Situation. Dies ist die Lösung, der im Extremfall auch die Diskussion über eine »Leitkultur« zugrunde liegt. Das empfangende Land bestimmt die Norm, woran die anderen sich völlig anzupassen haben. Jede Nicht-Anpassung wird als Gefahr gesehen. Üblicherweise hat man in dieser Debatte aber stark entgegengesetzte Kulturen vor Augen, die während der Migration aufeinanderprallen. In der deutsch-niederländischen Situation hat man vielfach gemäßigtere Vorstellungen. Wie Wielenga und Taute (2004) es ausdrücken, ist für Deutsche beim Blick auf die Niederlande nicht die Fremdheit problematisch, sondern das trügerische Gefühl naher Verwandtschaft, wodurch man als Deutscher meinen könnte, man sei von vornherein schon so gut wie assimiliert.

Wenn man aber andererseits akzeptiert, was ich weiter oben bereits beschrieben habe, dass Identitäten nicht einfach selbst gemacht sind, sondern in einer langwierigen Interaktion und Auseinandersetzung mit der Umgebung zustande kommen, dann dürfte dieser vollständige Wechsel der Identität nicht ganz einfach sein, wenn nicht sogar unmöglich. Sicherlich kann man sich dem herkömmlichen Bild eines Niederländers annähern, aber die eigene Geschichte und der eigene Hintergrund werden dabei immer mitspielen. Man wird von anderen Niederländern nicht einfach deshalb als voll integrierter Niederländer betrachtet, nur weil man sich eigenständig dazu entschlossen hat. Man kann eben der Rolle des »Ausländers« oder des »Deutschen in den Niederlanden« nicht entkommen. Andererseits verliert man auch nicht völlig den Halt des Althergebrachten. Bestenfalls kann man sich aus dem mitgebrachten Rollenverständnis heraus teilweise an eine neue Situation anpassen. Aber selbstverständlich ist das auch keine Einbahnstraße, denn schließlich sind Identitäten keine individuellen Erfindungen, sondern es handelt sich zwangsläufig um eine gegenseitige »Akkomodierung« (Boesch, 1991; Bruner, 1990; Vygotsky, 1978). Man übernimmt keine andere Identität, sondern es wächst eine neue, eine dritte, heran (Taylor, 1995). Thomas (2003) nennt dies sogar eine »Interkultur«. Man ändert nicht nur sich selbst dabei, sondern die Beziehungen mit den Anderen, und die Anderen ebenso. Es gibt also keine Leitkultur, woran man sich ganz oder teilweise anpasst, sondern es gibt nur eine gegenseitige kulturelle Dynamik. Man wird kein Niederländer nach herkömmlichen Maßstäben, sondern man wird eben zu einem Deutsch-Niederländer. Auch das Unternehmen, das einen Deutschen aufgenommen hat, ändert sich dadurch. Man bringt etwas Neues ein, und das bleibt nicht ohne Konsequenzen. Die niederländischen Kollegen lernen auch etwas dazu und sind nicht mehr die Niederländer, die sie vorher waren. Dabei wird es genau so wichtig sein, die eigene Herkunft als Deutscher hier und dort zu markieren, oder umgekehrt zu markieren, dass man nicht einfach generalisierend mit jedem Klischee vom Deutschen gleichzusetzen ist. Man wird zur eigenen ursprünglichen deutschen Identität in der niederländischen Situation stehen, aber nicht darauf beharren, sondern gleichzeitig eine neue Rolle finden müssen. Dies ist ein, sicherlich nicht schmerzloser, Prozess von sich Reiben und Suchen und im Glücksfall vielleicht auch von Finden. Dies hat also nichts mit einem Multi-Kulti-Idealismus zu tun, sondern geht eher auf realistische Formen und Prozesse der Identitätsbildung zurück (D'Amato, 1997). Aus unternehmerischer Sicht könnte man dies auch als eine Strategie beschreiben, die eine gute Mischung zwischen einem deutschen und einem niederländischen Unternehmen sucht und dabei eine wahre transnationale Identität oder Unternehmenskultur entwickelt (Portes, Haller u. Guarnizo, 2002). Insgesamt könnte man solche Entwicklungen bei der Migration in den Niederlanden als die Entstehung transnationaler deutsch-niederländischer (Lebens-)Stile bezeichnen (Balibar, 1998).

Es geht dabei also weder um das völlige Verneinen der eigenen ursprünglichen deutschen Identität, noch um das vollständige Beibehalten eigener Identitäten in niederländischem Kontext. Vielmehr impliziert Transnationalität, dass die Verbindung mit der ursprünglichen deutschen Identität bis zu einem gewissen Grad aufrechterhalten bleibt, während bei der produktiven Auseinandersetzung mit der niederländischen Identität diese teilweise übernommen wird. »Erhalten« und »übernommen« sind wahrscheinlich bislang noch die falschen Wörter, um diese Prozesse der Transnationalisierung zu beschreiben. »Transformation« wäre dabei treffender, da es sich nicht einfach um einen Kompromiss oder um eine Kombination verschiedener Elemente von hier und dort, sondern um eine Transformation dieser Elemente zu einer neuen deutsch-niederländischen Identität handelt. Es geht dabei um die Schaffung einer Identität, die es einem ermöglicht, mehr oder andere Dinge erfolgreich zu realisieren (Thomas, 2003). Man möchte schließlich nicht einfach das können, was die Niederländer können und das eigene spezifisch deutsche Kennen und Können nicht einfach vergessen. Nein, meistens möchte man eben einen spezifischen eigenen Beitrag leisten, ob dies nun privat oder ob dies nun geschäftlich im Unternehmen ist. Privat möchte man zum Beispiel in einer Mischehe die Kinder zweisprachig und bikulturell erziehen. Auch im Unternehmen möchte man den Kollegen zeigen, wie gewisse deutsche Praktiken auch im niederländischen Kontext von Nutzen sein können. Die deutsche Herkunft bleibt dabei also gefragt.

Damit ändert sich aber etwas Grundlegendes in der allgemeinen Diskussion um Identitäten, Integration und Globalisierung. In der traditionellen Forschung zur europäischen oder mehr allgemein zur internationalen Integration wird etwas naiv und idealistisch davon ausgegangen, dass nationale Identitäten gänzlich verschwinden und von relativ homogenen europäischen oder kosmopolitischen Identitäten ersetzt werden. Ein Element einer solchen kosmopolitischen Identität dürfte die Offenheit und Toleranz gegenüber Alternitäten (im weitesten Sinne das kulturell Andere) sein. (Interne) Grenzen würden dabei eine immer weniger bedeutsame Rolle spielen und der freie Personenverkehr wird ungehindert stattfinden können. Dies ist das neo-liberale Utopia globaler Märkte (Friedman, 2006) mit unbeschränkten Flexibilitäten auch in Bezug auf Identitäten im internationalen Personenverkehr. Richard Sennet (2000) beschreibt aber auch ausdrücklich die Grenzen solcher Entwicklungen, und die Notwendigkeit des Erhalts klarer Bindungen und Identitäten. Inzwischen sehen wir also, dass die Realität viel diverser ist. Trotz aller Mobilität bleiben Identitäten lokal verankert oder auf andere Weise begrenzt. Stärker noch: Anstelle schwindender Grenzen spricht man jetzt von neuen transnationalen grenzbezogenen Identitäten. Internationale Integration und Globalisierung führt also nicht zu einer grenzüberschreitenden Einheitswurst, sondern vielmehr zu einem Aneinanderschließen von lokalen Eigenheiten. Steve Vertovec, ein Experte in der Migrationsforschung aus Oxford, spricht in seinem Kommentar im BBC-News zur britischen Studie »Born Abroad« sogar von »Super-Diversität«[4]. Einer dieser vielfältigen Eigenheiten und Identitäten ist auch die transnationale Identität. Ebenso wie herkömmliche Identitäten nicht abgelegt werden, werden auch die Differenzen an den Grenzen nicht verschwinden, sondern in gewisser Hinsicht in der Transnationalität sogar kultiviert. Transnationalität im persönlichen aber auch im unternehmerischen Kontext ist dann keine mangelhafte Integration, sondern eine Trumpfkarte. Grenzbezogene Differenzen werden zu einem Experimentierfeld der Kreativität und Innovativität (Paasi, 1999).

Auch in der sozialpsychologischen Forschung wird dieser Sachverhalt bestätigt, indem festgestellt wird, dass eine generelle Offenheit und Toleranz, oder auch Opposition gegenüber Alternitäten,

4 http://news.bbc.co.uk/1/hi/uk/4266102.stm (Zugriff am 23.04.06).

nicht ausreicht für eine »transnationale Kompetenz«. Zu einer transnationalen Kompetenz und Identität kommt es erst, wenn man in der Lage ist, aus den Unterschieden einen Nutzen zu ziehen (Thomas, 2003, S. 17). Gerade darin liegt also die kreative und innovative Aufgabe.

Wie mache ich etwas aus meiner Grenzsituation?

Einfacher gesagt als getan. Transnationale Identitäten sind keine Selbstverständlichkeit, sondern müssen in mühsamer kreativer Auseinandersetzung mit der eigenen herkömmlichen deutschen Identität und mit dem neuen Handlungskontext in den Niederlanden erst erfunden werden und sich danach bestätigen und bewähren. Bleiben wir noch einen Moment bei den wissenschaftlichen Einsichten auf diesem Gebiet und schauen wir, was sie uns in dieser Hinsicht lehren: In der modernen Theorie sozialer Systeme spricht man von einem aktiven Prozess der Grenzregulation. Die Beziehung zur Umwelt wird aktiv und bewusst (mit-)gestaltet. Die Erfahrung des Andersseins und die Eröffnung weiterer Möglichkeitsräume der eigenen Existenz sind dabei bestimmend für die Reflexion über das eigene Funktionieren in neuen Zusammenhängen. Durch die Grenzüberschreitung werden wir uns der eigenen Kontingenz bewusst. Wir erfahren, dass auch andere Weltansichten denkbar sind, dass auch ein anderer Umgang mit ähnlichen Situationen zu den Möglichkeiten gehört. Wir werden uns der kulturellen Vielfalt bewusst. Wir haben nicht mehr einfach eine Grenze, mit einem *Ich* hier und einem *Du* dort, sondern wir »besitzen« diese Grenze auch, indem wir sie nun aktiv (mit-)gestalten können. Dadurch, dass wir aus dem Gleichgewicht gebracht werden, das Zentrum unseres Ich verlassen, werden wir im Anblick der Vielfalt möglicher Gestaltungsformen des Daseins dazu genötigt, Entscheidungen zu treffen, kreativ zu werden und unsere persönliche Identität in die eigene Hand zu nehmen. Schon im frühen 20. Jahrhundert beschrieb der Sozialwissenschaftler Helmuth Plessner (1981, vgl. auch Eßbach, 1999) den Menschen als ein Wesen, das seiner Grenzexistenz wegen, quasi von Natur aus, auf eine Künstlichkeit angewiesen ist. Jenseits der eigenen Grenze muss man sich selbst künstlich herstellen. Wir haben die (quasi) natürliche Identität verloren und müssen uns eine neue Identität aneignen. Die Erarbeitung einer transnationalen Identität ist eine Kunst! Dabei müssen wir eine ganz spezifische eigene Rolle finden, sie erfolgreich ausdrücken, und »anschlussfähig« werden (man spricht von der Performanz transnationaler Identitäten, siehe z.B. Reinelt, 2001). Wir müssen uns den Handlungen anderer in unserer neuen Umgebung anschließen, und sie müssen sich an unsere anknöpfen können. Es wird eine Suche nach gegenseitiger Anerkennung (Honneth, 2003; Visker, 2005). Gemeinsam müssen wir die »Geschichte« in neue Richtungen führen können (Goffmann, 2003). Die Überwindung früherer Selbstverständlichkeiten und die Erfahrung ihrer Kontingenz ist dabei eine Schlüsselgröße. Das Wie und Warum unserer traditionellen (national bedingten) Handlungsweisen müssen wir thematisieren und diskutieren, oder mit einem schönen Wort »diskursiv verfügbar« machen können und darüber reflektieren, um Entscheidungen treffen zu können (Giddens, 1984). Wir blicken dabei nicht so sehr von einer globalen kosmopolitischen Position auf unsere Situation zurück, sondern sind uns lediglich der Möglichkeit des Andersseins bewusst. Wir mutieren also nicht zu einer höheren kosmopolitischen Sphäre, sondern erfahren, dass wir ohne die Beschränktheit unserer spezifischen Identitäten nicht auskommen. Auch die transnationale Identität bleibt mit beiden Beinen auf dem Boden.

Wie nutze ich die Grenzüberschreitung als Chance?

In dem vorangegangenen Abschnitt wurde deutlich, dass die Entstehung transnationaler Identitäten viele Probleme birgt. Doch wesentlicher ist, dass es sich auch um eine neue »Kombination von Produktionsfaktoren« handelt. Als solche ist sie eine unternehmerische Innovationsleistung. Während in bisherigen Auffassungen grenzüberschreitende Migration vor allem »verwaltet«

wurde, ging es bei Grenzüberschreitungen mit festen nationalen Identitäten vor allem um die freiwillige oder gezwungene Assimilation neuer Arbeitskräfte. Die bereits erwähnten Diskussionen über Leitkulturen kennen wir nur allzu gut. Diese Strategien beziehen sich auf überholte territorialisierte homogene nationale Identitäten. Gerade in dem Zeitalter der Globalisierung steht jedoch die Entdeckung der Transnationalität als wesentliche Innovationskraft unserer Gesellschaft auf der Tagesordnung. Dazu braucht man aber nicht eine »Verwaltung« oder einen Grenzschutz, sondern eine kreative Unternehmungsleistung, und zwar nicht nur in Bezug auf kommerzielles Unternehmertum, sondern auch in Bezug auf individuelles persönliches Unternehmertum.

Gerade in grenznahen Räumen besteht eine Chance, Grenzen nicht nur als zu überwindende Barrieren, sondern auch als zu zelebrierenden Ort der Differenzen und der Wahloptionen zu betrachten (Ernste, 2004; Danielzyk, Ernste u. Jung, 2004). So wurde in der binationalen Stadt Kerkrade/Herzogenrath, auch bekannt als »Eurode«, das Eurode Business Center[5] gegründet, welches genau auf der Grenze liegt. Die nationale Grenze durchschneidet das Gebäude. Die Betriebe, die sich hier angesiedelt haben, versuchen, ihre Grenzlage auszunutzen. Die einmalige Situation, in einem Gebäude in zwei Ländern »präsent« zu sein, eröffnet ihnen die Möglichkeit, die nationalen Unterschiede hinsichtlich der direkten und indirekten Steuern, der Rechtsform, der Betriebsverfassungsgesetze, der rechtlichen Ausgestaltung und der Betriebsorganisation positiv auszunutzen. Hier wird also nicht gefragt, ob man ein deutsches oder ein niederländisches Unternehmen ist. Hier ist es selbstverständlich, dass man beides ist. Und das Besondere an der Sache ist, dass man etwas anbieten und verkaufen kann, das andere nicht haben.[6]

Ein weiteres Beispiel kam mehr oder weniger zufällig zutage.

5 http://www.eurode-business-center.de

6 Dieses Beispiel grenzüberschreitender Integration wird unter anderem auch von Nicole Ehlers in ihrer demnächst an der Radboud Universität Nijmegen erscheinenden Dissertation beschrieben.

Frietman und Busse haben im Jahre 1999 eine Studie vorgelegt, in der sie die grenzüberschreitenden Arbeitspendler untersuchten. Dabei wurden auch die Unternehmen nach ihren Erfahrungen mit ausländischen Arbeitnehmern befragt. Dabei stellte sich heraus, dass viele Unternehmen es als eine wesentliche Bereicherung empfanden, sowohl niederländische als auch deutsche Mitarbeiter zu beschäftigen. Aus dieser Kombination von »niederländischer« Lockerheit, Flexibilität, Pragmatismus und »deutscher« Präzision, Pünktlichkeit, Prinzipientreue und gediegener Planung, entstand eine deutsch-niederländische Betriebskultur, die anfangs zwar nicht geplant war, aber sich offensichtlich bezahlt machte. Es ging hier nicht um Assimilation von Ausländern, sondern eben um die konstruktive Entwicklung und Nutzung einer transnationalen deutsch-niederländischen Produktionskultur (Hofstede, 1991).

Auch ist bekannt, dass grenznahe Baubetriebe von speziellem Know-how und besonderen Techniken, Materialien und Bauelementen von jenseits der Grenze Gebrauch machen und mit niederländischer Logistik und Prefab-Technologie kombinieren und mit diesem transnationalen Angebot werben. Solche Betriebe funktionieren nicht einfach wie jedes andere niederländische Unternehmen, sondern entwickeln damit etwas Eigenes.

Einige Entwicklungen sind mehr im privaten Bereich anzusiedeln und beziehen sich auf das Phänomen des Wohnens jenseits der Grenze, wobei nur eine Teilemigration stattfindet und Elemente von Identitäten von beiden Seiten der Grenze kombiniert werden und so neue transnationale Gemeinschaften entstehen (van Houtum u. Gielis, 2006; Kearney, 1995; Faist, 1998). Dies findet auch seinen Ausdruck im Werbeslogan, mit der niederländische Immobilienmakler in niederländischer Sprache auf Anzeigetafeln bei der deutschen Gemeinde Kranenburg werben für »Wohnen in Deutschland mit den Niederlanden als Hintergarten«. Auch hier wird versucht, das Beste aus beiden Welten miteinander zu kombinieren.

Während sich also Regionalmanagement im grenznahen Bereich bisher auf den Abbau der Grenze und der Verwaltung freier Marktchancen beschränkte, wäre gerade in der heutigen Zeit des globalen Wettbewerbs der Regionen angezeigt, den Standortvorteil der an der nahen Grenze gegenwärtigen Unterschiede produktiv zu nutzen. Statt verwaltungstechnischer werden dann aber unternehmerische Leistungen von der Regionalbehörde verlangt. Und tatsächlich gibt es, wie wir oben gesehen haben, verschiedene hoffnungsvolle Beispiele dafür, wie man die Transnationalität an der Grenze tatkräftig erfolgreich vermarkten kann. Grenzüberschreitende Projekte werden dann nicht nur ins Leben gerufen, um an die europäischen Subventionstöpfe heranzukommen, sondern um die neuen Möglichkeiten durch die Kombination von weiterhin verschiedenen Nationalkulturen an der Grenze zu kultivieren und quasi zu »zelebrieren«.

Allerdings sind transnationale Räume und Identitäten nicht nur im grenznahen Bereich zu beobachten, sondern können heutzutage überall auftreten (Heisler, 2001). So wirbt ein niederländischer Investmentfonds in der Schweiz mit dem Slogan: »Frischer Wind für Switzerland« garniert mit einer Abbildung von Windmühlen in einer Berglandschaft und mit Managern auf Holzschuhen im Mekka der schweizerischen Bankwelt, dem Paradeplatz in Zürich. Umgekehrt wirbt die schweizerische Post in den Niederlanden mit einem Plakat, worauf das Matterhorn aus Tulpenfeldern hervorragt, mit der Aufschrift: »Schweizer Qualität gibt es jetzt auch in den Niederlanden«. Es geht hier nicht um angrenzende Nationalkulturen, aber sehr wohl um transnationale »Räume«, wobei offensichtlich die positiven Kombinationen nationaler Identitätsmerkmale vermarktet werden.

Was für Unternehmen und Regionalbehörden gilt, lässt sich auch für die Innovationsleistung der Schaffung persönlicher transnationaler Identitäten sagen. Wir brauchen keine herkömmliche Identitätspolitik (Bondi, 1993), sondern eine kreative *Trans*nationalitätspolitik und dies sowohl aus staatlicher Sicht als auch wegen persönlicher Bestrebungen (Brubaker, 1996). Es geht hier um eine aktive Akkomodationspolitik. Personen deutscher Herkunft sollten in den Niederlanden versuchen, sich nicht einfach blind anzupassen und einzuordnen, sondern etwas Positives aus der Kombination ihrer deutschen Identität mit ihrem niederländischen

Umfeld zu kreieren, und dies auch zu vertreten (»Hybridisierung«, »Mosaik-Identitäten« – Sennet, 1996; Kolar-Panov, 1996; Bleich u. van der Wal, 1990). Dazu sind aber nicht einfach Erfolgsrezepte bereitzustellen, da dies zu sehr von der betreffenden Person und der jeweiligen Situation abhängt. In dem Versuch, den für einen selbst erfolgversprechendsten Weg zu finden, liegt gerade das »Unternehmerische« und das Risikoträchtige. Erfolg ist nicht garantiert. Die Reflexion auf eigene und fremde Identitäten und die spielerische und kreative Suche nach einer neuen und erfolgreichen transnationalen Identität, in der der Reichtum der Vielfalt zum »Selling-Point« wird (Glazer, 1997), sind dabei nach der hier von mir dargestellten Migrations- und Identitätsforschung das A und O. Es geht um die Lust auf Unterschiede und Veränderung.

Literatur

Augé, M. (1995). Non-Places: Introduction to an anthropology of supermodernity. London.

Balibar, E. (1998). The borders of Europe. In Ph. Cheah, B. Robbins (Eds.), Cosmoplitics: Thinking and feeling beyond the nation (pp. 216–232). Minneapolis.

Bleich, A. U., Wal, G. van der (Hrsg.) (1990). Grensgangers: leven tussen twee culturen. Baarn.

Boesch, E. E. (1991). Symbolic Action Theory and Cultural Psychology. Berlin.

Bondi, L. (1993). Locating identity politics. In M. Keith, S. Pile (Eds.), Place and the Politics of Identity (pp. 84–101). London.

Brubaker, R. (1996). Nationalism Reframed: Nationhood and the national question in the new Europe. Cambridge.

Bruner, J. (1990). Acts of Meaning. Cambridge.

D'Amato, G. (1997). Gelebte Nation und Einwanderung: Zur Transnationalisierung von Nationalstaaten durch Immigrantenpolitik am Beispiel der Schweiz. In H. Kleger (Hrsg.), Transnationale Staatsbürgerschaft. Frankfurt a. M.

Danielzyk, R., Ernste, H., Jung, H. U. (2004). Entwicklung deutsch-niederländischer Grenzräume. In L. Thormählen, (Hrsg.), Entwicklung europäischer Grenzräume bei abnehmender Bedeutung nationaler Grenzen (S. 85–119). Hannover.

Ernste, H. (2004). Border regions in new perspective. In G. van Vilsteren, E. Wever (Eds.), Borders & Economic Behaviour in Europe. A geographical approach (pp. 96–115). Assen.

Eßbach, W. (1999). Anthroplogische Überlegungen zum Begriff der Grenze in der Soziologie. In M. Fludernik, H.-J. Gehrke (Hrsg.), Grenzgänger zwischen Kulturen (S. 85–98). Würzburg.

Faist, Th. (1998). Transnational social spaces out of international migration: evolution, significance and future prospects. Archives Européennes de Sociologie, 39, 213–247.

Friedman, T. L. (2006). The World Is Flat: A Brief History of the Twenty-first Century. New York.

Frietman, J., Busse, G. (1999). Kansen over de grens: studie over de arbeidsmobiliteit in de Euregio Rijn-Waal en de Euregio Rijn-Maas-Noord. Nijmegen.

Giddens, A. (1984). The Constitution of Society. Cambridge.

Glazer, N. (1997). We are All Multiculturalists Now. Cambridge.

Goffman, E. (2003). Wir alle spielen Theater. Die Selbstdarstellung im Alltag. München.

Heisler, M. O. (2001). Now and then, here and there: Migration and the transformation of identities, borders and orders. In Albert, M., Jacobson, D., Lapid, Y. (Eds.), Identities Borders Orders. Rethinking international relations theory (pp. 225–247). Minneapolis.

Hofstede, G. (1991). Allemaal andersdenkenden. Omgaan met cultuurverschillen. Amsterdam.

Honneth, A. (2003). Kampf um Anerkennung. Frankfurt a. M.

Houtum, H. van, Gielis, R. (2006). Elastic Migration: The case of Dutch short-distance transmigrants in Belgium and German borderlands. TESG, 97, 195–202.

Horst, H. van der (2000). Der Himmel so tief. Niederlande und Niederländer verstehen. Münster.

Kearney, M. (1995). The local and the global: The anthropology of globalisation and transnationalism. Annual Review of Anthropology, 24, 547–565.

Kolar-Panov, D. (1996). Video, War and the Diasporic Imagination. London.

Moldenhauer, G., Vis, J. (Hrsg.) (2001). Die Niederlande und Deutschland – Einander kennen und verstehen. Münster.

Paasi, A. (1999). Boundaries as social processes: Territoriality in the world of flows. In D. Newman (Ed.), Boundaries, Territory, and Postmodernity (pp. 69–88). London.

Peeters-Bijlsma, M. (2005). Duitsers in Nederland. Een onderzoek naar de verandering van de nationale identiteit van Duitse immigranten in Nederland. Ubbergen.

Plessner, H. (1981). Die Stufen des Organischen und der Mensch. Gesammelte Schriften. Bd. 4. Frankfurt a. M.

Portes, A., Haller, W., Guarnizo, L. E. (2002). Transnational entrepreneurs: An alternative form of immigrant economic adaptation. American Sociological Review, 67, 278–298.

Sennet, R. (2000). Der flexible Mensch. Die Kultur des neuen Kapitalismus. München.

Sennet, R. (1996). The foreigner. In P. Heelas, S. M. Lash, P. Morris (Eds.), Detraditionalisation. Critical reflections on authority and identity (pp. 173–199). Cambridge.

Taylor, P. J. (1995). Beyond containers: Internationality, interstateness, interterritoriality. Progress in Human Geography, 19, 1–15.

Thomas, A. (2003) Interkulturelle Kompetenz – Grundlagen, Probleme und Konzepte. Erwägen Wissen Ethik – Streitforum für Erwägungskultur, 14, 137–228

Vossestein, J. (2005). Dealing With The Dutch: A Guide For Visitors, New Residents And Better Business Relationships (14. ed.). Amsterdam.

Visker, R. (2005). Vreemd gaan en vreemd blijven. Filosofie van de multiculturaliteit. Amsterdam.

Vygotsky, L. S. (1978). Mind in Society. Cambridge.

White, C., Boucke, L. (2005). The Undutchables: An Observation of the Netherlands, Its Culture And Its Inhabitants. Lafayette.

Wielenga, F., Taute, I. (2004). Länderbericht Niederlande. Schriftenreihe der Bundeszentrale für politische Bildung, Nr. 339.

Katrin Arntz

Medien in den Niederlanden – vielfältige Wege durch einen undurchsichtigen Dschungel

Vorbemerkung

Einem deutschen Leser die niederländische Medienlandschaft zu erklären, ist eine Mammutaufgabe. Glaubt man, dass bereits die deutsche Medienlandschaft mit ihrer Vielzahl an Rundfunkanstalten, Hörfunk- und Fernsehprogrammen sowie der zahlreichen regionalen und überregionalen Zeitungstitel kompliziert sei, darf man getrost die niederländische Medienlandschaft als Dschungel bezeichnen. Ein Dschungel, dessen Strukturen verwachsen und der für den Wagemutigen, der sich einen Weg schlagen möchte, viele Rätsel und Geheimnisse in sich birgt. Wer die Reise dennoch antritt, wird auch mit einer farbenfrohen Vielfalt konfrontiert, die die besondere Einzigartigkeit der niederländischen Medienlandschaft prägt.

Im Folgenden soll ein Weg durch den niederländischen Mediendschungel aufgezeigt werden, der die heutige Zeitungs-, Rundfunk- und Fernsehlandschaft in den Niederlanden sowie ihre Entstehung durchstreift. Ein Seitenpfad vermittelt zusätzlich Einblicke in die journalistische Kultur der Niederlande und vertieft die gewonnenen Erkenntnisse.

Zeitungslandschaft

Die niederländische Zeitungslandschaft wird durch eine Vielzahl überregionaler und regionaler Zeitungstitel geprägt und von drei

Verlagshäusern (Telegraaf Media Groep, PCM Uitgevers, Wegener Dagblad) maßgeblich bestimmt. Sowohl die überregionalen als auch die regionalen Zeitungen haben in den vergangenen Jahren einen starken Auflagenrückgang verzeichnet. Werbeeinnahmen sind aufgrund der kosteneffizienteren Nutzung des Internets weggebrochen. Die niederländischen Verleger sind vor diesem Hintergrund dazu genötigt, neue Strategien zu entwickeln. So ist zum Beispiel die Tageszeitung Trouw auf das handlichere Tabloid-Format umgestiegen und versucht vor allem durch Hintergründe und Analysen, ihre Leser zu halten. Wie sich 2005 zeigte, auch mit Erfolg. Andere Zeitungstitel und Verlage investieren in »crossmediale« Zusammenarbeit, bei der zum Beispiel Zeitungs- und Rundfunkaktivitäten kombiniert werden. So hat das Financiële Dagblad jüngst den kommerziellen Wirtschaftshörfunksender BNR Nieuwsradio gekauft. Die Abendzeitung NRC Handelsblad will mit NRC.next – eine Tabloid-Edition am Morgen – vor allem jüngere Leser ansprechen. Gratiszeitungen wie Metro und Sp!ts haben den Wettbewerb auf dem niederländischen Zeitungsmarkt deutlich verschärft. Seit 1999 sind die Blätter an Bahnhöfen, in der Straßenbahn und an Kiosken erhältlich. Ihr redaktioneller Inhalt besteht hauptsächlich aus Agenturmeldungen. Der Leser soll in 20 Minuten – während seiner Fahrt zur Arbeit oder zur Ausbildungsstätte – über die wichtigsten Ereignisse des Tages informiert werden. 2004 betrug die Auflage beider Gratiszeitungen insgesamt 670.000, in 2005 waren es bereits an die 900.000 Exemplare. Eine rasante Zunahme, die zeigt, dass Leser durchaus gewillt sind, das Medium Zeitung für die Informationsbeschaffung zu nutzen. Für diese Informationen zu zahlen, ist jedoch ein Gedanke, der gerade beim jüngeren Lesepublikum immer weiter in den Hintergrund rückt und dadurch wiederum die Abonnement-Zeitungen vor neue Herausforderungen stellt.

Zu den wichtigsten überregionalen Zeitungen in den Niederlanden zählen De Telegraaf, De Volkkrant, NRC Handelsblad und Trouw. Ferner gibt es Het Parool, des Weiteren das Financiële Dagblad, bei dem die Wirtschaftsberichterstattung im Vordergrund steht, sowie die kleineren, überregional erscheinenden Tageszeitungen Reformatorisch Dagblad und Nederlands Dagblad. In 2005 fusionierte die überregionale Zeitung Algemeen Dagblad mit sieben regionalen Zeitungstiteln und kann daher nicht mehr eindeutig den überregional erscheinenden Zeitungstiteln zugeordnet werden. Einige wichtige niederländische Zeitungen werden im Folgenden portraitiert (die Auflagenzahlen stammen aus dem Jahr 2005)[1].

De Telegraaf

Die Tageszeitung De Telegraaf[2] ist mit derzeit rund 730.000 Exemplaren auflagenstärkste Tageszeitung in den Niederlanden und einem konservativ-populären Meinungsspektrum zuzuordnen. Ihre Berichterstattung ist zuweilen sensationeller Art, jedoch informativer als die Bildzeitung in Deutschland. Am 1. Januar 1893 erschien De Telegraaf zum ersten Mal und sollte vor allem als »neutrale« Zeitung – also unabhängig von einer Glaubens- oder politischen Strömung – den Leser informieren. Vor allem nach dem Zweiten Weltkrieg entfaltete sich De Telegraaf mit kurzen Berichten und entsprechender Bildauswahl zur auflagenstärksten Tageszeitung. Seit 2004 erscheint neben den Wochentags-Ausgaben von montags bis samstags ebenfalls eine Sonntagsausgabe. De Telegraaf gehört zur Telegraaf Media Groep und hat den Firmensitz in Amsterdam.

1 http://www.cebuco.nl
2 http://www.telegraaf.nl

NRC Handelsblad

Das NRC Handelsblad[3] ist ein Zusammenschluss der liberalen Zeitung Nieuwe Rotterdamse (1844) Courant sowie des Algemeen Handelsblad (1822). Die Zeitungen fusionierten 1970 zum NRC Handelsblad. Die Auflage liegt bei knapp 250.000. Das NRC Handelsblad profiliert sich als Qualitätszeitung und richtet sich an die intellektuelle Elite des Landes. Vom Status her vergleichbar mit der Frankfurter Allgemeinen Zeitung (FAZ). Mit einem großen Auslandskorrespondentennetzwerk und der Schwerpunktberichterstattung in den Bereichen Politik, Ausland, Wirtschaft, Meinung, Kunst und Literatur wird sie zuweilen als beste Zeitung der Niederlande betitelt. Das »NRC« – wie die Zeitung im Alltagsjargon genannt wird – erscheint im Gegensatz zu den meisten anderen Zeitungen in den Niederlanden wochentags am frühen Abend und samstags am Morgen. NRC Handelsblad hat den Sitz in Rotterdam und gehört zu PCM Uitgevers, wo auch De Volkskrant und Trouw herausgegeben werden.

De Volkskrant

De Volkskrant[4] zählt mit einer Auflage von rund 295.000 Exemplaren ebenfalls zu den so genannten Qualitätszeitungen, die landesweit erscheinen. De Volkskrant erschien 1919 zum ersten Mal in Den Bosch. Inzwischen hat die Chefredaktion ihren Sitz jedoch in Amsterdam. Ursprünglich galt De Volkskrant als römisch-katholische Arbeiterzeitung. Nach der Gleichschaltungsphase während der deutschen Besatzungszeit von 1933 bis 1945 verlor De Volkskrant bis zu 95 Prozent der Leser. Später wandelte sich das Meinungsspektrum der Volkskrant hin zu einer gemäßigt links-

3 http://www.nrc.nl

4 http://www.volkskrant.nl

progressiven Haltung, ähnlich der Süddeutschen Zeitung in Deutschland. Auch De Volkskrant gehört zu PCM Uitgevers.

Trouw

Die heute als christlich-protestantisch geltende Tageszeitung Trouw[5] entstand während des Zweiten Weltkrieges als sogenannte Widerstandszeitung (*verzetskrant*). 1943 erschien die erste Ausgabe von Trouw. Nach dem Ende der Besatzungszeit konnte sich Trouw dem modernen Pressewesen anpassen. Heute erscheint die Tageszeitung Trouw im Tabloid-Format und hat zwei Schwerpunktbereiche. Neben der aktuellen Nachrichtenberichterstattung widmet sich *De Verdieping* – die Vertiefung – gesellschaftspolitischen Themen. Hintergrundanalysen und Meinungsbeiträge problematisieren gesellschaftliche Fragestellungen. Auch religiösen und weltanschaulichen Themen wird viel Platz eingeräumt. Rund 108.000 Leser verzeichnet Trouw. Der Firmensitz ist Amsterdam. Herausgeber ist PCM Uitgevers.

Het Parool

Het Parool[6] ist ebenfalls wie Trouw während der Besatzungszeit im Zweiten Weltkrieg als sozialdemokratisch gefärbte Widerstandszeitung entstanden. 1941 erschien die erste Ausgabe. Heute konzentriert sich Het Parool vor allem auf die Lokalberichterstattung in und aus Amsterdam und ist bezüglich ihres Meinungsspektrums links von der Mitte anzusiedeln. Nach vielen Jahrzehnten finanzieller Verluste trennte sich Herausgeber PCM Uitgevers von Het Parool in 2003. Mithilfe der belgischen Persgroep konnte sich Het Parool jedoch retten und verzeichnete Ende 2003 zum er-

5 http://www.trouw.nl
6 http://www.parool.nl

sten Mal wieder Gewinne. Seit 2004 erscheint die Amsterdamer Stadtzeitung im Tabloid-Format und steigerte seine Auflage entgegengesetzt sonstiger Trends von 85.600 im Jahr 2004 auf 86.600 im Jahr 2005.

Algemeen Dagblad: Zeitungslandschaft im Umbruch

Zu den wohl größten Umbrüchen in der niederländischen Zeitungslandschaft zählt die in 2005 durchgeführte Fusion des landesweit erscheinenden Algemeen Dagblad[7] mit sieben regionalen Zeitungstiteln (Rotterdams Dagblad, Haagsche Courant, Rijn en Gouwe, Utrechts Nieuwsblad, Amersfoortse Courant, Goudsche Courant und Dordtenaar). Lag die Auflage der in 2004 noch getrennt agierenden regionalen Tageszeitung sowie dem Algemeen Dagblad bei 597.192 Exemplaren, ist die Gesamtauflage nach der Fusion um rund 10 Prozent auf 531.658 Exemplare zurückgegangen. Allerdings ist das neue Algemeen Dagblad nun hinter De Telegraaf die zweitgrößte landesweit erscheinende Tageszeitung. 1946 erschien das Algemeen Dagblad zum ersten Mal als neutrale, von politischen oder weltanschaulichen Strömungen unabhängige Tageszeitung mit populärem Charakter. Das Leserspektrum ist sehr breit angelegt. Vor allem Familien mit mittlerem Einkommen zählen zur Leserschaft. Das Algemeen Dagblad betreibt viel Ratgeberjournalismus und versucht mit einem zugänglichen Layout, vielen Infografiken und Service-Rubriken den Leser zu informieren. Seit 2004 erhalten AD-Abonnenten täglich eine 24-seitige Sportzeitung mit dem Titel Sportwereld (Sportwelt). Die Samstagsausgabe enthält die Glossy-Beilage »AD Magazine«. Das neue Algemeen Dagblad fällt nun unter ein Joint Venture von PCM Uitgevers und Wegener.

7 http://www.ad.nl

Große Verlagshäuser beherrschen den Medienmarkt

Der Zeitungsmarkt in den Niederlanden wird derzeit von drei Verlagshäusern bestimmt. PCM Uitgevers mit einem Anteil von 27 Prozent (unter anderem De Volkskrant, NRC Handelsblad, Trouw) und die Telegraaf Media Groep mit 31 Prozent (unter anderem De Telegraaf) sowie Wegener nv mit 28 Prozent (unter anderem De Gelderlander, Brabants Dagblad) beherrschen über 85 Prozent des niederländischen Tageszeitungsmarktes. Tabelle 1 und Abbildung 1 geben die Marktanteile niederländischer Verlage in 2004 wieder.

Tabelle 1: Marktanteile niederländischer Verlage

Herausgeber	Auflage 2004
Noordelijke Dagblad Combinatie bv	280.208
Wegener nv	1.149.015
Telegraaf Media Groep nv	1.243.462
PCM Uitgevers nv	1.111.056
Het Parool bv	85.729
Andere (Auflage < 60.000)	191.852
Gesamt	4.061.322

Die niederländische Zeitungslandschaft und die Leser

Der Erfolg von Gratiszeitung wie Metro und Sp!ts zeigt, dass die Niederlande auch weiterhin als »Leseland« bezeichnet werden können. Niederländer wollen aktuelle Informationen. Neue Medien, wie das World Wide Web und andere internetbasierte Dienste, bieten häufig kostenlose Informationen an. Am Beispiel der Tageszeitung Trouw wird jedoch deutlich, dass Zeitungsredaktionen vor allem durch gut recherchierte Hintergründe und Analysen einen Mehrwert liefern, für den Leser bereit sind zu zahlen.

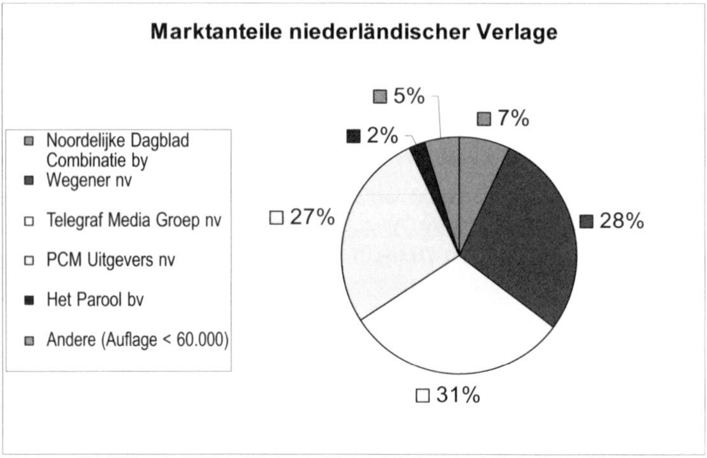

Abbildung 1: Marktanteile niederländischer Verlage.
* Andere (Auflage: 60.000): Reformatorisch Dagblad bv, Nederlands Dagblad bv, Friesch Dagblad Holding bv, Nederlandse Staatscourant, Koninklijke BDU Uitgeverij bv.

Lesetipps für deutsche Arbeitnehmer in den Niederlanden

Als deutscher Arbeitnehmer in den Niederlanden bekommt man durch die Berichterstattung in den niederländischen Tageszeitungen ein umfangreiches Bild aktueller, gesellschaftlicher und politischer Ereignisse. Für den Anfang sind die Gratiszeitungen Metro und Sp!its geeignet, da ihre kurzen Agenturmeldungen einfach zu lesen sind. Wer jedoch tiefer gehende Informationen über das Meinungsspektrum im Land erhalten möchte, sollte eine der großen landesweit erscheinenden Tageszeitungen abonnieren. Auch die regionalen Tageszeitungen sind zu empfehlen, spielen jedoch für die überregionale Berichterstattung im Vergleich zu deutschen regionalen Tageszeitungen eine geringere Rolle. Wirtschafts- und Finanznachrichten sind im Financiële Dagblad nachzulesen. Zudem gibt es einige Wochenzeitschriften wie Elsevier (vergleichbar mit DER SPIEGEL oder Focus) und Vrij Nederland sowie HP/De Tijd. Die aufgeführten Medien sind auch im Internet abrufbar. Tagesaktuelle Berichte sind meist gratis, für weiter zurückliegende Beiträge werden kleinere Gebühren verlangt.

Rundfunk- und Fernsehlandschaft

In den Niederlanden teilen sich, ähnlich wie in Deutschland, öffentlich-rechtliche Rundfunksender und kommerzielle Anbieter den Hörfunk- und Fernsehmarkt.

Das öffentlich-rechtliche Rundfunksystem (Publieke Omroep) in den Niederlanden nimmt jedoch europaweit eine Sonderstellung ein. Eine Vielzahl ursprünglich ideologisch-weltanschaulich geprägter Rundfunkvereine (Omroepen) teilen sich die drei öffentlichen Fernseh- und fünf Radioprogramme.

Im Prinzip kann jeder in den Niederlanden einen Rundfunkverein gründen und dem öffentlich-rechtlichen Rundfunksystem beitreten. Voraussetzung hierfür ist, dass a) der Verein über 50.000 Mitglieder verzeichnet und er b) ein neues, durch die bereits bestehenden Rundfunkvereine noch nicht abgedecktes Programmprofil aufweist. Im September 2005 startete zum Beispiel der Rundfunksender »Omroep Max« mit einem zweistündigen Fernseh- und einem fünfstündigen Radioprogramm speziell für Senioren. Bis dato hatte es keine auf diese Zielgruppe ausgerichtete Hörfunk- und Fernsehformate gegeben.

Es gibt drei Fernsehprogramme in den Niederlanden: Nederland 1, 2 und 3. In Deutschland würde man von dem Ersten, dem Zweiten und den dritten Programmen sprechen. Öffentliche Radiowellen sind Radio 1, Radio 2, 3 FM, Radio 4 sowie Radio 5.

Die öffentlichen Fernsehprogramme haben sogenannte Profile. Während Nederland 1 vor allem als Informationssender fungiert, der über gesellschaftliche Entwicklungen berichtet, gilt Nederland 2 als Familiensender mit einem bunten Programm aus Quizsendungen, Serien, Infotainment-Programmen und Sport. Nederland 3 strahlt sogenannte Minderheiten- und Kulturprogramme aus. Auch das Kinderprogramm Z@ppelin ist bei Nederland 3 zu sehen.

Beim Radio gibt es ähnliche Profile. Bei Radio 1 liegt der Schwerpunkt auf Information, aktueller Nachrichtenberichterstattung und Reportagen. Radio 2 bietet einen Mix aus Wort- und Musikbeiträgen mit Service-Rubriken, Interviews und Gewinnspielen. Radio 3 heißt inzwischen 3 FM und ist der jugendliche Popmusiksender des öffentlich-rechtlichen Rundfunks mit aktueller Chartmusik und Boulevardmeldungen. Radio 4 ist der Klassikmusiksender mit Übertragungen aus den Konzerthäusern und am Abend Weltmusik und Jazz im Programm. Radio 5/747 AM kann als Sammelsurium unterschiedlichster Themenbereiche bezeichnet werden. Kultur- und Wissenschaftsmagazine wechseln sich mit Hörspielen ab. Glaubensgemeinschafen und politische Parteien nutzen den Sender, um ihre Botschaften zu verkünden.

Die einzelnen Sendungen werden jeweils von den oben erwähnten Rundfunkvereinen produziert. Zu den wichtigsten Vereinen zählen NCRV, VARA, KRO, VPRO und AVRO. Hinter den Abkürzungen verbergen sich die ursprünglich weltanschaulich-ideologisch geprägten Ausrichtungen der Rundfunkvereine. So ist der NCRV (Nederlandsche Christelijke Radio Vereniging) den Protestanten zuzuordnen, VARA (Vereniging Arbeiders Radio Amateurs) den Sozialisten, KRO (Katholieke Radio Omroep) den Katholiken, VPRO (Vrijzinnig Protestantse Radio Omroep) den eher liberaleren Protestanten. AVRO (Algemene Vereniging Radio Omroep) sieht sich als neutraler Rundfunkverein. Heute spielt bei den meisten Fernseh- und Hörfunkprogrammen die ideologisch-geprägte Färbung der großen Rundfunkvereine kaum noch eine Rolle. Vielmehr steht die neutrale Informationsvermittlung im Vordergrund. Vor allem der deutsche Arbeitnehmer wird die weltanschaulichen Nuancen kaum bemerken.

Je nach Anzahl der Mitglieder – Mitglied wird man durch freiwillige Anmeldung – erhalten die Rundfunkvereine Sendezeit und ein Budget zugewiesen, um auf Nederland 1 bis 3 sowie auf den oben erwähnten Radiowellen zu senden. Der Verteilschlüsse von Sendezeit und Budget basiert auf drei Kategorien (A, B und C), abhängig von der Mitgliederzahl.

Neben den A-, B-, und C-Rundfunkvereinen gibt es Vereine,

die aufgrund ihres politischen Sendeauftrages keine Mitglieder nachweisen müssen. Dies sind die Nederlandse Omroep Stichting (NOS), der Minderheiten- und Kultursender Nederlandse Programma Stichting (NPS) sowie der mit der Deutschen Welle vergleichbare Wereldomroep, der in sechs Sprachen aussendet. Ebenso zählen die sogenannten »39f-omroepen« zu den Rundfunkvereinen, die ohne Mitglieder eine Sendekonzession erhalten. Artikel 39f des niederländischen Mediengesetztes garantiert ihnen einen Vertretungsanspruch aufgrund ihrer Lebensanschauung, daher auch die Bezeichnung. Hierzu zählen unter anderem der Nederlandse Moslim Omroep (NMO) und die Rooms-Katholieke Kerkgenootschap (RKK). Weitere Rundfunksender sind BNN, BOS, EO, HUMAN, IKON, NIK MEDIA, OHM, RVU, Teleac, TROS und ZVK.

Neben diesen landesweit agierenden Rundfunkorganisationen gibt es ebenfalls regionale Radio- und Fernsehvereine, die von vor Ort berichten.

Die niederländische Rundfunklandschaft steht derzeit ebenso wie die niederländische Zeitungslandschaft vor einem großen Umbruch. Ziel der Maßnahmen ist es, einen informations- und meinungsorientierten öffentlich-rechtlichen Rundfunk zu schaffen, der sich deutlich von den privaten Anbietern – die sich häufig auf Unterhaltungsformate konzentrieren – abgrenzt.

Bei allen Überlegungen spielt auch die Konkurrenz der privaten Fernsehsender und Hörfunkprogramme eine wichtige Rolle. Der privat-kommerzielle Fernsehmarkt in den Niederlanden wird durch zwei Sendergruppen bestimmt: RTL und SBS Broadcasting. RTL Nederland betreibt die Sender RTL 4, RTL5 und RTL7. Zu SBS zählen die Sender SBS 6, Veronica und Net 5. Die Angebote der niederländischen Privatsender sind mit denen der deutschen RTL-Senderfamilie sowie der ProSieben/Sat1-Familie vergleichbar. Serien, Unterhaltungssendungen, Entertainmentprogramme bestimmen die Senderprogrammierung. Neu in der Reihe der privaten Anbieter in den Niederlanden ist der Fernsehsender Talpa. Der kommerzielle Sender des niederländischen Medienmilliardärs John de Mol bietet seit Sommer 2005 einen Mix aus Entertainment, Drama, Reality-Shows und Sport und wird von der Werbewirtschaft als ernstzunehmender Konkurrent der bereits bestehenden privaten Anbieter eingestuft.

Die privaten Hörfunksender Veronica, Yorin, Sky Radio, Radio 538, Noordzee FM et cetera senden vor allem Chart- und Popmusik sowie häufig boulevardeske Nachrichten. Classic FM, ein privater Klassiksender, bringt leichtere Klassikmusik und konkurriert mit dem öffentlich-rechtlichen Klassiksender Radio 4 um die Hörergunst.

Programmtipps für deutsche Arbeitnehmer in den Niederlanden

Nicht verpassen sollten deutsche Arbeitnehmer die täglichen Nachrichtensendungen. Hauptnachrichtensendung ist das NOS Journaal um 20:00 Uhr auf Nederland 1. Im Anschluss folgt die Magazinsendung Netwerk auf Nederland 2. Netwerk beleuchtet aktuelle politische Entwicklungen und ist in Ansätzen mit den Tagesthemen und dem Heute Journal im deutschen Fernsehen vergleichbar. Auf Nederland 1 übernimmt zudem EénVandaag um 18 Uhr die Hintergrundberichterstattung. Eine sehr erfolgreiche, politisch-aktuelle Magazinsendung ist NOVA, werktags 22:20–23:00 Uhr auf Nederland 2. Bei den Privaten sind RTL Nieuws (RTL4, 19:30 Uhr) und Hart van Nederland (SBS6, 22:30 Uhr) erfolgreiche Nachrichtenformate.

Die TV- und Hörfunkprogramme können im Internet abgerufen werden.[8] Es können auch einzelne Sendungen der letzten Tage online angeschaut werden.[9] Das Portal NOS Journaal versteht sich als Nachrichtenwebsite, auch hier gibt es ein Online-Archiv mit den Nachrichtensendungen der letzten Wochen.[10]

8 http://www.omroep.nl
9 http://www.uitzendinggemist.nl
10 http://www.nosjournaal.nl

Historische Wurzeln der niederländischen Medienlandschaft

Die Zeitung: aktuelle Informationen für jedermann

Ausschlaggebend für eine Verbreitung massenmedialer Angebote waren sowohl in den Niederlanden als auch in Deutschland die gesellschaftlichen Veränderungen im 19. Jahrhundert: Der kontinuierliche technische Fortschritt mit dem Beginn der Industrialisierung, sowie die damit einhergehende Urbanisierung und die zunehmende Alphabetisierung der Gesellschaft begünstigten die Ausdifferenzierung des Journalismus. Lediglich die sorgfältige Auswahl und Bearbeitung der Nachrichten konnten dem steigenden Informationsbedürfnis gerecht werden (Pürer u. Rabe, 2002). In weiten Teilen Europas erschienen ab 1609 regelmäßig die ersten Zeitungen: Wolfenbüttel und Straßburg (1609), Provinz Holland (1618), Frankreich (1620), England (1629) und Italien (1636). Die Leipziger »Einkommende Zeitung« war die erste Zeitung, die ab 1650 in Deutschland täglich publiziert wurde (Kunczik u. Zipfel, 2001). Durch die zunehmende Alphabetisierung vergrößerte sich der niederländische – ebenso wie der deutsche – Absatzmarkt der Zeitungen deutlich. Zudem führten technische Entwicklungen wie die Erfindung der Rotationspresse zu Kosten sparenden Druckverfahren, steigender Produktivität und schnellerer Distribution der Druckerzeugnisse (Bakker u. Scholten, 2002). In Deutschland teilte sich die Zeitungslandschaft vornehmlich in zwei Zeitungstypen: General-Anzeiger-Presse und Parteienpresse. In den Niederlanden veränderte sich die Zeitungslandschaft Ende des 19. Jahrhunderts maßgeblich vor dem Hintergrund der zunehmenden vertikalen Zergliederung der Gesellschaft: die Versäulung. Die Mitglieder jeder Säule pflegten ein eigenes Lebens- und Kulturbewusstsein. Neben der protestantisch-calvinistischen Säule existierten eine katholische und eine sozialistische Säule. Später formierte sich die Gruppe der Neutralen zur liberalen Säule, welche »eher als ein offener Verbund gegenüber den religiös und weltanschaulich geschlossenen Gruppierungen auftrat und eine Gegenkraft darstellte« (Lademacher, 1993, S. 529). Zur Veranschaulichung: Als Mitglied der katholischen Säule engagierte man sich in katholischen Vereinen, kaufte das Brot beim katholischen Bäcker, war Mitglied eines katholischen Berufsverbandes und schickte die Kinder in eine katholische Schule – selbst wenn der Schulweg um einiges länger war als zur nächsten protestantischen Schule. Einrichtungen und Institutionen der anderen drei Säulen wurden konsequent vermieden. Lediglich die Eliten der einzelnen Säulen kommunizierten miteinander. Auch die europaweit einzigartige Struktur des niederländischen öffentlich-rechtlichen Rundfunks basiert auf dieser Säulensegmentierung. Noch heute besagt Artikel 14 Absatz 1/c des niederländischen Mediengesetzes, dass ein Rundfunkverein eine gesellschaftliche, kulturelle oder religiöse Bewegung vertritt und durch die Programmgestaltung auf die Wünsche dieser Strömungen einzugehen habe.

Nach dem Ersten Weltkrieg – die Niederlande verhielten sich neutral – breitete sich die Versäulung im Zeitungsbereich weiter aus. Mehr als zwei Drittel aller regionalen und überregionalen Zeitungen in den Niederlanden fühlten sich mit einer Partei, Kirche oder gesellschaftlichen Bewegung verbunden und trugen wesentlich zum Erhalt des Konsenses in der eigenen Gruppe bei (van Vree, 1994).

Die 1920er Jahre: das Radio auf dem Vormarsch

In den 1920er Jahren rückte das Radio in den Vordergrund. Der Niederländer Hanso à Steringa Idzerda war mit seiner ersten frei empfänglichen Radiosendung am 6. November 1919 Radiopionier der Niederlande und legte den Grundstein für die Rundfunkentwicklungen in den Niederlanden. Die versäulten Gruppierungen erkannten, dass das Radio – ähnlich wie die Zeitung – als Bindemittel zwischen ihren Mitgliedern eingesetzt werden konnte und auch musste. Schließlich drohte die »verloedering van de zeden door ›hot-jazz‹ en andere voor ongeremd genot bedoelde dansmuziek« (Wijfjes, 1994, S. 47), der »Sittenverfall durch ›Hot-Jazz‹ und andere für ungezügelten Genuss bestimmte Tanzmusik« (Übers. d. Verf.).

Pro Säule entstanden eigene Radiovereine, die omroepen (s. Tab. 2; Bardoel u. Van Reenen, 2002; Hak, 2001).

Tabelle 2: Radiovereine

1923	Nederlandsche Christelijke Radio Vereniging (NCRV)	protestantisch
1925	Vereniging Arbeiders Radio Amateurs (VARA)	sozialistisch
1926	Katholieke Radio Omroep (KRO)	römisch-katholisch
1926	Vrijzinnig Protestantse Radio Omroep (VPRO)	liberal-protestantisch
1927	Algemene Vereniging Radio Omroep (AVRO)	neutral

Die Finanzierung der Radiovereine erfolgte ausschließlich über Mitgliedsbeiträge und den monopolisierten Verkauf von Programmzeitschriften (Bardoel u. Van Reenen, 2002). Zudem bestimmte die Mitgliederanzahl die zugewiesene Sendezeit. Der daraus resultierende Kampf um möglichst viele Mitglieder verhinderte jegliche Form der Zusammenarbeit zwischen den Rundfunkvereinen, verstärkte gleichzeitig aber die Bindung zwischen Medienakteuren und Zuhörern einer Säule.

Der Zweite Weltkrieg: Zensur, Kontrolle und Gleichschaltung

Sowohl in Deutschland als auch in den Niederlanden bedeuteten die Jahre zwischen 1933 und 1945 einen deutlichen Einschnitt in die Medienlandschaft. Zensur, Kontrolle und Gleichschaltung galten nicht nur für deutsche Zeitungen und Hörfunkprogramme, sondern wurden durch die deutsche Besatzung (ab Mai 1940) auch in den Niederlanden zur Realität: Zeitungstitel wurden eingestellt oder für die eigenen Propagandazwecke missbraucht. Die niederländische Nachrichtenagentur Algemeen Nederlands Persburau (anp) wurde aufgelöst, alle jüdischen Journalisten entlassen und die Verbindungen zur englischen Nachrichtenagentur Reuters aufgehoben. Lediglich Informationen vom nationalsozialistischen Deutschen Nachrichtenbüro (DNB) gelangten auf offiziellem Wege in die Redaktionen (Vos, 1988). Als Gegenbewegung entwickelten sich die *verzetskranten* (Widerstandszeitungen) wie Trouw, Het Parool, De Waarheid und De Stem (Bakker u. Scholten, 2002). Neben der Gleichschaltung der Presse nahmen die deutschen Besatzungsmächte Einfluss auf den niederländischen Rundfunk. Zwar blieben zu Beginn die einzelnen Rundfunkvereine bestehen, sodass ein Vertrauensverhältnis mit der niederländischen Bevölkerung aufgebaut werden konnte, die Gleichschaltung wurde jedoch Schritt für Schritt vorgenommen.

Entsäulung: Das Fernsehen hält seinen Einzug in die niederländischen Haushalte

In den 1960er Jahren setzte in den Niederlanden der Prozess der »Entsäulung« ein, bei dem die scharf gezogenen Grenzen zwischen den einzelnen Säulen immer weiter verwischten. Dazu hat nicht zuletzt das Fernsehen einen maßgeblichen Beitrag geleistet. Die säulengeprägten Radiovereine bekamen Anfang der 1950er Jahre auch das Recht zur Versorgung der Fernsehprogramme. Durch die Personifizierung der Botschaften – zum ersten Mal sah man den Präsentator/Moderator – hofften die Säulen, ihre Ideologien weiterzuverbreiten. Auch waren Journalisten zuvor eher Propagandisten der politischen Bewegungen statt objektive Berichterstatter. Zwar gab es die neutrale Nederlandse Televisie Stichting (NTS) (Niederländische Fernsehstiftung), welche für die Koordination der Fernsehprogramme verantwortlich war und eine übergreifende Nachrichtensendung produzierte, doch wurde diese von den Rundfunkvereinen kontrolliert. Durch die zunehmende Verbreitung von Fernsehapparaten in den Privathaushalten und die Ausweitung der Fernsehprogramme »[kregen] kijkers hierdoor veel meer dan voorheen contact met andere maatschappelijke groepen en leefsferen« (Sterk, 1990, S. 32), »[bekamen] die Zuschauer hierdurch viel mehr Kontakt zu anderen gesellschaftlichen Gruppen und Lebensbereichen« (Übers. d. Verf.). Die Ideologien der anderen Säulen wurden über das Fernsehen direkt in die eigene Lebenswelt übertragen – unter Ausschluss der sozialen Kontrolle durch andere Säulenmitglieder. Der Fernsehzuschauer konnte »geheim« und unbeobachtet die Fernsehprogramme der anderen Säulen nutzen und lernte somit ihr ideologisches Gedankengut kennen (Schuyt u. Taverne, 2002).

Neben gesellschaftlichen Faktoren (zunehmende Freizeit und steigendes Einkommen) und Veränderungen im politischen System trug auch ein weiterer medialer Faktor zur Auflösung der Säulen bei: die so genannte *Vertrossing*. Damit wird der rasche Zulauf niederländischer Fernsehzuschauer zum ideologiefreien, neutralen Unterhaltungssender TROS bezeichnet. Die Televisie en Omroep Stichting wurde 1967 gegründet und konnte mit dem leichten Unterhaltungsprogramm viele Mitglieder gewinnen. Zuvor gab es einige Streitigkeiten zwischen den politischen Entscheidern und den ersten kommerziellen Rundfunkanbietern.

Kommerzieller Rundfunk und Werbung waren Anfang der 1960er Jahre in den Niederlanden gesetzlich nicht erlaubt, allerdings sendeten Piratensender, wie das »Radioschiff Veronica« oder »Radio/TV-Noordzee«, vom territorial neutralen Meer aus und erreichten mit ihren kommerziellen Programmen die westlichen Provinzen der Niederlande. Der niederländischen Justiz ging dies zu weit: die illegalen Sender wurden verboten. Die politische Diskussion über die zukünftige Gestaltung des Rundfunksystems wurde jedoch weitergeführt und brachte sogar das Kabinett Marijnen (1965) zu Fall (Sterk, 1990). 1969 wurde vom Nachfolgekabinett Cals das erste Omroepwet (Rundfunkgesetz) erlassen. Ein Kompromiss aller Beteiligten kam zustande: Einerseits wurde Werbung begrenzt zugelassen, andererseits blieben die Rundfunkvereine bestehen. Allerdings öffneten sie sich gegenüber weiteren Sendern, den *zendgemachtigden* (Sendebevollmächtigten), wie zum Beispiel gegenüber der erwähnten Televisie en Radio Omroep Stichting TROS (1967), dem Evangelische Omroep EO (1972) und Veronica (1978).

Privater Rundfunk

In den 1980er Jahren führte die Einführung des privaten Rundfunks zu durchgreifenden Veränderungen der Medienlandschaft in den Niederlanden. In den Niederlanden war privater Rundfunk *aus* dem eigenen Land verboten, aufgrund der Richtlinien der Europäischen Union (EU) konnten allerdings ausländische Rundfunksender (öffentlich-rechtlich und kommerziell), sofern sie im Heimatland ebenfalls sendeten, das niederländische Kabelnetz verwenden und somit *in* die Niederlande aussenden. RTL Veronique nutzte dieses juristische Paradoxon und sendete ab 1989 von Luxemburg in die Niederlande aus. Innerhalb von einem Jahre erlangte RTL Veronique, später RTL 4, einen Marktanteil von 26 Prozent. 1992 erlaubte die niederländische Regierung privates Fernsehen, zunächst aber nur über Kabel. Aus Sicht niederländischer Politiker schien die Stärkung des öffentlich-rechtlichen Rundfunks unerlässlich, um der Konkurrenz gewachsen zu sein. Der Werbung wurde mehr Sendezeit eingeräumt und am 1. Januar 2000 wurden die Rundfunkgebühren zum ersten Mal als Steuern erhoben. In nur acht Jahren sank der Marktanteil der öffentlich-rechtlichen Rundfunkvereine von 100 auf 40 Prozent. Neben RTL 4 entstanden RTL 5 und Veronica. Dieser Sender verließ 1995 das öffentlich-rechtliche System und schloss sich mit RTL zur Holland Media Group (HMG) zusammen. SBS 6, der schwedisch-amerikanischen Sendergruppe SBS zugehörig, ging ebenfalls 1995 auf Sendung. 1999 folgte der zweite SBS-Sender, Net5. Ab 1992 begannen auch zahlreiche private Hörfunksender ihre rein aus Werbebeiträgen finanzierten Programme (Bardoel u. Van Reenen, 2002).

Die Website Communicatiekaart van Nederland[11] bietet umfangreiche Informationen zu den verschiedenen Zeitungstiteln, Zeitschriften sowie zu den öffentlichen und kommerziellen Rundfunkanbietern.

Exkurs: Vergleich der journalistischen Kultur in Deutschland und den Niederlanden

Abschließend soll ein Einblick in die journalistische Kultur der Niederlande im Vergleich zur Situation in Deutschland gegeben werden. Schließlich bilden sich innerhalb gesellschaftlicher, also auch medialer Strukturen einzigartige Kulturen heraus. Und gerade für den deutschen Arbeitnehmer ist es interessant, die journalistische Kultur der Niederlande kennenzulernen, da sich in ihr auch allgemeine kulturelle Besonderheiten widerspiegeln.

Fakten versus Atmosphäre

Deutsche Journalisten recherchieren gründlicher, legen mehr Wert auf Analyse, statistische Untermauerung ihrer Ergebnisse und trennen Fakten und Meinung sehr stark voneinander.

Niederländische Journalisten hingegen wollen die Atmosphäre eines Ereignisses wiedergeben, betonen die Meinung von Betroffenen und verbringen mehr Zeit beim Ort des Geschehens als ihre deutschen Kollegen. Dies sind nur einige Ergebnisse einer schriftlichen Befragung deutscher und niederländischer Journalisten aus dem Jahre 2002. Niederländische Journalisten nehmen ihre deutschen Kollegen zum Teil als belehrend und oberlehrerhaft wahr. Während sie selbst lieber den Mann von der Straße zu Wort kommen lassen. Eine Vielzahl von Betroffenenmeinungen und Einzelschicksalen verleihe der Berichterstattung Authentizität. Deutsche

11 http://www2.fmg.uva.nl/commkaart

Journalisten hingegen wollen durch faktisch untermauerte, statistisch belegte und durch Autoritäten und/oder Experten verifizierte Ansicht möglichst objektiv berichten. Da verwundert es nicht, dass niederländische Journalisten die konsequente Bearbeitung von Hörfunkbeiträgen auf deutscher Seite als manipulierend empfinden. Dass sämtliche Neben- oder Hintergrundgeräusche und Sprechpausen der komprimierten und faktenorientierten Informationsvermittlung weichen müssen, ist für die niederländische Berichterstattung unüblich. Hier betonen vielmehr Geräusche von vor Ort die Atmosphäre eines Ereignisses. Für deutsche Zuhörer wirken deshalb niederländische Hörfunkbeiträge häufig eher langatmig und zu wenig informativ.

Gründlichkeit versus Kreativität

Niederländer empfinden die deutsche Herangehensweise als langweilig und zu wenig kreativ. Da überrascht es auch nicht, dass deutsche Journalisten die direkte, emotionale und beherztere Herangehensweise ihrer niederländischen Kollegen häufig bewundern. Gleichseitig sind diese von der intensiveren Vorbereitung (Auswertung von Analysen, Zusammentragen statistischen Datenmaterials) ihrer deutschen Kollegen beeindruckt. Sie meinen, diese Gründlichkeit deutscher Journalisten führe dazu, dass weniger handwerkliche Fehler entstünden. Die spontane Herangehensweise niederländischer Journalisten hat jedoch den Vorteil, dass die Berichtererstattung frischer, mit neuen Ideen und kreativeren Ansätzen experimentiert, während in Deutschland ein hoher Qualitätsstandard mit größerer Uniformität und stärkerer Normierung typisch ist. Dass niederländische Journalisten eher eine impressionistische Herangehensweise bevorzugen, mag damit zusammenhängen, dass ihnen auch größere Entscheidungsspielräume gewährt werden. Der Arbeitsalltag in niederländischen Redaktionen wird durch mehr Flexibilität und Autonomie des einzelnen Journalisten geprägt. Während in deutschen Redaktionen eher der

Chef die Arbeitsschritte vorgibt und der einzelne Journalist stärkeren Abhängigkeiten ausgesetzt ist.

Formelles versus informelles Arbeitsklima

In den Niederlanden herrscht ein informelleres Arbeitsklima als in Deutschland. Dies spiegelt auch die unterschiedliche Redaktionsstruktur der Medienbetriebe in den beiden Nachbarländern wieder. Während in Deutschland hierarchische Strukturen deutlich sichtbar sind – der Chef tritt als Chef mit deutlichen Anweisungen auf –, ist die Hierarchie in niederländischen Redaktionen wesentlich versteckter und für einen deutschen Journalisten nur schwer zu spüren. Viele kleine, meist subtile Hinweise, verraten, wer der Chef ist und dementsprechend auch das Sagen hat. Arbeitsaufträge werden als höfliche Bitte oder als Empfehlung formuliert – »Was halten Sie davon, wenn wir dieses oder jenes Thema bearbeiten würden« –, hingegen teilt der deutsche Chef unmissverständlich mit, dass dieses oder jenes Thema durch Redakteur XY bearbeitet wird. Auch das redaktionelle Arbeitsklima in den Niederlanden wird von deutschen Journalisten häufig als wesentlich informeller und lockerer angesehen. Niederländer bemerken in der Tat ein formelleres, zuweilen respektvolleres Arbeitsklima in deutschen Redaktionen. All diese Beobachtungen hängen natürlich eng mit allgemeinen kulturellen Unterschieden zwischen Deutschland und den Niederlanden zusammen. Wichtig ist nur, dass das eine nicht als besser oder schlechter abgestempelt wird, sondern das gerade der Reiz der interkulturellen Begegnung in ihrer Andersartigkeit und Vielfalt liegt.

Fazit: niederländische Medienlandschaft in Bewegung

Deutsche Arbeitnehmer, die in den Niederlanden arbeiten und leben, werden mit einer lebendigen Medienlandschaft konfrontiert. Zudem werden neue Zeitungen und Rundfunksender gegründet. Traditionelle Medienunternehmen müssen neue Wege gehen, um nicht ins Abseits zu geraten. Der öffentlich-rechtliche Rundfunk wird mit weitgreifenden Umstrukturierungsmaßnahmen konfrontiert, Zeitungen arbeiten an neuen Strategien, um das niederländische Lesepublikum nicht zu verlieren und jüngere Leser hinzuzugewinnen. Die Berichtererstattung der Qualitätsmedien ist zugänglich und verständlich. Der Mensch steht im Mittelpunkt der Berichterstattung, Themen werden mit kreativen Herangehensweisen veranschaulicht.

Im Internet gibt es zahlreiche Informationsangebote, die einen guten Überblick über aktuelle gesellschaftliche Diskussionen und Entwicklungen in den Niederlanden bieten. Für deutsche Arbeitnehmer, die der niederländischen Sprache (noch) nicht mächtig sind, sei auf den Anhang über das deutschsprachige Informationsportal NiederlandeNet.de der Universität Münster hingewiesen.

Literatur

Bakker, P., Scholten, O. (2002). Communicatiekaart van Nederland. Overzicht van media en communicatie (2. völlig überarbeiteter Druck, 4. Aufl.). Alphen aan de Rijn.

Bardoel, J., van Reenen, B. (2002). Medien in den Niederlanden. In Hans-Bredow Institut (Hrsg.), Internationales Handbuch Medien 2002/2003 (S. 444–460).

Kunczik, M., Zipfel, A. (2001). Publizistik. Ein Studienhandbuch. Köln u. a.

Lademacher, H. (1993). Die Niederlande. Politische Kultur zwischen Individualität und Anpassung. Berlin.

Pürer, H., Raabe, J. (2002). Zur Berufsgeschichte des Journalismus. In I. Neverla, E. Grittmann, M. Pater (Hrsg.), Grundlagentexte zur Journalistik (S. 408–416). Konstanz.

Schuyt, K., Taverne, E. (2000). 1950: Welvaart in zwart-wit. Onder medewerking van Sandra van Voorst. Den Haag.

Sterk, R. (1990). Het wervende woord. De bewogen geschiedenis van de vaderlandse omroep. In J. Bardoel, J. Bierhoff (Hrsg.), Media in Nederland – feiten en analyses (S. 25–44). Groningen.

Vos, R. (1988). Niet voor publicatie. De legale Nederlandse pers tijdens de Duitse bezetting. Voorburg.

Vree, F. van (1994). Massacultuur en Media. In H. Wijfjes (Hrsg.), Omroep in Nederland. Vijfenzeventig jaar medium en maatschappij, 1919–1914 (S. 15–39). Zwolle.

Wijfjes, H. (1994). Het radiotijdperk. 1919–1960. In H. Wijfjes (Hrsg.), Omroep in Nederland. Vijfenzeventig jaar medium en maatschappij, 1919–1994 (S. 40–75). Zwolle.

Anhang: NiederlandeNet

Das im Folgenden vorgestellte und näher beschriebene Online-Portal enthält weitere wichtige Informationen über die Niederlande und die deutsch-niederländischen Beziehungen.

Nach Angaben des niederländischen Amtes für Statistik (CBS) pendelten 2005 über 15.000 Menschen zu ihrem Arbeitsplatz von Deutschland in die Niederlande, Tendenz steigend. Doch warum sind die Job-Angebote gerade für deutsche Arbeitnehmer attraktiv? Welche politischen, wirtschaftlichen, gesellschaftlichen und kulturellen Unterschiede gibt es im Vergleich zu Deutschland? Antworten auf diese Fragen finden sich nicht nur in dem vorliegenden Band, sondern sind auch im Internetportal NiederlandeNet[12] nachzulesen.

Das Online-Portal NiederlandeNet, welches am Zentrum für Niederlande-Studien der Universität Münster erstellt und betreut wird, informiert über die Niederlande und die deutsch-niederländischen Beziehungen in deutscher Sprache. Neben Kurzinformationen über Politik, Wirtschaft, Geschichte, Geographie und Literatur bietet die Website zahlreiche Hintergründe zu längerfristigen

12 http://www.niederlandenet.de

Tabelle 3: Themenauswahl »NiederlandeNet.de« (Stand: Dezember 2005)

DOSSIERTHEMEN
- Halbzeitbilanz Balkenende II
- Innere Sicherheit und Kriminalität
- Die Akte Van Gogh
- Anti-Terror Maßnahmen
- Multikulturelle Gesellschaft und Migration
- Religion und Kirche in den Niederlanden
- Politik und politische Kultur nach 1945
- Phantom Fortuyn – Politische Lage 2002 und 2003
- Mediensystem der Niederlande
- Wirtschafts- und Sozialsystem
- Grenzpendlermobilität
- D-NL: Fußballrivalitäten
- Ergrauung – Demographischer Wandel
- Sterbehilfe
- Das niederländische Gesundheitswesen
- Kinderbetreuung
- Bildung und Forschung
- Das niederländische Königshaus
- Entwicklungshilfe seit 1945
- Kulturpolitik
- Literatur und Film
- Musiklandschaft
- Tanz, Theater, Kabarett
- Museenlandschaft
- Architektur
- Niederländische Malerei des 17. Jahrhunderts
- Niederlande und DDR 1949 bis 1990
- Jahr des Wassers 2005
- Tourismus

INSTITUTIONEN: Kontaktadressen
- Ministerien und Behörden
- Parteien und Politische Institutionen
- Geschichte
- Statistik/Markforschung/Wirtschaft
- Verkehr und Transport
- D-NL Verbände und Vereine
- Kultur
- Bildung
- Arbeit/Soziales/Gesundheit
- Gemeinnützige Institutionen
- Freizeit und Sport
- Medien

NL-INFO: Die Niederlande im Überblick
- Politisches System
- Geschichte
- Wirtschaft
- Geographie
- Niederländisches Recht
- Bildung – Wissenschaft – Forschung
- Kunst/Kultur/Medien
- Sprache und Unterricht
- Literatur und Übersetzung
- Freizeit/Sport/Reise
- Kulinarisches

DEUTSCH-NIEDERLÄNDISCHE BEZIEHUNGEN
- Historische Beziehungen
- Diplomatische Beziehungen
- Politische Beziehungen
- Grenzüberschreitende Beziehungen
- Wirtschaftsbeziehungen
- Kulturelle Beziehungen
- Begegnungen im Sport
- Deutschland-/Niederlandebilder
- D-NL Statistik

NRW-BeNeLux
- Niederländisch Unterricht in NRW
- Wirtschaft, Arbeit, Verkehr und Logistik
- Infrastrukturmaßnahmen
- Betuwelinie
- Die Hogesnelheidslijn Zuid
- Staudilemma
- Umwelt, Agrar und Tourismus
- Polizei, Steuern und Justiz
- Bildung, Wissenschaft und Forschung
- Sprache, Kultur und Medien
- Gesundheit und Soziales
- Drogenpolitik NL-NRW
- Grenzüberschreitende Beziehungen
- Zusammen lernen in der Euregio

Debatten und tagesaktuelle Informationen zu relevanten Ereignissen in den Niederlanden (s. Tab. 3). Die Website richtet sich ebenso an deutsche Arbeitnehmer, die in den Niederlanden eine Stelle antreten wollen, als auch an eine breite, interessierte Öffentlichkeit.

Aktuelles über die Niederlande

Aktuelle Nachrichten über niederländische Ereignisse erlauben Einblick in die derzeitigen gesellschaftlich-relevanten Diskussionen im Nachbarland. Neben diesen aktuellen Berichten geben Hintergrund-Dossiers ein umfassendes Bild über die Niederlande und die deutsch-niederländischen Beziehungen wieder. Das niederländische Mediensystem wird ebenso erläutert wie das niederländische Gesundheitssystem, Kinderbetreuungsangebote und die Bedeutung von Religion und Glaube in den Niederlanden. Speziell für deutsche Arbeitnehmer sind die Hintergründe zum Wirtschafts- und Sozialsystem sowie ein Dossier zur Grenzpendlermobilität von Interesse. Aber auch die multikulturellen Niederlande, die deutsch-niederländischen Fußballrivalitäten und die Kultur- und Museenlandschaft werden dargelegt.

NRW-BeNeLux

Besondere Aufmerksamkeit wird den Beziehungen zwischen den direkten Nachbarn Nordrhein-Westfalen und den Benelux-Ländern Belgien, die Niederlande und Luxemburg geschenkt. Im Auftrag des Ministeriums für Bundes- und Europaangelegenheiten des Landes Nordrhein-Westfalen wurde am Zentrum für Niederlande-Studien ein Internet-Portal zum Thema NRW-Benelux-Kooperation erarbeitet. Dieses wurde in die Website NiederlandeNet integriert und widmet sich der Vielfältigkeit der wechselseitigen Beziehungen zwischen den Nachbarländern. So gibt es Hintergründe zur Gütertransportstrecke Betuwelinie und ein analytisches Dossier zum Niederländisch-Unterricht an nordrhein-westfälischen Schulen. Zusätzliche Einzelbeiträge informieren über grenzüberschreitende Projekte zwischen Nordrhein-Westfalen und den Benelux-Ländern.

Zu den einzelnen Themen werden Link- und Literatur-Tipps erstellt, die bei der weiteren Recherche helfen. Es gibt einen Kalender mit aktuellen Veranstaltungshinweisen zu deutsch-niederländischen Themen und eine Liste mit zahlreichen Kontaktadressen niederländischer Institutionen.

Nutzer der Website

Pro Monat besuchen über 2.000 Nutzer die Website und informieren sich über die Niederlande und die deutsch-niederländischen Beziehungen. Insgesamt können im Durchschnitt monatlich 12.000 Klicks verzeichnet werden. Alle zwei Monate wird zudem ein Newsletter an die Websitenutzer geschickt, welcher über neue Themen auf NiederlandeNet informiert. Bei besonderen Anlässen erhalten die Newsletter-Abonnenten einen Themenspezial-Newsletter.

Initiatoren und Unterstützung

Initiiert wurde NiederlandeNet vom Zentrum für Niederlande-Studien der Westfälischen Wilhelms-Universität Münster. Seit 2004 ist das Informationsportal online. Gefördert wird NiederlandeNet.de vom niederländischen Außenministerium (Ministerie van Buitenlandse Zaken) in Den Haag und den verschiedenen Euregios entlang der deutsch-niederländischen Grenze im Rahmen der EU Interreg IIIA Maßnahme »People-to-People«.

Robert Marzell, Wilfried Kullmann, Joachim Kaufmann und Dominic Erfkamp

Praktische Hilfen und sachkundige Helferinnen und Helfer beim Arbeiten in den Niederlanden: EURopean Employment Services (EURES)

Teil I: Verschiedene Arten von Arbeitsmobilität in die Niederlande und damit verbundene verschiedene Probleme

Arbeiten in den Niederlanden – was kann das bedeuten?

Dahinter können sich verschiedene Motive und verschiedene Arten von Mobilität verbergen:

- Die mittlere Führungskraft eines Duisburger Unternehmens wird von ihrer Zentrale für eine Zeit in die niederländische Filiale nach Amsterdam geschickt.
- Der arbeitslose Bauarbeiter in Mecklenburg glaubt nicht mehr an eine Beschäftigungsperspektive in Deutschland und will in die Niederlande auswandern.
- Die Sozialpädagogin aus Köln zieht zu ihrem niederländischen Freund nach Utrecht und sucht dort Arbeit.
- Der technische Angestellte in Kleve sucht Arbeit in der benachbarten Großstadt Nijmegen, in die er gut pendeln kann.

Verschiedene Arten der Mobilität, verschiedene Fragen und Probleme

Wir haben soeben grundverschiedene Formen von Arbeiten in den Niederlanden aufgeführt: einmal die *unternehmensinterne Mobilität* und die mit einem Arbeitgeberwechsel verbundene. Die Erstere ist mit wenig Problemen verbunden, sieht man von eventuellen Karriereproblemen bei der Rückkehr ab. Hier braucht es keine öffentliche Hilfe, sondern nur Unterstützung durch die Personalabteilung der Firma. Bei der *firmenexternen Mobilität*, gleichgültig ob es sich um eine Auswanderung oder um eine zeitlich befristet geplante Tätigkeit handelt, muss sich der Betroffene hingegen um viele Dinge kümmern. Er wechselt entweder einmalig oder täglich komplett von einem Arbeits-, Sozial-, und Kultur-System in ein anderes.

Dann können wir noch unterscheiden: einmal die *kleinräumige Mobilität* in Grenzregionen, die kurzfristig und mit geringem Aufwand möglich ist, die tägliches Pendeln zur Arbeit über die Grenze bedeutet, und die vorrangig für Menschen mit einer Berufsausbildung und Angelernte von Bedeutung ist. Zum anderen die *großräumige Mobilität*, oft zwischen Wirtschaftszentren der Länder, die einen hohen Planungs- und Realisierungsaufwand erfordert, die einen Umzug an den niederländischen Arbeitsort bedeutet, und die, wenn nicht persönliche Gründe vorliegen, zumeist eher für Hochqualifizierte Bedeutung hat.

Wer in die Niederlande umzieht, hat ein einmaliges großes Problem. Arbeitspendler hingegen leben täglich in zwei Welten und sind ständig mit eventuell folgenreichen Unterschieden hinsichtlich Arbeitsvermittlung, Sozialversicherung, Bildungssystem und deren laufenden Änderungen diesseits und jenseits der Grenze konfrontiert. Wie sollten die einen und die anderen vorgehen, wenn sie in den Niederlanden arbeiten wollen? Hier wird folgende Herangehensweise befürwortet:

- Zuerst sollte man sich allgemein über die Niederlande und speziell über die dortige Betriebskultur informieren nach dem Motto: Komme ich damit klar?
- Dann sollte man sich über seine eigenen beruflichen Vorstellungen und Fähigkeiten klar werden.
- Als Drittes sollte man sich in das Thema »Arbeiten in den Niederlanden« einlesen, damit man später keine Überraschungen erlebt, und sich Notizen machen.
- Als Viertes sollte man mit einem EURES-Berater über die Verwirklichung seiner Pläne sprechen.

So ist denn auch dieser Artikel aufgebaut. Wir stellen zunächst Informationsmaterialien in Form von Broschüren und Internetseiten vor und danach die verschiedenen Berater/-innen und Vermittler/-innen für Auswanderer und Grenzpendler im Rahmen des Kooperationsnetzes EURES.

Teil II: Deutschsprachige praktische Informationen zum Thema: Arbeiten in den Niederlanden

Gibt man in der Suchmaschine Google »Arbeiten in den Niederlanden« ein, so erhält man am 13. Mai 2006 1.230.000 Treffer. Besteht man auf der genauen Wortgruppe »Arbeiten in den Niederlanden« auf Deutschsprachigkeit und dass die Internetseite im letzten Jahr zuletzt aktualisiert wurde, so verbleiben immerhin noch 721 Treffer.

Diese werden hier nicht angeboten. Vielmehr hat der Verfasser (Robert Marzell) unabhängig von Suchmaschinen eine Auswahl getroffen und dabei aus sachlich/fachlichen Gründen die mit EURES in der einen oder anderen Hinsicht verbundenen Seiten bevorzugt. Diese Auswahl bedeutet nicht, dass nicht erwähnte Homepages schlecht sind und auch nicht, dass aufgeführte Seiten in puncto Aktualität nicht zuweilen noch zulegen könnten ...

Einige der hier besprochenen Informationsmaterialien informieren rundum, andere behandeln ein spezielles Thema wie zum

Beispiel die grundlegend veränderte Krankenversicherung in den Niederlanden ab dem 01.01.2006.

Zweck dieses Teils des Aufsatzes ist es, Interessenten an einer Arbeit in den Niederlanden es zu ermöglichen, sich schon einmal einzulesen. Wir empfehlen, zu einem interessierenden Thema mehrere Beiträge zu lesen.

Bevor man in die Niederlande arbeiten geht, sollte man sich unserer Auffassung nach allgemein über Land und Leute, zumindest aber über die dortigen arbeitsbezogenen Umgangsformen informieren

Zum Ersten eignen sich zwei gut lesbar geschriebene Bücher von Linthout (2003) und Schürings (2003). Auf jeden Fall sollte man sich aber über die »Betriebskultur in den Niederlanden« informieren, die in deutscher Sprache am besten 2002 von Renie Hesseling aus Nijmegen dargestellt wurde. Dazu hat die Euregio Rhein-Waal 2002 eine gleichnamige CD herausgegeben: Sie ist *ein Muss.* Ihre Themen:

- Sich-Bewerben in den Niederlanden: Die Bewerbungsmappe – das Bewerbungsschreiben – der Lebenslauf – das Bewerbungsgespräch: Vorbereitung, Aussehen und Kleidung – das Bewerbungsgespräch: Verhalten und Atmosphäre – das Bewerbungsgespräch: Fragen und Antworten – Audio: Wie spricht man Kollegen/Kolleginnen an?
- Der erste Arbeitstag: Wertvorstellungen – Hierarchie: Initiative zeigen und Verantwortung tragen – Umgang mit dem Kollegen: Einführung – Umgang mit dem Kollegen: Begrüßen und Ansprechen – Kleidung – Audio: der Professor ein »Du«?
- Der Arbeitsalltag für Deutsche in den Niederlanden: Hierarchie – Hierarchie: Führen und Geführt-Werden – Umgang mit Kollegen: Humor und Nörgeln – Umgang mit Kollegen: geschäftlich und privat – Meetings/Arbeitsberatungen: die Kultur des

gemeinsamen Besprechens – Meetings/Arbeitsberatungen: die Rolle der Verantwortlichen – Audio: Entscheidungen und Rat erteilen.
- Der Umgang mit Kunden: Allgemeine Kommunikation – geschäftliche Gespräche mit den Kunden – geschäftliche Korrespondenz – Absprachen – Kleidung – Audio: Junge deutsche Architekten hören zu.
- Probleme und Regeln: Allgemein – unerwünschte Intimitäten – Schikanieren/ Mobbing – die Grenze zwischen grau und schwarz: Normen und Freiheit – die Grenze zwischen Grau und schwarz.

Ein Großteil dieser CD ist im Internet abrufbar.[1] Die Artikel in dem hier vorliegenden Sammelband liefern zudem zahlreiche Hintergrundinformationen zu bestehenden Unterschieden zwischen Deutschland und den Niederlanden.

Bevor man in die Niederlande geht, sollte man über sich selbst nachgedacht haben

Die deutsch-niederländische Handelskammer hilft insbesondere hoch qualifizierten deutschen Kaufleuten bei der Suche nach einem geeigneten Arbeitsplatz in Holland. Um dies tun zu können, hat sie einen Fragebogen entwickelt. Auch wenn Sie mit Kaufmännischem nichts am Hut haben, *sollten Sie diesen Fragebogen für sich ausfüllen*,[2] denn er zwingt Sie dazu, sich über Ihr hollandspezifisches Wissen, vor allem aber über Ihre konkreten beruflichen Wünsche und Ihre Fähigkeiten klar zu werden.

1 http://www.euregio.org/eures/betriebskultur/betriebskultur.cfm?country=1&eu=1

2 http://www.dnhk.org/jobs/

Sie wollen zwecks Arbeit in die Niederlande auswandern?

Dann ist für Sie die im August 2004 erschienene Broschüre: »Niederlande. Informationen für Auswanderer und Auslandstätige« genau richtig. Herausgeber ist die Informationsstelle für Auswanderer und Auslandstätige des Bundesverwaltungsamtes.[3] Die Schrift ist bei den Beratungsstellen des Amtes erhältlich.[4] Die Broschüre kostet inklusive Versand 13 Euro. Auf 68 Seiten geht es nach einer allgemeinen Übersicht um die Themen: Einreise – Aufenthalt und Meldewesen – Arbeit – Situation der Frau – Soziales – Gesundheit – Umweltbedingungen – Steuern – Einfuhr und Zoll – Kraftfahrzeughaltung – Wohnen – Bildung – Staatsangehörigkeit – Wehrdienst – Interkulturelle Kommunikation – Lebenshaltungskosten – Rechtsbeistand. Positiv hervorzuheben ist, dass der Broschüre eine aktualisierte Version des Abschnitts über die Krankenversicherung beigefügt ist.

Und besuchen Sie die EURES-Seite der Europäischen Union.[5] Das Thema: »Leben und Arbeiten: Niederlande« – »Lebens- und Arbeitsbedingungen« wird hier mit den Unterpunkten abgehandelt:[6]

- Umzug in die Niederlande (u. a. Auto, Führerschein, Tiere und Pflanzen, Wohnungssuche, Schulsuche)
- Arbeitsbedingungen (u. a. Einstellung, Bewerbung, Abschließen von Arbeitsverträgen, Löhne und Gehälter, Arbeitszeit, Jahresurlaub)

3 http://www.bundesverwaltungsamt.de

4 http://www.bva.bund.de./cln_046/nn_545154/DE/Aufgaben/Abt_II/Infostelle-AuswanderungundAuslandstaetigkeit/Beratungsstellen/beratungsstellen-inhalt.html_nnn=true

5 http://www.europa.eu.int/eures/home.jsp?lang=de

6 http://www.europa.eu.int/eures/main.jsp?acro=lw&parentId=0&catId=2468&lang=de&countryId=NL

- Lebensbedingungen (u.a. Einkommen und Lebenshaltungskosten, Steuern und Abgaben, Einkaufen, Wohnen, Privatleben – Geburt, Hochzeit, Todesfälle –, Gesundheitssystem)
- Soziale Sicherheit (u.a. Versicherungsfragen bei Krankheit, Mutterschaft, Erwerbsunfähigkeit, Alterssicherung, Hinterbliebenenversorgung, Arbeitsunfälle und Berufskrankheiten, Familienzulagen)

Die niederländischen *Centra Werk en Inkomen* stellen im Internet ausführlich »Arbeiten in den Niederlanden« vor. Die Inhalte dieser Seite:[7]

- Wer kann sich in den Niederlanden für einen Job bewerben? – Einwohner des EWR – Bürgerservicenummer – Aufenthaltserlaubnis
- Einen Job in den Niederlanden finden – Wichtige Links
- Sich um einen Job in den Niederlanden bewerben – Bewerbungsschreiben – Lebenslauf – Vorstellungsgespräch
- Verträge – Zeitlich begrenzter Arbeitsvertrag – Fester Arbeitsvertrag – Vertrag mit einer Agentur – Straßenkünstler – Qualifikationen und Anerkennung von Abschlüssen
- Europass-Lebenslauf

Sie wollen sofort mit der Stellensuche beginnen?

Das Internet bietet Ihnen dazu verschiedene Möglichkeiten:

- Sie können mit *EURES* nach Stellen suchen und sich dort auch selbst mit einem Lebenslauf einstellen (»CV online«) und von niederländischen Arbeitgebern finden lassen. Klicken Sie von der Homepage[8] unter: »Arbeitsuchende« auf: »Stellensuche«. Sie können jetzt nach Beruf, Land, Region, Laufzeit des Stellen-

---

7 https://www.werk.nl/portal/page?_pageid=36.143360&_dad=portal&_schema=PORTAL

8 http://www.europa.eu.int/eures/home.jsp?lang=de

angebots und Arbeitsvertragsart oder nach einem Schlüsselwort suchen. Insgesamt befanden sich am 12. Mai 2006 1.215 niederländische Stellen in der Datenbank.

- Sie können mit der *Bundesagentur für Arbeit* suchen.[9] Klicken Sie auf: »Arbeit- und Ausbildungssuchende«, dann auf: »Stellenangebote suchen«, dann auf: »Suchkriterien hinzufügen«, dann auf: »Land ändern« (Niederlande). Systembedingt werden maximal 100 Stellen angezeigt. Am 12. Mai 2006 wurden vor allem gewerbliche Facharbeiter und angelernte Kräfte gesucht, aber auch drei Ingenieure.
- Sie können mit den niederländischen *Centra Werk en Inkomen* suchen. Auf der Homepage[10] klickt man unter: »Werkzoekenden« auf: »Vacatures zoeken« und gibt dann den gewünschten Beruf oder Stichworte und die niederländische(n) Region(en) ein und klickt rechts unten auf: »Vacatures zoeken«. Am 12. Mai 2006 standen insgesamt 61.074 offene Stellen sowie 337.425 Lebensläufe von Arbeitssuchenden. Wenn Sie sich ebenfalls dort präsentieren wollen, klicken Sie unter: »Werkzoekenden« auf: »CV plaatsen«.
- Sie können mit *anderen Stellenbörsen* suchen.[11]

Sie wollen sich jetzt einen Überblick über »Arbeiten in den Niederlanden« und das Drumherum verschaffen?

Die meisten der folgenden Broschüren und Internetseiten haben Grenzpendler zur Zielgruppe. Davon gab es laut dem Dossier »Grenzpendlermobilität« im NiederlandeNet[12] des Zentrums für Niederlandestudien an der Universität Münster im Jahr 2005 immerhin 15.000!

9 http://www.arbeitsagentur.de

10 http://www.werk.nl

11 http://www.grenzpendler.nrw.de/de/arbeiten_in_den_niederlanden/offene_stellen.html

12 http://www.niederlandenet.de

Nützliche Broschüren

EURES in der Euregio Rhein-Maas[13] hat Anfang Mai 2006 für Grenzpendler aus Deutschland, den Niederlanden und Belgien insgesamt 6 Broschüren zum Wohnen in einem und arbeiten in einem anderen Land neu ins Internet eingestellt.

Die Broschüre »Wohnen in Deutschland & Arbeiten in den Niederlanden«[14] (Stand: 18. April 2006; Umfang: 53 Seiten) enthält viele Adressen von Ansprechpartnern im Raum Aachen – Heerlen – Maastricht. Sie behandelt im Detail folgende Themen: Aufenthaltsbedingungen – Arbeitssuche in den Niederlanden – Anerkennungspraxis von Zeugnissen, Hochschuldiplomen und Berufsbefähigungsnachweisen – Niederländisches Arbeitsrecht – Arbeitslosenversicherung – Arbeitsunfälle und Berufskrankheiten – Krankenversicherung – Rentenversicherung – Familienbeihilfen – Steuerrechtliche Bestimmungen.

Genauso aktuell wie die soeben genannte Schrift ist die sechsseitige Broschüre »Arbeiten in den Niederlanden ab 2006«, welche der interregionale Gewerkschaftsrat Rhein-Waal-Maas im April 2006 herausgebracht hat.[15] In ihr beantworten Ger Essers und Henk Slegten 30 häufig gestellte Fragen und listen die deutschen und niederländischen EURES-Berater entlang der Grenze mit Name, Anschrift, Telefonnummer und E-Mail-Adresse auf.

Der Bestseller zum Thema Arbeiten in NL ist die nunmehr von allen Euregios an der niederländischen Grenze herausgegebene Schrift »Arbeiten in den Niederlanden«[16] (März 2005; Umfang: 36 Seiten) mit der Zielgruppe Grenzpendler. In ihr werden folgende

---

13 http://www.eures-emr.org

14 http://www.eures-emr.org/pdf/050506/fiche_DNL_051231_DE_fin.pdf; man kann sie anfordern unter: info@eures-emr.org

15 http://www.euregio.org/upload/files/EURES30Fragen%20Arbeiten%20in%20NL1.pdf

16 http://www.euregio.org/upload/files/EURESArbeiten%20in%20den%20NL.pdf; die Bestelladresse bei der Euregio Rhein- Waal ist: Emmericher Str. 24, 47533 Kleve,Tel. 02821–793-00 bzw. info@euregio.org

Themen abgehandelt: Rechtsgrundlagen und Begriffe – Arbeit suchen und sich bewerben – Anerkennung von Zeugnissen und beruflicher Qualifikation – Steuern und Abgaben – In welchem Land bin ich versichert? – Krankenversicherung – Lohnfortzahlung im Krankheitsfall – Schwangerschaft und Mutterschutz – Kindergeld, kinderbijslag und Studienfinanzierung – Arbeitslos – Erwerbs- und Berufsunfähigkeit – Rente – Im Alter und im Todesfall – Arbeitsvertrag – Kündigung – Entsenden – Zeitarbeit: Arbeiten für ein Uitzendbureau.

Das *Bureau Duitse Zaken* in Nijmegen, eine Behörde für die Regelung der Sozialen Sicherheit bei grenzüberschreitender Arbeit, hat eine Broschüre: »Arbeit in den Niederlanden, Wohnsitz in Deutschland«[17] (August 2006; Umfang: 30 Seiten) herausgebracht. Themen sind hier: Welche Gesetzgebung gilt? – Nützliche Infos – Arbeitsvermittlung – Krankenversicherung – Wenn Sie krank werden – Arbeitslos, was jetzt? – Altersleistung – Zusätzliche (Betriebs-)renten – Hinterbliebenenleistung – Kindergeld in den Niederlanden – Selbstständige Unternehmer – Die wichtigsten Unterschiede auf einen Blick – Begriffsliste. Zu diesen Themen und mehr informiert nicht nur die herunterladbare Broschüre, sondern auch die ausgezeichnet formulierte deutschsprachige Internetseite der Behörde mit ihren Downloads.[18]

Im Unterschied zu den oben aufgeführten thematisch allumfassenden Broschüren behandeln die folgenden jeweils nur ein bestimmtes Thema.

Die niederländische Krankenversicherung wurde zum 01.01.2006 grundlegend geändert. Jede Person ab 18 Jahre muss nun kostenpflichtig eigenständig versichert werden. Dies betrifft auch die Deutschen, welche in den Niederlanden arbeiten oder dauerhaft dort wohnen. Darum ist es gut, dass schnell von nieder-

---

17 http://svb.nl/Images/9088DO_0806_tcm67-131245.pdf

18 http://www.svb.nl/internet/de/internationaal/bdz/index.jsp sowie: http://svb.nl/internet/de/digitaal_loket/brochuren/index.jsp; Kontakt kann man mit dem BDZ aufnehmen: Postbus 10505, 6500 MB Nijmegen; Tel. 0031-24-343 1900; bdz@svb.nl

ländischer und deutscher Seite dazu deutschsprachiges Informationsmaterial erstellt wurde.

Das niederländische Ministerium für Volksgesundheit, Gemeinwohl und Sport (VWS) publizierte die deutschsprachige Broschüre »Ab 1. Januar 2006: Eine neue Krankenversicherung für alle«[19] (November 2005; Umfang: 16 Seiten).

Neben dieser Broschüre gibt es noch zwei ausführliche Texte, nämlich:

- »Niederländisches Krankenversicherungssystem 2006« (Hrsg. Euregio Rhein-Waal und euregio rhein-maas-nord, Stand 22.03.2006, Umfang 29 Seiten)[20]
- »Im Ausland wohnen – was bedeutet das für Ihre Krankenversicherung?«[21] (Hrsg. Euregio)

Das in Holland wichtige Thema *Leiharbeit* behandelt die Broschüre: »Arbeiten als Uitzendkracht«[22] (Stand August 2004; Umfang: 18 Seiten) der Euregio Rhein-Waal und euregio rhein-maas-nord.

Um das Thema »Arbeitsrecht in den Niederlanden«[23](März 2005; Umfang: 16 Seiten) geht es in einer weiteren Broschüre der beiden soeben genannten Euregios. (Ergänzend sei auf eine Änderung bei der Sozialauswahl im niederländischen Kündigungsrecht hingewiesen, welches vom Last-in-/first-out-Prinzip zugunsten einer altersstrukturneutralen Kündigungspraxis – »Widerspiegelungsprinzip« – ausgeht.)[24]

Die niederländischen Finanzbehörden (Belastingdienst) haben eine *steuerbezogene Broschüre* zum Thema: »Wenn Sie in den Nie-

19 http://www.denieuwezorgverzekering.nl/NR/rdonlyres/4B984730-4FEB-472D-B985-73EBA81860F4/0/VWS01709brochureGER.pdf

20 http://www.euregio.org/upload/files/EURESZorgverzekeringswet_Deutschland.pdf

21 http://www.eures.euregio.de/publikationen/pdf/Krankenversicherungsgesetz.pdf

22 http://www.euregio.org/upload/files/EURESUitzendkracht.pdf

23 http://www.euregio.org/upload/files/EURESArbeitsrecht%20NL.pdf

24 http://www.inter-ned.info/base/page/show_article.php?a=799

derlanden eine Beschäftigung aufnehmen« (2004; Umfang: 5 Seiten) herausgebracht.[25]

Wie beim Bureau Duitse Zaken empfehlen wir über die Broschüre hinaus die deutschsprachige Internetseite der niederländischen Finanzbehörden insgesamt nachdrücklich.[26]

Abschließend noch eine zusätzliche Broschüre zum schon einige Male angesprochenen Thema Bewerbung und Vorstellungsgespräch: Die Bundesagentur für Arbeit hat dazu die Broschüre »Mobil in Europa, Informationen für Arbeitnehmer. Bewerben und Vorstellen in den Niederlanden« (Juli 2006; Umfang: 6 Seiten) herausgegeben.[27]

Ein Blick in die EURES- Internetauftritte der Euregios und des Ministeriums für Arbeit, Gesundheit und Soziales NRW

Außer der EURES-Site der EU informieren hier insbesondere die Euregios entlang der niederländischen Grenze auf ihrem gemeinsamen Internetauftritt[28] und ihren speziellen eigenen EURES-Seiten, nämlich:

- Ems-Dollart-Regio (Groningen/Friesland/Drenthe/Emsland/Oldenburg)[29]
- EUREGIO (Twente/Achterhoek/Münsterland/Grafschaft Bentheim/Osnabrück)[30]
- Euregio Rhein-Waal und euregio rhein-maas-nord (Nijmegen/Arnhem/Veluwe/Provinz Nord- und Mittellimburg/Kreis Kleve/Kreis Wesel/Duisburg/Krefeld/Mönchengladbach)[31]

---

25 http://download.belastingdienst.nl/belastingdienst/docs/pa94904.pdf

26 http://www.belastingdienst.nl/deutsch/privatpersonen.html

27 http://www.europaserviceba.de/lang_de/nn_6942/SharedDocs/Publikationen/Bewerben-und-Vorstellen/NL-BewerbenVorstellen,templateId=raw,property=publicationFile.pdf; ansonsten gibt es sie im Berufsinformationszentrum beim Europaassistenten.

28 http://www.eures.info

29 http://www.edr-eures.info

30 http://www.eures.euregio.de

31 http://www.euregio.org/eures

- Euregio Rhein-Maas (Ostbelgien/nl.Provinz Süd-Limburg/Aachen)[32]
- Das Ministerium für Arbeit, Gesundheit und Soziales in NRW stellt Grenzpendlern Informationen zur Verfügung.[33]

Auf allen diesen Seiten findet man Hinweise auf Sprechstunden für an einer Arbeit in den Niederlanden Interessierte, Veranstaltungen und Kontaktmöglichkeiten zu EURES-Beratern.

Was ihm sonst noch Nützliches beim Surfen im Mai 2006 begegnet ist, schildert hier kurz der Verfasser.

Auf der Seite http://www.edr-eures.info gefällt dem Verfasser:

- die Rubrik *Aktuelles* (hier erfuhr man 2006 z. B., dass in den Niederlanden ein Mangel an Handwerkern besteht und dass der Verband der Handwerker und die niederländischen Centra Werk en Inkomen seit dem 1. März 2006 zusammen etwas dagegen tun wollen.)
- eine *Übersetzung deutscher Berufsbezeichnungen ins Niederländische*
- die Informationen zu *Arbeitsaufnahme in NL und Sich bewerben in NL.*

Die EUREGIO in Gronau präsentiert im Internet einen »Digitalen Berater«. Hier kann man per Mail Fragen stellen.[34]

Die Seite http://www.eures.euregio.de bietet weiter unter »Infos für Arbeitnehmer« eine »Checkliste für Grenzgänger: Arbeitsaufnahme in den Niederlanden durch EU-Bürger mit Wohnsitz in Deutschland.« Es gibt in einem Schema kurze Auskünfte zu den Themen: Arbeitsstellensuche, Arbeitsrecht, Steuern, Krankenversicherung, Krankheitsfall, Rentenversicherung, Familienleistungen, Arbeitslosigkeit: Was muss geregelt werden? Was ist die richtige Anlaufstelle? Welche Unterlagen sind notwendig? Was erreicht man damit? Auch werden *häufig gestellte Fragen* (FAQ)

---

32 http://www.euregio-mr.org

33 http://www.grenzpendler.nrw.de

34 http://www.eures.euregio.de/start.php?Ic=de

beantwortet zu: Stellensuche und Bewerbung in NL, Arbeitsaufnahme in NL, Sozialversicherung in NL, Das Steuersystem in NL, Geringfügige Beschäftigung, Krankenversicherungssystem in NL.

Die Stärke der Euregio Rhein-Waal und der euregio rhein-maas-nord liegt in ihren Broschüren zu Arbeiten, Berufsausbildung und Studium in den Niederlanden. Deren Internetseiten wurden weiter oben schon aufgeführt, ebenso wie die Präsentation der »Betriebskultur«. Erwähnen wir sonst noch die *Praktikumsdatenbank*,[35] die am Rande mit unserem Thema zu tun hat.

Auf der EURES- Seite der Euregio Rhein-Maas[36] ist bemerkenswert:

- die schon erwähnte Broschüre: »Wohnen in Deutschland & Arbeiten in den Niederlanden« sowie
- ein deutsch-niederländisch-französisches *Berufslexikon.*[37]

Die Seite http://www.grenzpendler.nrw.de des NRW-Ministeriums für Arbeit und Gesundheit und Soziales bündelt in ansprechender Form Informationen von anderen Internetseiten, z. B. von http://www.eures.euregio.de und einer hier noch nicht erwähnten Seite von Wirtschaftsförderungsgesellschaften und Kammern für kleine und mittlere Unternehmen.[38] Auf der Homepage findet man einerseits Veranstaltungen, andererseits unter »Überblick« Aktuelles wie zum Beispiel im Mai 2006 einen Artikel über den Facharbeitermangel im Bereich Metall in NL, dem unter anderem durch die Rekrutierung von Ausländern abgeholfen werden soll.

Unter dem Abschnitt »Arbeiten in den Niederlanden« findet man eine kurz kommentierte Liste mit einer Reihe niederländischer Stellenbörsen.[39]

---

35 http://www.euregio.org/stage/index.cfm?country=1
36 http://www.eures-emr.org
37 http://www.eures-emr.org/DE/cat_lexique/lexique.htm
38 http://www.inter-ned.info
39 http://www.grenzpendler.nrw.de/arbeiten_in_den_niederlanden/offene_stellen.html

Was der Verfasser vermisst, sind deutschsprachige Angaben zu Brutto- und Nettolöhnen und Gehältern von relevanten in den Niederlanden gesuchten Berufen. Vielleicht eine Aufgabe für mit EURES befasste niederländische Gewerkschafter? Bis dahin verweisen wir auf zwei andere niederländischsprachige Internetadressen (allgemein[40], für Hochschulabsolventen[41]).

Teil III: Sachkundige Helferinnen und Helfer beim Anliegen Arbeiten in den Niederlanden – die EURES-Berater

Verschiedene Arten von Mobilität, verschiedene Hilfsangebote – alle unter dem Dach von EURES

Freizügigkeit von arbeitenden Menschen war für die Europäische Union von Anfang an ein Ziel. Dafür hat sie 1993 das Kooperationsnetz EURopean Employment Services der Arbeitsverwaltungen und sonstiger öffentlicher Stellen ins Leben gerufen. EURES hat wie die Mobilität von Arbeitnehmern viele Facetten. Im Hinblick auf die Niederlande und andere europäische Länder setzt sich EURES zusammen aus:

- den auf alle europäischen Länder ausgerichteten Beratungs- und Vermittlungsstellen in der gesamten Bundesrepublik;
- den speziell auf die Niederlande ausgerichteten Beratungs- und Vermittlungsstellen entlang der deutsch-niederländischen Grenze.

Zur ersten Kategorie gehören

- die Auswanderungsberatung durch das *Bundesverwaltungsamt* und die mit ihm verbundenen EURES-Beraterinnen und -Bera-

40 http://www.salarischeck.nl
41 http://www.intermediair.nl/html/Salariskompas/salariskompas.html

ter an zwölf Standorten, welche dem evangelischen Diakonischen Werk, dem katholischen Raphaels-Werk oder dem Deutschen Roten Kreuz angehören;[42]
- die *Zentralstelle für Arbeitsvermittlung* (ZAV) als EURES-Koordinator in Deutschland und die zu ihr zählenden 10 beziehungsweise 12 jeweils für ein oder zwei Bundesländer zuständigen *Europaservices der Bundesagentur für Arbeit (ES-BA)*,[43] welchen die Beratung und Arbeitsvermittlung in die europäischen Länder obliegt.

Zur zweiten Kategorie – *EURES Transfrontalier* (EURES in Grenzregionen) – zählen:

- EURES-Berater (spezialisierte Arbeitsvermittler) in einzelnen deutschen Agenturen für Arbeit an der niederländischen Grenze;
- EURES-Berater (spezialisierte Arbeitsvermittler) in einzelnen an der deutschen Grenze gelegenen niederländischen Centra Werk en Inkomen (Nachfolgeorganisationen der niederländischen Arbeitsämter);
- die EURES-Aktivitäten, welche die Euregios, Organisationen zur Förderung der Zusammenarbeit in Grenzregionen, in Zusammenarbeit mit Gewerkschaften, Arbeitgeberverbänden, Kammern, Agenturen für Arbeit und anderen Behörden unternehmen.

Wenn wir die Unterschiede zwischen diesen einzelnen EURES-Aktiven kurz charakterisieren wollten, so könnten wir sagen: Der Schwerpunkt der Arbeit der EURES-Berater/-innen in der Bundesagentur für Arbeit liegt auf der Stellenvermittlung, derjenige der anderen EURES-Berater auf der Beratung im Bereich Arbeitsrecht/Sozialversicherung/Steuern/Sonstiges.

42 http://www.bva.bund.de/cln_046/nn_545154/DE/Aufgaben/Abt_II/Infostelle-AuswanderungundAuslandstaetigkeit/Beratungsstellen/beratungsstellen-inhalt.html_nnn=true

43 http://www.europaserviceba.de

Über die Größenordnung der Integrationen Deutscher in den allgemeinen Arbeitsmarkt anderer europäischer Länder mithilfe der Zentralstelle für Arbeitsvermittlung und ihrer Europaservices teilt deren Presseabteilung am 17.05.2006 Folgendes mit:

Im Jahr 2005 gelang es 8.228 Menschen aus Deutschland, mithilfe der Europaservices einen Arbeitsplatz im übrigen Europa zu finden. 2.731 davon gingen in die Schweiz, 2.493 nach Österreich und 1.405 in die Niederlande. Zu diesen 1.405 kommen noch einige Hundert Deutsche aus Grenzregionen hinzu, denen die Eures-Berater in Agenturen für Arbeit entlang der Grenze zu einem neuen Job verholfen haben.

EURES im wirklichen Leben: Drei Berichte über die Arbeit eines Europaservices, eines EURES-Beraters an der Grenze und einer Euregio

Arbeiten in den Niederlanden mithilfe des Europaservices Dortmund der Bundesagentur für Arbeit

Dominic Erfkamp, der im Europaservice Dortmund hoch qualifizierten Menschen aus Nordrhein-Westfalen bei der Arbeitssuche unter anderem in den Niederlanden hilft, schildert im Jahr 2006 aus seiner persönlichen Sicht die Arbeit seines Teams:

Der Europaservice Dortmund, eine Dependance der Zentralstelle für Arbeit (ZAV), wurde zu Beginn des Jahres 2005 mit damals 14 anderen Standorten in der ganzen Republik von der Bundesagentur für Arbeit in Dortmund aufgebaut. Ziel dieser Einrichtung ist es unter anderem, Arbeitssuchende, die sich für eine Tätigkeit im europäischen Ausland interessieren, bei der Stellensuche zu unterstützen. Die Europaservice-Einrichtungen sind Bestandteil von EURES (EURopean Employment Services), einem Netzwerk der Europäischen Arbeitsverwaltung, welches nicht nur Stellenangebote aus den Mitgliedsländern anbietet, sondern auch zu arbeits- und beschäftigungsrelevanten Themen informiert.

Der Europaservice besteht zurzeit aus neun Mitarbeitern, von denen fünf Vermittler schwerpunktmäßig für die Auslandsvermittlung zuständig sind.

Aufgrund einer regionalen Aufteilung betreut der Europaservice Dortmund Bewerber aus ganz Westfalen. In der Regel handelt es sich bei den Bewerbern um arbeitslose Interessenten. Aber auch Personen, die eine Arbeitsstelle haben, können die Dienste des Europaservice in Anspruch nehmen, wenn sie sich für eine Auslandstätigkeit interessieren.

Die Kontaktaufnahme mit dem Europaservice erfolgt in den meisten Fällen aufgrund der eigenen Homepage[44], oder die Interessenten werden durch die Kolleginnen und Kollegen in den westfälischen Arbeitsagenturen beziehungsweise dem Informationsservice der ZAV in Bonn auf unseren Europaservice hingewiesen.

Den Interessenten wird zunächst ein Personalbogen zugesandt, in dem unter anderem Ausbildung, berufliche Kenntnisse, Länderinteressen und Fremdsprachenkenntnisse einzutragen sind.

Der zuständige Vermittler nimmt dann eine Arbeitsmarktprüfung vor, um festzustellen, ob aufgrund des individuellen Berufsprofils Chancen auf eine Arbeitsaufnahme in anderen europäischen Ländern bestehen. Ist dies der Fall, wird der Interessent in einen Bewerberpool aufgenommen. In der Regel erhält der Bewerber dann bereits nach wenigen Tagen per Post Vermittlungsvorschläge für die Länder und Branchen, in denen er arbeiten möchte. Insbesondere in der Baubranche kann es gut sein, dass geeignete Bewerber bereits nach kurzer Zeit vom Europaservice eine konkrete Stelle für ein anderes Land erhalten, die innerhalb weniger Tage angetreten werden kann.

Neben der direkten Vermittlung führen die Mitarbeiter auch Informationsveranstaltungen in den Arbeitsagenturen durch oder organisieren Jobbörsen, auf denen Auslandsinteressierte direkt Kontakt mit den Arbeitgebern zum Beispiel aus den Niederlanden aufnehmen können. Nicht selten erhalten die Arbeitssuchenden bereits vor Ort ein Arbeitsangebot.

Im April 2006 wurde so eine große Jobbörse durchgeführt, an der unter anderem sieben niederländische Zeitarbeitsfirmen wie Randstad Gespräche mit niederlandeinteressierten Bewerbern führten.

Auch führte der Europaservice Dortmund Trainingsmaßnahmen speziell für den Bereich Bau durch, bei denen die Teilnehmer den niederländischen VCA-Schein erwerben konnten. Die Vermittlungsquote lag danach bei fast 100 Prozent.

In den Räumen des Europaservice werden ferner immer wieder kleine Jobbörsen mit niederländischen Zeitarbeitsfirmen durchgeführt, um Arbeitssuchenden den Kontakt zu niederländischen Arbeitgebern zu erleichtern.

Neben der reinen Stellenvermittlung informieren und beraten die Mitarbeiter des Europaservices zur Arbeitsaufnahme in Europa. Dies ist ein sehr wichtiger Aspekt, da vor einer Arbeitsaufnahme im europäischen Ausland viele Dinge, wie zum Beispiel Sozialversicherungsregelungen, Steuern et cetera abgeklärt werden sollten. Zwei Vermittlerinnen des Europaservices haben diesbezüglich eine spezielle Ausbildung zu EURES-Beraterinnen absolviert, um kompetent Fragen zu diesen Themenfeldern beantworten zu können.

44 http://www.europaserviceba.de

Viele Fragen werden bereits am Telefon abschließend geklärt; es besteht aber auch die Möglichkeit, einen Beratungstermin zu vereinbaren, um komplizierte oder umfangreichere Anliegen besprechen zu können.

Der Europaservice Dortmund betreut fast alle Stellenangebote, die von niederländischen Arbeitgebern der Bundesagentur für Arbeit gemeldet werden. Aufgrund dessen bestehen intensive Kontakte mit Arbeitgebern und Zeitarbeitsfirmen aus den Niederlanden. Die Niederlande sind nach Österreich und der Schweiz auch das Land, in das die Zentralstelle für Arbeitsvermittlung die meisten Arbeitssuchenden innerhalb Europas vermittelt.

Arbeiten in den Niederlanden mithilfe der EURES-Beratung in der Agentur für Arbeit Goch am Niederrhein

Wilfried Kullmann, im Jahr 2006 EURES-Berater in Goch, berichtet aus seiner persönlichen Sicht über seine EURES-Arbeit:

Als ich gefragt worden bin, ob ich Interesse hätte, eine Ausbildung zum EURES-Berater zu machen, wusste ich erst gar nicht, was mein Arbeitgeber von mir wollte.

Da ich aber immer schon Interesse daran hatte, meinen beruflichen Horizont zu erweitern, sagte ich erst einmal »Ja«. Im Februar 1997 vermittelten uns die Trainings-Crew und Experten das erste Wissen über die soziale Sicherheit in der Europäischen Union, über Lebens- und Arbeitsbedingungen und unterschiedlichen Kulturen der einzelnen Mitgliedsstaaten. In den unterrichtsfreien Zeiten hatten wir alle Gelegenheit, unser Netzwerk zu knüpfen und Kontakte aufzubauen. Denn im Beginn meiner EURES-Beratertätigkeit stellte sich heraus, dass die persönlichen Kontakte sehr wichtig waren, weil es noch nicht so viele Möglichkeiten gaben, die Informationen über Internet abzurufen.

Die zweite Trainingseinheit fand in Triest statt. Hier wurden uns Marketing und Präsentationstechniken beigebracht. Kaum zu Hause im Arbeitsamt ging der Run so richtig los. Jeden Tag viele Anfragen von niederländischen Arbeitgebern aus der Grenzregion, meistens Verleihfirmen, die niederländisch *Uitzendbureaus* heißen. Der niederländische Arbeitsmarkt boomte. Es wurden gewerblich-technische Leute in den Bereichen Produktion, Logistik, Versand in sehr großer Zahl gesucht. Die ersten vorsichtigen Gehversuche, deutsche Arbeitssuchende bezeihungsweise Arbeitslose für die Vermittlung in diese Stellen wurden unternommen. Schon nach kurzer Zeit luden wir zu den Informationsveranstaltungen immer auch Deutsche ein, die bereits den Schritt gewagt haben und in den Niederlanden bereits arbeiteten. Diese berichteten von ihren überwiegend positiven Erfahrungen und nahmen vielen Arbeitssuchenden beziehungsweise Arbeitslosen die oft unbegründete Angst, eine Arbeit in den Niederlanden aufzunehmen. Dies hatte zur Folge, dass die Zahl der Arbeitsaufnahme in den Niederlanden monatlich stiegen, sodass ich alleine in der örtlichen Arbeitsagentur Goch jedes Jahr zwischen 250 und 400 Vermittlungen in die Niederlande zählen konnte.

Dieser Boom wurde schlagartig nach dem 11.09.2001 beendet. Die niederländische Wirtschaft merkte sehr empfindlich die Zurückhaltung auf dem Weltmarkt. Die Anfrage nach deutschen Arbeitnehmern wurde geringer, obwohl die Anfragen nie versiegten. Denn die Qualität der deutschen Arbeitnehmer hatte sich mittlerweile bei den niederländischen *Uitzendbureaus* und den niederländischen Betrieben herumgesprochen. Oft ist mir vonseiten der Arbeitgeber gesagt worden, dass man lieber einen Deutschen als einen Niederländer einstellen würde, weil die Deutschen zuverlässiger, motivierter und qualifizierter seien.

Mittlerweile ist es meist schon eine Selbstverständlichkeit geworden, dass unsere Kunden, wenn sie sich arbeitssuchend oder arbeitslos melden, auch nach Beschäftigungsmöglichkeiten in der Grenzregion der Niederlande fragen. Heute kommen häufiger Grenzpendler auf mich zu, die rechtliche Probleme im Arbeitsrecht und oder im Sozialversicherungsrecht haben. Diesen gebe ich meist die Namen der richtigen Ansprechpartner mit, an die sie sich wenden können. Die Nachfrage nach ungelernten und angelernten Arbeitslosen wird immer geringer, dafür werden immer mehr Facharbeiter im Baubereich und in der Metallbranche nachgefragt. Dieser Trendwende tragen wir Rechnung, informieren immer mehr diesen Personenkreis und weisen auf Beschäftigungsmöglichkeiten in den Niederlanden hin.

Es macht mich schon ein wenig stolz, dass wir EURES-Berater in der Grenzregion ganz praktisch dazu beigetragen haben und noch stets beitragen, dass es für viele Arbeitnehmer in der Grenzregion keine Grenzen auf dem regionalen Arbeitsmarkt mehr gibt, und es für viele mittlerweile selbstverständlich ist, auch Arbeit in den Niederlanden zu suchen. Arbeiten in den Niederlanden ist für viele wie eine Droge, man kommt nicht mehr davon los.Arbeiten in Grenzregionen mithilfe von EURES-Aktivitäten der Euregio Rhein-Waal und euregio rhein-maas-nord

Joachim Kaufmann beschreibt 2006 die EURES-Aktivitäten in der Euregio Rhein-Waal und der euregio rhein-maas-nord aus seiner Sicht wie folgt:

Die Ursprünge von EURES in den Euregios Rhein-Waal und rhein-maas-nord gehen auf das Jahr 1994 zurück; offiziell startete man in 1995. Dabei wurden die Struktur und Vorgaben, die von der Europäischen Kommission vorgeben worden waren, angewendet. Das hieß zum Ersten, dass die Euregio Rhein-Waal mit der euregio rhein-maas-nord innerhalb von EURES zusammenarbeiten sollte; zum Zweiten bedeuteten die Vorgaben und Struktur unter anderem die Präsenz von Vertretern folgender Institutionen innerhalb des EURES-Lenkungsauschusses: deutsche und niederländische Arbeitsverwaltungen, Arbeitgeber und Gewerkschaften sowie die beiden Euregios.

Insgesamt sind derzeit 29 Organisationen dem EURES-Netzwerk am Niederrhein angeschlossen.

Innerhalb der Europäischen Union gibt es neben der EURES-Euregio Rhein-Waal und euregio rhein-maas-nord 21 weitere Grenzregionen, die sich mit der Arbeitsmobilität innerhalb der Europäischen Union intensiver beschäftigen. Insgesamt steht diesen sogenannten Cross-Bordern zusammen mit den staatlichen EURES-Initiativen ein Jahresbudget von 14 Mio. Euro zur Verfügung. Dieses Geld wird nach einem bestimmten Schlüssel verteilt, dabei sind neben der Grenzlänge, den Einwohnerzahlen auch die tatsächliche Anzahl von Grenzpendlern zu berücksichtigen. Für die EURES-Partnerschaft Euregio Rhein-Waal und euregio rhein-maas-nord bedeutet dies eine Unterstützung von 300.000 € pro Haushaltsjahr.

Um diese EURES-Gelder in der Region einsetzen zu können, ist ein auf Jahrbasis konzipierter Aktivitätenplan, in dem alle die Aktivitäten aufgenommen werden, die sich mit der Aufnahme einer Tätigkeit im Nachbarland beschäftigen, durch die Partner zu erstellen. Diese Aktivitäten werden durch die Partner vorgestellt und auch von ihnen beziehungsweise der Koordinierungsstelle, die bei der Euregio Rhein-Waal in Kleve untergebracht ist, ausgeführt.

Die Bandbreite der Aktivitäten reicht von Untersuchungen zur grenzregionalen Mobilität, über Praktikumsdatenbanken bis hin zur Erstellung von Werbevideos, die dem Normalbürger zeigen soll, was EURES im deutsch-niederländischen Grenzraum ihm bieten kann.

Zentral bei allem steht, die Information über das Arbeiten im Nachbarland bereitzustellen und die Menschen bei ihrer Entscheidungsfindung in Bezug auf eben jenes Arbeiten zu unterstützen.

In erster Linie sind dafür die *EURES-Berater*, deren Zahl sich innerhalb der ganzen Europäischen Union auf 550 beläuft, verantwortlich. Insgesamt gibt es in Arbeitsgebiet der EURES-Euregio Rhein-Waal und euregio rhein-maas-nord derzeit sechs EURES-Berater, die entweder bei der deutschen und niederländischen Arbeitsverwaltung oder bei den deutschen und niederländischen Gewerkschaften untergebracht sind. In der Natur der Sache liegt das Vermittlungsgeschäft mehr bei den Arbeitsämtern, die soziale Sicherheit obliegt mehr den Gewerkschaften.

Neben den Aktivitäten dieser EURES-Berater werden alle 14 Tage abwechselnd in Kleve, Nijmegen und Venlo Sprechstunden für Grenzpendler angeboten. Hier sind Berater/-innen der Rentenversicherung, einer Krankenkasse, des deutschen und niederländischen Finanzamts (Belastingdienst) sowie des Bureau Duitse Zaken vertreten.

Zusätzlich finden im Auftrag der Euregio im Zeitraum August-März Ganztagsseminare zur Arbeitsaufnahme in den Niederlanden statt, welche von einer privaten Beratungsfirma und der Agentur für Arbeit Krefeld veranstaltet werden.

Zweites Standbein der Informationsfindung sind die von der Euregio Rhein-Waal und der euregio rhein-maas-nord herausgegebenen Broschüren.

Neben den Broschüren, die über den Arbeitsmarkt und die soziale Sicherheit als Grenzgänger aufklären, gibt es Analysen, wie zum Beispiel zum Fremdsprachenbedarf bei deutschen und niederländischen Unternehmen in der Grenzregion.

EURES ist innerhalb der Programme und Aktivitäten, die von der Europäischen

Kommission ausgeführt werden, ein sehr kleines, aber doch effektives Mittel. Lagen die Pendlerzahlen in der Partnerschaft Rhein-Waal und rhein-maas-nord 1998 noch bei 500 Deutschen, die in den Niederlanden arbeiteten, so liegt diese Zahl derzeit bei circa 6.000. Die Zahl der Niederländer, die in Deutschland arbeiten, liegt dagegen schon seit Jahren bei circa 4.500.

Insgesamt werden pro EURES-Haushaltsjahr circa 15–20 Aktivitäten durchgeführt. Alle diese Aktivitäten beziehen sich vornehmlich auf mobilitätsfördernde Maßnahmen für die Zielgruppen Arbeitgeber, Arbeitnehmer, Schüler und Studenten. Die Informationen werden vor allen Dingen über das Informationsportal http://www.eures.info bereitgestellt, sie können entweder direkt heruntergeladen oder per E-Mail kostenfrei bestellt werden.

Hauptaugenmerk für die zukünftige Arbeit wird die bessere Verknüpfung und damit die Optimierung der EU-Programme Interreg und EURES sein. Gerade für den Bereich Bildung und Arbeitsmarkt ist dies evident. Alle Schritte sollen zu einem euregionalen Arbeitsmarkt führen, in dem jedem Bürger freigestellt sein beziehungsweise die Möglichkeit gegeben werden soll, diesseits und jenseits der Grenze zu leben und/oder zu arbeiten.

Weitere Informationen erhalten Sie unter http://www.euregio.org/eures.

Kontaktadressen von EURES-Beratern (Stand Mai 2006)

In der Vergangenheit hat sich gezeigt, dass es bei den EURES-Beratern eine größere Fluktuation gab. Deswegen führen wir sie hier nicht namentlich auf, sondern nennen abschließend einige Internetseiten, wo sie jeweils aktuell mit Adresse, Telefon und E-Mail zu finden sind.

– Auf der Seite des Bundesverwaltungsamtes[45] kann man auf eine Liste der Berater/-innen und ein Faltblatt mit der Beschreibung

45 http://www.bva.bund.de/cln_046/nn_545154/DE/Aufgaben/Abt_II/Infostelle-AuswanderungundAuslandstaetigkeit/Beratungsstellen/beratungsstellen-inhalt.html_nnn=true und www.bva.bund.de/cln_046/DE/Aufgaben/Abt_II/Infostelle/Auswanderungund Auslandstaetigkeit/EURESimBVA_kurz/eures-faltblatt.templated=raw,property=publicationFile.pdf/eures-faltblatt.pdf

der Aufgaben innerhalb EURES klicken, das ebenfalls die Berater/-innen aufführt.

- Auf der Internetseite des Internationalen Service der Bundesagentur für Arbeit[46] findet man die 10 beziehungsweise 12 Europaservices und die Hotline 0180-100 30 60.
- Die EURES-Berater in Grenzregionen findet man über die allgemeinen EURES-Webseiten[47] oder direkt auf den EURES-Seiten der Euregios, welche wir im Teil II besprochen haben.

Literatur

Linthout, D. (2003). Frau Antje und Herr Mustermann. Berlin.

Schürings, U. (2003). Niederlande. In G. Michels, B. Müller (Hrsg.), Zwischen Pommes und Praline. Mentalitätsunterschiede, Verhandlungs- und Gesprächskultur in den Niederlanden, Belgien, Luxemburg und Nordrhein-Westfalen (S. 15–60). Münster.

46 http://www.europaserviceba.de unter »Europaservice«

47 http://europa.eu.int/eures/home.jsp?land=de und http://www.eures.info

Gerd Busse

Niederländische Literatur

Eine gute Möglichkeit, mehr über ein Land zu erfahren, bietet dessen Literatur. Das Problem, das sich dabei oft stellt: Man muss die Sprache beherrschen, da vieles nicht in deutscher Übersetzung vorliegt. Dies gilt jedoch sicher nicht für die Niederlande. Seit der Buchmesse im Jahre 1993, auf der die Niederlande und Flandern das »Schwerpunktland« bildeten, hat die niederländische Literatur bei uns einen wahren Höhenflug erlebt. Namen wie Cees Nooteboom, Harry Mulisch, Maarten 't Hart, Adriaan van Dis, Arnon Grunberg, Hella Haasse, Connie Palmen, Leon de Winter und viele andere wurden endlich auch einem breiten deutschen Publikum bekannt. Niederländische Autoren stehen seither bei deutschen Lesern hoch im Kurs, weil sie gut und spannend zu schreiben wissen, einen erfrischenden Blick auf das Alltagsleben gewähren, sich nicht als »Gewissen der Nation« aufspielen und nicht tiefgründiger erscheinen wollen, als sie wirklich sind.

Das war nicht immer so. Noch Anfang der 1970er Jahre galt die niederländische Literatur als nicht sonderlich interessant. So heißt es etwa im Kindler-Lexikon der internationalen Literatur aus dem Jahre 1970, dass der niederländische Roman über das Niveau einer netten Erzählung nicht hinauskomme und die Ausdruckskraft der Autoren nicht ausreiche, um die Komplexität menschlicher Charaktere, ihrer Leidenschaften und Konflikte angemessen abzubilden. Dass dies so gesehen wurde, mag auch an der Qualität der Übersetzungen gelegen haben. So belegte etwa der berühmte niederländische Romancier W. F. Hermans sein Werk mit einem Übersetzungsverbot, da seine ins Deutsche übersetzten Werke seiner Ansicht nach völlig verhunzt worden waren.

Inzwischen hat sich das Bild gewandelt. Es gibt kaum noch einen namhaften deutschen Verlag, der nicht seinen »Holländer« im Programm hat. Auch das Können der Übersetzer/-innen, und somit die Qualität der Übersetzungen, hat sich wesentlich verbessert. Dies, wie auch der Erfolg der niederländischen Literatur bei uns, ist nicht zuletzt den Bemühungen des *Nederlands Literair Produktie- en Vertalingenfonds* zu verdanken, der sich um die Förderung der niederländischen Literatur im Ausland sowie ihrer Übersetzer/-innen verdient gemacht hat.

Wollte man auf wenigen Seiten einen Kanon der niederländischen Literatur aufstellen, würde man schon rasch an seine Grenzen stoßen – dazu gibt es einfach zu viele interessante Autoren und Titel. Im Folgenden möchte ich mich deshalb auf einige wenige Werke beschränken, die in gewisser Weise typisch für die niederländische Gegenwartsliteratur sind, von den Niederländern selbst viel gelesen werden und die dem Leser interessante Einblikke in die niederländische Geschichte und Kultur gewähren. Doch selbst mit diesen Einschränkungen wird die Übersicht notgedrungen lückenhaft bleiben und nicht viel mehr als eine persönliche Leseempfehlung bieten können.

Gerard Reve: »De avonden« (1947)

Gerard Reve (*1923) gehört zu den bekanntesten Schriftstellern der Niederlande. Berühmt wurde er mit seinem Debütroman »De avonden« (auf dt. »Die Abende«, 1988), der heute als Klassiker der modernen niederländischen Literatur gilt. »Die Abende« beschreibt, aus der Perspektive des kleinen Büroangestellten Frits van Egters, die letzten zehn Tage des Jahres 1946. Frits van Egters ist das Alter Ego des Autors, und auch die übrigen Figuren des Romans sind Personen aus dem Umfeld Reves, insbesondere der Familie, nachgezeichnet. »Die Abende« ist ein unterhaltsamer, wenn auch teilweise düsterer und beklemmender Roman über die kleinbürgerliche Enge und Tristesse der niederländischen Nachkriegsgesellschaft, jedoch ein echtes Muss für alle, die sich intensiver mit den Niederlanden und der niederländischen Literatur beschäftigen wollen.

Willem Frederik Hermans: »De donkere kamer van Damokles« (1958)

»Die Dunkelkammer des Damokles«, so der deutsche Titel des 2001 auch bei uns erschienenen Romans von Willem Frederik Hermans (1921–1995), spielt während der deutschen Besatzung der Niederlande, also in den Jahren zwischen 1940 und 1945. Der Roman erzählt die Geschichte des Versagers Henri Osewoudt, der mitten in den Kriegswirren Besuch von einem gewissen Dorbeck erhält, der sich ihm als Widerstandskämpfer vorstellt. Dorbeck erteilt Osewoudt Aufträge, die dieser ohne Zögern ausführt: die Entwicklung geheimen Filmmaterials, die Schleusung einer Agentin oder die kaltblütige Liquidierung von Nazi-Kollaborateuren. Osewoudt glaubt fest daran, für den Widerstand zu arbeiten, doch stattdessen wird er nach Kriegsende verhaftet und des Landesverrats beschuldigt. Denn seine vermeintlichen Heldentaten für das Vaterland entpuppen sich plötzlich als ihr Gegenteil: als Handlangerdienste für den Besatzer, um mit seiner Hilfe in die Widerstandskreise einzudringen und sie von innen zu zerschlagen. Osewoudt versucht vergeblich, sich zu verteidigen, und die Geschichte nimmt für ihn ein schreckliches Ende. »Die Dunkelkammer des Damokles« ist ein Meisterwerk der niederländischen Literatur und spannend bis zur letzten Zeile.

Harry Mulisch: »De aanslag« (1982)

Auch im Roman des Schriftstellers Harry Mulisch (*1927) »De aanslag« (dt. »Das Attentat«, 1986) geht es um die Besatzung der Niederlande. Anton Steenwijk, ein 12-jähriger niederländischer

Junge, überlebt 1945 als Einziger in seiner Familie eine Vergeltungsaktion der Deutschen. Später studiert Steenwijk Medizin und wird Anästhesist. Politik interessiert ihn ebenso wenig wie die damaligen Ereignisse – bis ihm bewusst wird, wie sehr sie sein Leben geprägt haben. Mit jeder Station seines Lebens, das der Roman bis in die 1980er Jahre hinein zeichnet, offenbaren sich ihm die näheren Zusammenhänge der Vorfälle, die damals zum Tod seiner Familie geführt haben – und halten für den Leser überraschende Wendungen bereit. Das Buch liest sich packend wie ein Krimi und gibt zugleich einen Eindruck von dem schwierigen Verhältnis der Niederländer zur Besatzungszeit.

A. F. Th. van der Heijden: »Advocaat van de hanen« (1990)

A. F. Th. van der Heijden (*1951) gilt mit seinen Romanen und Romanzyklen als einer der produktivsten zeitgenössischen Schriftsteller der Niederlande. Ein Buch, das man von ihm unbedingt gelesen haben sollte, ist der »Anwalt der Hähne« (1995 in deutscher Übersetzung erschienen). Hauptfigur des Romans ist der Rechtsanwalt und Quartalstrinker Ernst Quispel, der sich einst für die autonome Amsterdamer Hausbesetzerszene – Punks mit gefärbten »Hahnenkamm«-Frisuren, daher der Titel des Buchs – engagiert hat. Inzwischen ist Quispel mit der bildschönen Zwanet verheiratet, hat ein Kind, macht Karriere und gerät während einer seiner Zechtouren in einen schweren Gewissenskonflikt mit seinen ehemaligen Schützlingen. Es gibt wohl kaum einen Roman, in dem die Stadt Amsterdam so schillernd und zugleich so ernüchternd erscheint wie durch den alkoholgetränkten Blick des Dipsomanen Ernst Quispel.

Connie Palmen: »I.M.« (1998)

Connie Palmen (*1955) ist hierzulande eine viel-, wenn nicht gar *die* meistgelesene niederländische Autorin. In den Büchern der studierten Philosophin und Literaturwissenschaftlerin geht es meist um sie selbst – wie auch in ihrem Roman-Essay »I.M.«, der 1999 unter demselben Titel in deutscher Übersetzung erschienen ist. In »I.M.« schildert sie die Geschichte einer großen Liebe, nämlich die zu dem bekannten niederländischen Talkmaster Ischa Meijer, mit dem Palmen eine fünfjährige Liebesbeziehung verband, bis Meijer 1995 an einem Herzinfarkt starb. Palmen beschreibt die Geschichte dieser Liebe auf eine Weise, die nicht nur niederländische, sondern auch deutsche Leser – und vor allem Leserinnen – begeistert. So heißt es etwa in einer von vielen ähnlich lautenden deutschen Rezensionen über »I.M.«: »Ein Buch von schonungsloser Offenheit, das in jeder Hinsicht betroffen macht, wunderschön geschrieben und so wahr, dass es weh tut!«

J. J. Voskuil: »Het Bureau« (1996–2000)

Kein Roman hat in den letzten Jahren bei unseren niederländischen Nachbarn für so viel Aufmerksamkeit gesorgt wie die Bürosaga des Amsterdamer Autors J. J. Voskuil (*1926). In sieben Bänden wird darin minutiös der dreißigjährige Berufsalltag eines »wissenschaftlichen Beamten« an einem – übrigens real existierenden – Institut für Volkskunde in Amsterdam beschrieben, ein Institut, an dem man sich mit so obskuren Dingen wie der Verbreitung von »Wichtelmännchen-Überlieferungen« oder dem Gebrauch des Dreschflegels beschäftigt. Seit dem Erscheinen des ersten Bandes im Jahre 1996 hat sich der Roman zu *dem* Kultbuch der Jahrhundertwende entwickelt. Überall in niederländischen Büros und Amtsstuben bildeten sich Fanclubs unverbesserlicher *Bureau*manen, in denen man eifrig das Leben und Treiben der Hauptfigur Maarten Koning diskutierte. Der Erfolg des Romans ist wohl vor allem der eindringlichen Schilderung des niederländischen Arbeitsalltags sowie der Tatsache zuzuschreiben, dass viele der Leser in sich selbst auch so einen Maarten Koning entdeckt haben, der jahraus, jahrein versucht, einer in ihrem Wesen sinnlosen Arbeit einen tieferen Sinn abzuringen. Bislang liegt noch keine deutsche Übersetzung vor, wer jedoch einmal eine deutsche Probeübersetzung lesen möchte, sei auf die sehr informative Voskuil-Website verwiesen.[1]

Janwillem van de Wetering: »Het lijk in de Haarlemmer Houttuinen« (1975)

Wer Krimis mag, sollte sich die Romane des ehemaligen Globetrotters, Zen-Mönchs und Amsterdamer Polizeiinspektors Janwillem van de Wetering (*1931) nicht entgehen lassen. Besonders zu empfehlen ist sein erster Krimi, der auf Deutsch unter dem Titel »Outsider in Amsterdam« erschienen ist. Darin tauchen drei Figuren auf, die auch in den folgenden Romanen – neben der Stadt Amsterdam – eine Hauptrolle spielen: der ruhige, in einer misslungenen Ehe gefangene Adjutant Grijpstra, der eigenwillige, zum Philosophieren neigende Brigardier de Gier und der altersweise, von Rheuma geplagte Commissaris. Zur Handlung des Romans: Piet Verboom, Händler in östlichen Weisheiten, Seelenfrieden – und Drogen –, hat sich den Strick genommen. So sieht es jedenfalls aus, als Grijpstra und de Gier am Tatort eintreffen. Dann zeigt sich jedoch, dass es etliche Personen gibt, die noch eine Rechnung mit dem Toten offen hatten. Die beiden Polizisten machen sich ans Werk – indem sie zunächst einmal in aller Ruhe abwarten. Dann unterläuft ihnen jedoch ein Fehler, der sie einen entscheidenden Schritt weiterbringt. Wer sich für die Möglichkeiten der modernen Verbrechensbekämpfung mithilfe der Zen-Philosophie interessiert, ist bei den Krimis van der Weterings genau an der richtigen Adresse.

Karel van het Reve: »Uren met Henk Broekhuis« (1978)

In der niederländischen Literatur hat sich in den letzten Jahrzehnten eine Literaturgattung etabliert, die als *literaire non-fictie*, also

1 http://www.jdfvh.dds.nl/voskuil.html

als »literarische Sachliteratur« bezeichnet wird. Einer der Wegbereiter dieser Art Literatur war der Essayist und Literaturwissenschaftler Karel van het Reve (1921–1999). Van het Reve, Bruder des bereits erwähnten Gerard Reve und eine der Figuren aus dessen Roman »Die Abende«, war als Autor einer Vielzahl von – immer äußerst kurzweiligen – Zeitungskolumnen eine feste niederländische Institution. Besonders lesenswert ist sein Essayzyklus »Uren met Henk Broekhuis«, der auf Deutsch unter dem Titel »39 Zumutungen« (1998) erschienen ist. Darin nimmt van het Reve »opinions chic« aufs Korn, also jene etwas dubiosen Behauptungen, an deren Richtigkeit so mancher glaubt, die er als Erfahrungsschatz gern an Dritte weitergibt und bei denen er zugleich ahnt, dass an ihnen irgendetwas faul ist, Behauptungen wie »Die Armen werden immer ärmer und die Reichen reicher«, »Künstler drücken Gefühle aus« oder dass der Mensch aus Erfahrung lerne. Wer etwas über die niederländische Denkungsart erfahren und sich dabei auch noch vorzüglich unterhalten lassen möchte, wird an diesem Autor sicher seinen Spaß haben.

Geert Mak: »Een kleine geschiedenis van Amsterdam« (1994)

Ein Meister der literarischen Sachliteratur ist auch der Journalist Geert Mak (*1946). Seine Bücher über die Niederlande und die niederländische Gesellschaft sind fast alle zu Bestsellern geworden und mittlerweile in viele Sprachen übersetzt. »Amsterdam. Biographie einer Stadt« (1997), so der deutsche Titel, ist sein vielleicht interessantestes Buch – kein Historienwerk im herkömmlichen Sinne, sondern eher ein Kaleidoskop kleiner Geschichten, die Mak anhand von Personen, Gebäuden, Tagebüchern, Gemälden und Fotos auf spannende Weise zu einem größeren Ganzen zu verweben weiß. Ein sehr lesenswertes und lehrreiches Buch über die Geschichte Amsterdams.

Frank Westerman: »De graanrepubliek« (1999)

Wenn es um das literarische Sachbuch geht, darf sicher auch der Name des Journalisten Frank Westerman (*1964) nicht fehlen, der mit seinem Buch »De graanrepubliek« (»Die Getreiderepublik«, 1999) bekannt wurde. Darin wird die wechselvolle Geschichte einer über Jahrhunderte gewachsenen Polderlandschaft im äußersten nordöstlichen Zipfel der Niederlande, dem *Oldambt* zwischen dem Dollart und der deutschen Grenze zu Ostfriesland, erzählt. Der fruchtbare Kleiboden des Dollart machte die Gegend zur Kornkammer der Niederlande und förderte die Entstehung einer Klasse von Getreidebaronen, den sogenannten *herenboeren.* Doch mit dem Niedergang der Landwirtschaft in Europa begann auch der Niedergang der Region. Inzwischen hat man sogar damit begonnen, das mühsam gewonnene Land wieder dem Meer zurückzugeben, das heißt es zu fluten, um daraus ein Naherholungsgebiet zu machen. Westerman gelingt es in »De graanrepubliek« auf faszinierende Weise, den Aufstieg und Fall einer urniederländischen Kulturlandschaft als ein Stück *europäischer* Geschichte zu beschreiben. Ein sehr interessantes Buch und ein Autor, von dem man bei uns sicher noch mehr hören wird. »De graanrepubliek« erscheint in Kürze beim Verlag Ch. Links in Berlin; wer sich jedoch vorher schon einmal mit dem Autor vertraut machen möchte, sei auf sein Buch »Ingenieure der Seele« verwiesen, das 2003 im selben Verlag erschienen ist.

Soweit eine kurze Übersicht interessanter niederländischer Bücher und Autoren und Autorinnen. Wer mehr zum Thema erfahren möchte, sei auf die Website des Zentrums für Niederlande-Studien in Münster verwiesen,[2] die auch zahlreiche Links zu weiteren Informationsangeboten bietet.

2 http://www.niederlandenet.de

Literatur

Heijden, A. F. Th. van der (1995). Anwalt der Hähne. Aus dem Niederländischen von Helga von Beuningen. Frankfurt (liegt auch als Taschenbuch vor).

Hermans, W. F. (2001). Die Dunkelkammer des Damokles. Aus dem Niederländischen von Waltraud Hüsmert. Mit einem Nachwort von Cees Nooteboom. Leipzig (liegt auch als Taschenbuch vor).

Palmen, C. (1999). I.M. Ischa Meijer. In Margine. In Memoriam. Aus dem Niederländischen von Hanni Ehlers. Zürich (liegt auch als Taschenbuch vor).

Mak, G. (1997). Amsterdam. Biographie einer Stadt. Aus dem Niederländischen von Isabelle de Keghel. Berlin.

Mulisch, H. (1986). Das Attentat. Aus dem Niederländischen von Annelen Habers. München (Neuauflage 2004 in einem Zeitungsverlag aus München).

Reve, G. (1988). Die Abende: eine Wintergeschichte. Aus dem Niederländischen von Jürgen Hillner. Gifkendorf.

Reve, K. van het (1998). 39 Zumutungen: Wider die Denkfaulheit. Herausgegeben und aus dem Niederländischen übersetzt von Gerd Busse. Hamburg.

Voskuil, J. J. (1996–2000). Het Bureau. 7 Bände. Amsterdam.

Westerman, F. (1999). De graanrepubliek. Amsterdam (demnächst auch auf Deutsch).

Westerman, F. (2003). Ingenieure der Seele. Schriftsteller unter Stalin – Eine Erkundungsreise. Aus dem Niederländischen von Gerd Busse und Verena Kiefer. Berlin (liegt seit 2005 auch in einer Taschenbuchausgabe vor).

Wetering, J. van de (2002). Outsider in Amsterdam. Übersetzt von Hubert Deymann. Reinbek.

Die Autorinnen und Autoren

Katrin Arntz, Jg. 1980, Drs. Dipl. Region.-Wiss., koordiniert seit 2003 den Deutsch-Niederländischen Journalistenaustausch in Den Haag und arbeitete als Beraterin in einem niederländischen Büro für Lobbying, Public Affairs und Strategische Kommunikation. Zudem ist sie als Doktorandin dem Zentrum für Niederlande-Studien der Universität verbunden und forscht über die politische Kommunikationskultur in Deutschland und den Niederlanden. Bis Mai 2006 betreute sie dort als Wissenschaftliche Mitarbeiterin das deutschsprachige Online-Portal über die Niederlande und die deutsch-niederländischen Beziehungen (http://www.niederlande-net.de).

Britta Bendieck lebt seit 1999 in den Niederlanden. Seit 2005 lehrt sie an der Universiteit van Amsterdam im Fachbereich deutsche Sprache und Kultur. Zuvor war sie am Goethe-Institut Amsterdam, der Fachhochschule Hogeschool Inholland sowie an einer Gesamtschule in Amsterdam als Dozentin tätig. Als Mitbegründerin der Gruppe »Interkulturelle Kommunikation« des Goethe-Instituts Amsterdam entwickelt sie Materialien für Trainings der Interkulturellen Kommunikation und ist an deren europaweiten Durchführung beteiligt. Ihr Forschungsschwerpunkt liegt bei der Interkulturellen Kommunikation im Bezug auf Deutschland und die Niederlande. Nähere Informationen unter: http://www.goethe.de/amsterdam

Gerd Busse, Jg. 1959, Dr. phil., hat Erziehungswissenschaften, Politik und Niederlandistik in Göttingen, Amsterdam und Berlin studiert. Langjährige Tätigkeit als wissenschaftlicher Mitarbeiter an zwei Forschungsinstituten in Dortmund (Landesinstitut Sozialforschungsstelle) und Nijmegen (ITS) mit den Schwerpunkten Europäische Berufsbildung und Entwicklung »euregionaler« Arbeitsmärkte. Daneben Tätigkeit als Journalist und Übersetzer. Seit 2004 freiberuflich als wissenschaftlicher Berater, Publizist und Übersetzer tätig. Für nähere Informationen siehe: http://www.dnl-projekt.de

Heidi Denzel de Tirado arbeitet als Honorarlehrkraft am Goethe-Institut Amsterdam und hat mehrere Trainingsmodule für Interkulturelle Kommunikation entwickelt, die sie europaweit an diversen Bildungsinstitutionen und Firmen in Trainings für Referendare, Lehrer, Studenten und Manager durchgeführt hat. Sie schreibt an einer Doktorarbeit im Fach der Interkulturellen Kommunikation an der Universität des Saarlandes. Ihre Forschungsschwerpunkte und Publikationen liegen besonders auf dem Gebiet der Biographik und des Kulturtransfers sowie allgemein im Themenbereich von Kultur- und Kommunikationsdifferenzen. Informationen unter http://people.freenet.de/interkulti/ oder vgl. Link bei Britta Bendieck.

Dominic Erfkamp, Jg. 1968, Ass.iur., ist Berufsberater im Europaservice Dortmund der Zentralstelle für Arbeitsvermittlung.

Huib Ernste ist der Professor für Human-Geographie und Leiter des Institutes für Human-Geographie der Radboud Universität Nijmegen in den Niederlanden (http://www.ru.nl/socgeo). Die Forschung dieses Institutes konzentriert sich auf verschiedensten Formen der grenzüberschreitenden Interaktion, inklusive Migration und transnationale Identitäten und ist im Nijmegen Centre for Border Research (NCBR; http://www.ru.nl/ncbr) zusammengefasst. Nachdem er selbst 17 Jahre im Ausland gelehrt hat, hat er Probleme der transnationalen Identitätsbildung auch am eigenen Leib erfahren. Seine Forschungsinteressen richten sich auf verschiedene theoretische Konzeptualisierung von »Raum« und »Raumerfahrung« sowie auf »raumbezogene Identitäten«.

Axel Hagedorn, Jg. 1954, Dr. jur., ist Managing Partner der niederländischen Großkanzlei Van Diepen Van der Kroef Advocaten mit der mit Abstand größten deutsch-niederländischen Abteilung (sechs deutsche Rechtsanwälte, die überwiegend zugleich in den Niederlanden als »advocaat« zugelassen sind). Er hat in Göttingen studiert und über ein zivilrechtliches Thema promoviert. Axel Hagedorn leitet die internationale

Abteilung der Kanzlei und ist im M&A-Bereich tätig. Daneben ist er Vorsitzender der Deutsch-Niederländischen Rechtsanwaltsvereinigung (250 Mitglieder). Weitere Informationen finden Sie unter http://www.vandiepen.com.

Hans-Joachim Kaufmann, Jg. 1967, Diplom-Betriebswirt, ist EURES-Koordinator für die Eurego Rhein-Waal und euregio rhein-maas-nord.

Wilfried Kullmann, Jg. 1957, Diplom-Verwaltungswirt, ist EURES-Berater und zurzeit Geschäftsstellenleiter in der Agentur für Arbeit Goch.

Dik Linthout, Jg. 1943. Übersetzer-Studium Englisch und Deutsch am Institut für Übersetzungswissenschaften der Universiteit van Amsterdam (UvA). Übersetzer und seit 1976 Niederländischlehrer für Deutschsprachige am Goethe-Institut in Amsterdam. Lesungen und Workshops zum Thema Deutschland/Niederlande. Schwerpunkt: die Folgen der unterschiedlichen geschichtlichen Entwicklungen für den Umgangs- und Kommunikationskanon, die Mentalitäten, die Sprachen usw. Weitere Angaben unter http://www.linthout.nl

Robert Marzell, Jg. 1949, Diplom-Volkswirt, 1980 bis 1984 Wissenschaftlicher Mitarbeiter an einem Arbeitsmarktforschungsprojekt an der Universität Paderborn, seit 1985 Berater für akademische Berufe in der Agentur für Arbeit Kleve. Weitere Informationen unter http://www.euregio.org

Carine Irene Matser hat Sozialpsychologie an der Reichsuniversität in Groningen studiert und beendete ihr Studium im Jahre 2005 mit einer Diplomarbeit bei Professor van Oudenhoven über die asymmetrischen Attitüden zwischen der Schweiz und ihren Nachbarländern. Sie ist vor allem an »Cross-culture«-psychologischen Fragen interessiert. Zusammen mit Professor van Oudenhoven arbeitet sie an Studien über Internationale Beziehungen.

Bernd Müller, Jg. 1956, Dr. phil, Studium der Fächer Publizistik, Niederländisch, Germanistik und Erziehungswissenschaften an der Universität Münster, Amsterdam und an der Katholieke Universiteit Leuven. Von 1985 bis 1987 Lehrauftrag für Sozialgeschichte und deutschsprachige Medien an der Journalistenschule Utrecht, danach freier Autor, Journalist (Hörfunk/Fernsehen/Print) und Dozent in der politischen Bildung. 1999 bis 2003 Benelux Koordinator NRW im Geschäftsbereich der Ministerin für Bundes- und Europaangelegenheiten in der Staatskanzlei NRW. Seit 2003 Referatsleiter Europa, Internationales in der Landesvertretung NRW in Berlin.

Ton Nijhuis, Jg. 1958, Prof. Dr. phil., Studium der politischen Wissenschaft, Geschichte und Philosophie in Nimwegen und Amsterdam. Langjährige Lehrtätigkeit an der Universität Maastricht und seit 1999 Lehrstuhlinhaber für Deutsche Geschichte an der Universiteit van Amsterdam (UvA). Seit 2002 wissenschaftlicher Direktor des Deutschland Instituts Amsterdam (DIA) an der UvA und Inhaber des Lehrstuhls für Deutschlandstudien der Abteilung Politologie der UvA. Forschungsschwerpunkte sind politische Kultur, deutsche Außenpolitik und deutsche Zeitgeschichte. Für weitere Informationen siehe http://www.duitslandinstituut.nl

Jan Pieter van Oudenhoven, Prof. Dr., studierte Sozialpsychologie in Leiden, arbeitete drei Jahre in Mexiko für die UNESCO und ist zurzeit als Hochschullehrer an der Reichsuniversität Groningen tätig. Forschungsschwerpunkte sind Akkulturation von Einwanderern, internationale Zusammenarbeit, internationale Einstellungen und Interkultureller Kompetenz. Er ist Vorsitzender der Stiftung zur Verbesserung des Interkulturellen Kontakts (http://www.interculturalcontact.org). Weitere Angaben zur Person unter http://www.rug.nl/psy

Kees van Paridon, Jg. 1952, Prof. Dr., studierte an der Rotterdamer Erasmus Universität Ökonomie. Er promovierte 1987 zum Zusammenhang zwischen Wirtschaftswachstum, Strukturänderung und Internationalisierung. Van Paridon hat von 1979 bis 1987 an der Erasmus Universität und von 1987 bis 1988 beim CPB (Niederländisches Institut für Wirtschaftspolitik) gearbeitet. Zwischen 1989 und 1999 war er wissenschaftlicher Mitarbeiter beim Wissenschaftlichen Rat für den Regierungspolitik (WRR). Von 1992 bis 2002 war van Paridon auch außerordentlicher Professor des Lehrstuhls »Geschichte und Struktur der deutschen Wirtschaft nach 1945 und der niederländisch-deutschen Wirtschaftsbeziehungen« an der Freien Universität von Amsterdam. Seit 1999 ist er Wirtschaftsprofessor an der Erasmus Universität Rotterdam. Von van Paridon sind zahlreiche Studien über Strukturpolitik, Arbeitsmarkt und Wettbewerbspositionen sowie über die deutsche Wirtschaft und die niederländisch-deutschen Wirtschaftsbeziehungen erschienen.

Boris U. Schlizio, Jg. 1971, M. A., schrieb seine Abschlussarbeit im Schwerpunktbereich Arbeits- und Organisationspsychologie zu dem Thema »Entwicklung eines Kompetenztrainings für deutsche Fach- und Führungskräfte zur Zusammenarbeit mit niederländischen Partnern im Bereich der Randstad« an der FU Hagen, Fachbereich Psychologie. Einjähriges Zusatzstudium »Amsterdam Law Program« für Internationales Recht und Europarecht an der Universiteit van Amsterdam (UvA). Zusammen mit Prof. Alexander Thomas verfasste er das Buch »Beruflich in den Niederlanden – Trainingsprogramm für Manager, Fach- und Führungskräfte«. Langjährig als freiberuflicher Journalist tätig. Gegenwärtig unter anderem als Kommunikationstrainer weiter mit interkulturellen Fragen befasst. Er arbeitet heute als Referent im Bereich Human Factors Training der Deutschen Lufthansa.

Alexander Thomas, Jg. 1939, Studium der Psychologie, Philosophie und Politikwissenschaften an den Universitäten Köln, Bonn, Münster und 1972 Dr. phil. in Psychologie an der Universität Münster. Von 1973–1979 Universitätsprofessor an der Freien Universität Berlin und von 1979–2005 an der Universität Regensburg. Seit 2005 emer. Universitätsprofessor Dr. phil für Psychologie an der Universität Regensburg, vormals Abteilung für Sozial- und Organisationspsychologie. Forschungsschwerpunkte sind Psychologie interkulturellen Handelns, interkulturelle Handlungskompetenz, interkulturelle Trainings, Psychologie der Gruppe und Personalentwicklung. Gründungsmitglied des »Instituts für Kooperationsmanagement« (IKO) an der Universität Regensburg (http://www.uni-regensburg.de/Fakultaeten/phil_Fak_II/Psychologie/Thomas/ sowie http://www.iko-consult.de/) und des Forscher-Praktiker-Dialogs Internationale Jugendarbeit (www.forscher-praktiker_dialog.de).